21世纪高等院校信息与通信工程规划教材

21st Century University Planned Textbooks of Information and Communication Engineering

通信原理教程

孙会楠 主编
曹雷 丁文飞 郭秀娥 副主编

Course of Communication Principles

人民邮电出版社
北京

图书在版编目（CIP）数据

通信原理教程 / 孙会楠主编. -- 北京 : 人民邮电出版社, 2014.9（2024.1重印）
21世纪高等院校信息与通信工程规划教材
ISBN 978-7-115-36252-0

Ⅰ. ①通… Ⅱ. ①孙… Ⅲ. ①通信理论－高等学校－教材 Ⅳ. ①TN911②TN911

中国版本图书馆CIP数据核字(2014)第163744号

内容提要

本书以各种现代通信系统的基本组成为模型，全面系统地论述了现代通信的基本原理和技术。全书共8章，内容包括：绪论、信道、模拟调制系统、数字基带传输系统、数字调制系统、模拟信号的数字传输、同步原理、差错控制编码等。

本书最大的特点是物理概念清楚，公式推导详略得当，内容叙述深入浅出，语言流畅，条理清楚，例题丰富，便于读者自学以及组织实施教学活动。另外，本书的另一个特色是各章均有完整的知识小结和思考题与习题，便于读者更好地熟悉、提炼所学内容，以及对所学内容的掌握情况进行自我检查，有助于更好地掌握所学知识。

本书可作为应用型本科通信工程、信息工程、电子工程及相近专业的教材，适当删节也可作为相关专业的专科学生教材，还可供相关工程技术人员参考。

◆ 主　　编　孙会楠
副 主 编　曹　雷　丁文飞　郭秀娥
责任编辑　邹文波
责任印制　彭志环　杨林杰

◆ 人民邮电出版社出版发行　　北京市丰台区成寿寺路11号
邮编　100164　　电子邮件　315@ptpress.com.cn
网址　http://www.ptpress.com.cn
固安县铭成印刷有限公司印刷

◆ 开本：787×1092　1/16
印张：13　　　　2014年9月第1版
字数：323千字　　　　2024年1月河北第15次印刷

定价：33.00元

读者服务热线：(010)81055256　印装质量热线：(010)81055316
反盗版热线：(010)81055315

前　言

“通信原理”课程是伴随着通信科学技术的发展而不断变化的，随着历史的进程，教学内容也从模拟通信逐步过渡到以数字通信为主的格局。“通信原理”课程长期以来一直是通信工程、电子信息工程以及其他相关专业的一门专业基础必修课。通过本课程的学习，学生应能掌握通信系统一般模型的基本理论，为今后进一步学习专业知识打下基础。

目前市场上的同类教材很多，多是比较偏重于理论，知识过于繁杂，不适合于应用型本科院校电信类教学需求。为此，我们结合多年的“通信原理”教学实践所积累的经验编写了此教材，希望给读者奉献一本“看得懂、学得会、内容完整、概念清楚、深度适中”的《通信原理》教材，能对读者学好此课程有所帮助。

本书编写注重凝练课程内容，精简数学过程，突出实践环节，加强工程应用，体现技术发展；避免出现理论性太强，数学要求过高，教学内容偏多，覆盖面太宽等现象；教材编写突出应用型人才培养特征。

本书共分为 8 章：第 1 章主要是通信的基础知识，介绍通信的基本概念、通信系统模型、通信系统的性能指标、信息的度量等；第 2 章是信道与信道容量，包括信道的划分、信道中的噪声性能分析；第 3 章是模拟信号的调制与解调，包括线性调制与非线性调制的原理和抗噪声性能分析；第 4 章是数字信号的基带传输，包括数字基带信号的描述、理想传输特性、抗噪声性能分析、眼图、消除码间串扰技术；第 5 章是数字信号的频带传输，包括二进制和多进制的振幅键控、频移键控、相移键控的基本原理和抗噪声性能分析；第 6 章是模拟信号的数字化，包括抽样、量化、编码方法；第 7 章是同步原理，包括载波同步、位同步、群同步；第 8 章是差错控制编码，包括差错控制编码基础、线性分组码、循环码、卷积码、Turbo 码。本书每章后附有本章小结、思考题与练习题，便于读者理解和复习。

本书建议学时数为 56 学时，可针对不同教学对象和时间酌情取舍。

本书由孙会楠任主编，曹雷、丁文飞、郭秀娥任副主编。本书第 1 章、第 2 章和第 8 章由孙会楠编写，第 7 章由曹雷编写，第 5 章和第 6 章由丁文飞编写，第 3 章和第 4 章由郭秀娥编写，杜洋、董岩担任本书的校对工作。全书由孙会楠统编定稿。

本书在编写过程中参考了大量相关领域的成熟和优秀教材，被引用书籍的作者对本书的完成起到了重要作用，在此，本书所有参编人员对他们表示诚挚的感谢。

限于编者的水平，书中难免有不妥或错误之处，恳请读者批评指正。

编者联系方式：huinan_2008@126.com

编　者

目　录

第1章 绪论

人类社会的发展和进步离不开信息的交互，社会越进步，信息交互就越频繁。进入21世纪以来，通信与网络就像决堤的洪水一般迅速渗透到人们生存环境的每一个角落，使人们无时无刻不感受到信息时代给生活带来的巨大变革。通信与传感器技术、计算机技术紧密结合，相互融合，已经成为推动人类社会文明进步与发展的巨大动力。

通信，顾名思义就是信息的传输与交换。本章作为后续各个章节的铺垫，主要介绍通信的基本概念、通信系统的组成及其分类、信息的度量和通信系统的主要技术指标等。

1.1 通信的基本概念

通信是指通过某种媒体把信息从一地有效、可靠地传输到另一地的过程，以实现信息的传输和交换。在古代，人们通过飞鸽传书、击鼓鸣号、烽火报警等方式进行信息传递，这种通信方式古老而低级，有效性和可靠性都不高；在今天，随着科学技术的飞速发展，相继出现了固定电话、移动电话、互联网、可视电话等多种现代通信手段，通信速度越来越快，通信质量越来越高。

在通信中常会出现信息与消息这两个词，应该说这是既有区别又有联系的两个概念，不能完全等同。信息是指消息中有用的内容，而通信的目的就是传输消息中包含的信息。

在通信系统中传输的是各种各样的消息，包括文字、数据、语言、图片、图像等，这些消息都能被人们生理器官所感知。然而，当某人接收到消息后，需要的是关于描述某事物状态的具体内容，这些具体描述就是信息，即消息中有用的内容。举例来讲，接电话听到的声音就是消息，但是声音中有些内容对你没用，有些有用，后者就是信息。

在通信中形式上传输的是消息，但本质上传输的是信息。消息中包含信息，是信息的载体，通过收到消息从而获得信息。同一则信息也可以由不同形式的消息来载荷，例如上海世博会进展情况可用报纸文字、广播语言、电视图像等不同消息来表述。而一则消息也可载荷不同的信息，例如电视图像可以包含非常丰富的信息。

从通信的观点，能够构成消息的各种形式必须具有两个条件：一是能够被通信双方所理解，二是可以传递。

由于用电和光来传递信息速度快，准确可靠，且很少受到时间、地点、空间、距离等方面的限制，因而发展迅速，应用广泛。利用各种电信号和光信号作为通信信号的方式称之为电通信，简称为电信。现代通信指的都是电通信，其所要研究的内容就是如何把信息大量地、快速地、准确地、广泛地、方便地、经济地、安全地从发送端通过传输介质传送到接收端。

通信原理是介绍支撑各种通信技术基本概念和数学理论基础的课程，其侧重点是信息的传输。

1.2 通信系统的组成

1.2.1 通信系统一般模型

通信系统的目的是有效而可靠地把被称为信源的消息或信息通过一通路传输给被称为信宿的终端用户。信源和信宿通常远隔两地。为完成上述目的，点对点通信系统模型如图 1-1 所示。

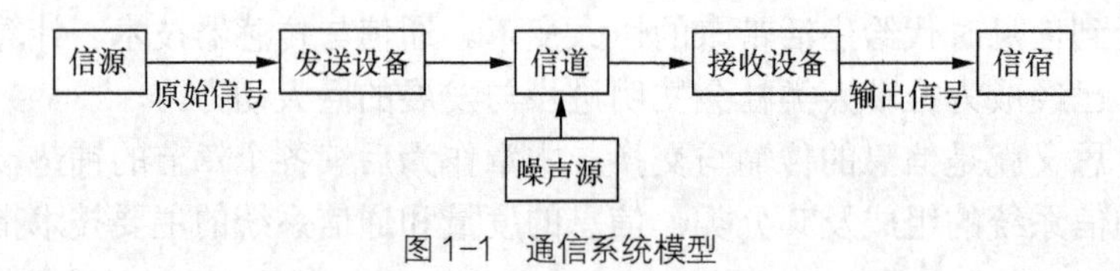

图 1-1 通信系统模型

1. 信源

信源是消息产生地，其作用是把各种消息转换成原始电信号，消息有多种形式，包括文字、数据、图像和视频等原始电信号称为基带信号。

信源又可以分为模拟信源和数字信源。模拟信源输出连续的模拟信号，如话筒、摄像机等；数字信源则输出离散的数字信号，如电传机、计算机等各种数字终端。

2. 发送设备

发送设备基本功能是将信源和信道匹配起来，即将信源产生的消息信号变换成适合在信道中传输的信号。有多种变换方式，在需要频谱搬移的场合，调制是最常见的变换方式。

3. 信道

信道是传输信号的物理媒质。在无线信道中，信道可以是大气（自由空间）；在有线信道中，信道可以是明线、电缆、光纤。信道在给信号提供通路的同时，也会对信号产生各种干扰和噪声。信道的固有特性及引入的干扰与噪声直接关系到通信的质量。

4. 噪声源

噪声源不是人为加入的设备，而是信道中的噪声以及通信系统其他各处噪声的集中表示。噪声通常是随机的，其形式是多种多样的，它的存在干扰了正常信号的传输。

5. 接收设备

接收设备完成发送设备的反变换。其目的是从受到干扰的信号中正确地恢复出原始的电信号。

6. 信宿

信宿是传输信息的归宿点，其作用是将接收设备恢复出的原始信号转换成相应的消息。

图 1-1 概括地反映了通信系统的共性。根据研究的对象及所关心的问题不同将会使用更详细和具体的通信系统模型。对通信原理的讨论就是围绕通信系统模型而展开的。

1.2.2 模拟通信系统模型和数字通信系统模型

实际通信中，信源发出的消息是多种多样的，但基本可以分成两类：连续消息和离散消息。连续消息是指消息的状态连续变化或不可数的，如语音、图像等。连续消息也称为模拟消息。离散消息则是指消息的状态是可数的或离散型的，如符号、文字或数据等。离散消息也称数字消息。

为了传递消息，各种消息需要转换成电或光信号。由图 1-1 的通信过程可知，消息与电信号之间必须建立单一的对应关系，否则在接收端就无法恢复出原来的消息。通常把消息寄托于电信号的某一参量上，如果电信号的参量携带着模拟消息，则该参量将是连续取值，称这样的信号为模拟信号。例如，普通电话机输出的信号 $f(t)$ 就是模拟信号，如图 1-2 所示。

如果电信号的参量携带着数字消息，则该参量必将是离散取值的。这样的信号就称为数字信号。例如，计算机输出的信号 $m(t)$ 就是数字信号，如图 1-3 所示。

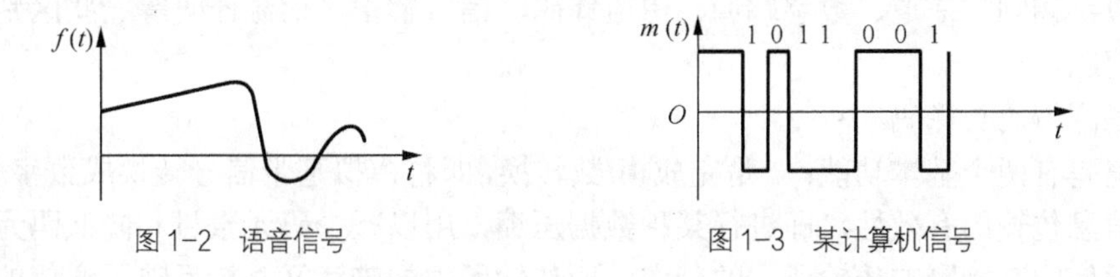

图 1-2 语音信号　　图 1-3 某计算机信号

按照信道中传输的是模拟信号还是数字信号，可相应地把通信系统分为模拟通信系统和数字通信系统。

1. 模拟通信系统模型

模拟通信系统就是利用模拟信号来传递信息的通信系统，其模型如图 1-4 所示。

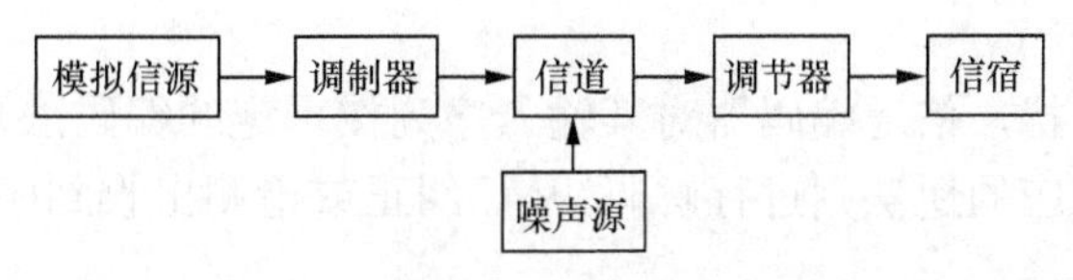

图 1-4 一种常见的模拟通信系统模型

模拟通信系统包括两种重要的变换：一是发送端将连续消息变换成原始电信号，而在接收端作相反变换，它们是由模拟信源和信宿完成的。二是在发送端将原始电信号转换成适合于信息传输的信号或在接收端进行相应反变换，即调制或解调，它们是由调制器和解调器完成的。经第一种变换所得到的原始电信号具有较低的频谱分量，一般不适宜直接作为远距离传输信号，因此在模拟通信系统中常常需要进行第二种变换。通常将在发送端调制前或接收端解调后的信号称为基带信号，因此原始电信号又称为基带信号；而经过调制后的信号称为已调信号。

已调信号又称频带信号，它具有三个基本特征：①携带有用信息；②适合在信道中传输；③信号的频谱具有带通形式且中心频率远离零频。

需要指出，消息从发送端到接收端的传递过程中，不仅仅只有上述两种变换，实际通信系统中可能还有滤波、放大、天线辐射、控制等过程。本书只着重研究上述两种变换与反变换，其余过程被认为都是足够理想的，而不予讨论。

2. 数字通信系统模型

数字通信系统是利用数字信号来传输数字信息或模数变换后信息的通信系统。其模型如图 1-5 所示。

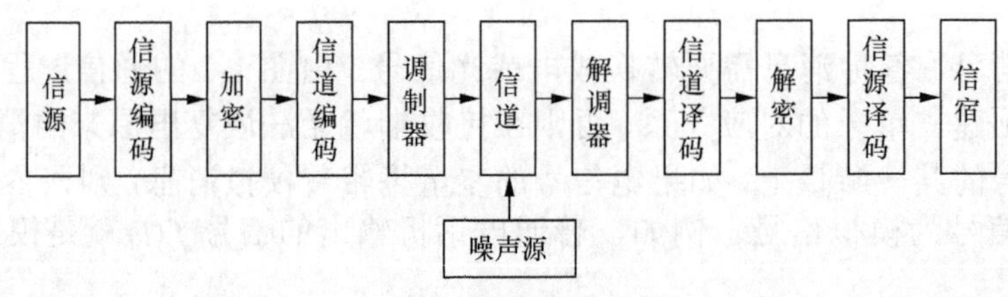

图 1-5　数字通信系统模型

数字通信系统比模拟通信系统的组成要复杂一些，其中包括了信源编码、信号加密、信道编码、数字调制、信道、数字解调、信道译码、信号解密、信源译码等一些区别于模拟通信系统的问题。

（1）信源编码与译码

信源编码有两个基本功能：一是完成模/数转换，即将模拟基带信号转换成数字基带信号；二是提高信息传输的有效性，即进行某种数据压缩，用以减少码元数目和降低码元速率。码元速率在通信中直接影响传输所占的带宽，而传输所占的带宽又直接反映了通信的有效性。信源译码是信源编码的逆过程。

（2）加密和解密

加密是指为了保证所传信息的安全，人为地将被传输的数字序列扰乱，即加上密码。解密是指在接收端利用与发送端相同的密码复制品对收到的数字序列进行解密，以便恢复出原来信息。

（3）信道编码与译码

为了传输时的抗干扰，信道编码器对其输入序列按一定的编码法则加入多余度，在接收端的信道译码器按照相应的逆法则进行解码，从而纠正或检测出收到序列中发生错码的码元，提高通信系统的可靠性。

（4）数字调制与解调

数字调制就是把数字基带信号的频谱搬移到高频处，从而变换成适于在信道传输的调制信号。数字解调过程与数字调制正好相反，是将已调数字信号还原为数字基带信号。

上述所列数字通信的有些环节（如编码与译码、调制器与解调器）并不是必须的，它可根据不同的条件和要求决定是否采用。没有调制器与解调器环节，直接传输基带信号的数字通信系统称为数字基带传输系统。

3. 数字通信的主要特点

数字通信系统与模拟通信系统相比有以下优点。

（1）远距离传输时可降低甚至避免噪声的积累，以获得高质量的通信。模拟通信系统传输时要求在接收端恢复发送端的模拟信号，若该信号中已含噪声则信号加噪声一同被恢复。这样一来，在远距离通信的多次中继传输时多次噪声加入就会发生噪声积累。数字通信系统传输时恢复的是“发送端发的是哪一个波形”，而不是恢复波形本身。例如二进制数字通信系统只要求恢复的是状态 0 或状态 1。这时，比如在数字微波中继通信一次传输中，恢复的信号可尽可能地去除噪声，因此远距离通信时中继传输可避免噪声积累。

（2）可通过差错控制编码方法，来减小信息传输中的误码率，提高通信系统的可靠性。

（3）便于使用现代数字信号处理技术来对数字信息进行处理、变换和存储。比如模拟通信系统中采用的是模拟交换机，而现在的数字通信系统中采用的是数字交换机，这显著提高了信息交换的性能。

（4）易于采用数字集成技术，因此便于降低成本和使设备小型化。

（5）数字信息易于作数字加密技术以提高传输的保密性。

（6）数字通信可以综合传递各种消息或业务，比如数据、话音和图像等，使通信系统功能增强。

但是，数字通信与模拟通信相比较，其突出的缺点是其信号占有的频带宽。例如，一路模拟电话仅占 4kHz 带宽，而一路数字电话要占 20kHz～64kHz 的带宽。然而，由于毫米波通信和光纤通信的出现，带宽问题得到解决，数字通信几乎成了唯一的选择。

1.3 通信系统的分类与通信方式

1.3.1 通信系统分类

通信系统有多种不同的分类方法，主要有以下几种情况。

1. 按通信业务类型分类

通信业务包括符号、文字、语言、数据、视频在内的多种类型，因此通信系统可分为电报通信系统、数据通信系统、电话通信系统、图像通信系统和综合业务网通信系统等。除综合业务网通信系统外，这些通信系统可以是专用的，但通常是兼容的或并存的。由于电话网最为普及，因而其他业务的通信系统常常借助于公用电话网来组成。

2. 按调制方式分类

根据信道中传输的信号是否经过调制，可将通信系统分为基带传输通信系统和频带传输通信系统。基带传输通信系统是将未经调制的信号直接传输，如远距离音频电话、有线广播等；频带传输通信系统是将基带信号经调制后送入信道传输。常用的调制方式及用途如表 1-1 所示。

表 1-1　　　　常用的调制方式及用途

<table>
<tr><th colspan="3">调制方式</th><th>用途举例</th></tr>
<tr><td rowspan="10">连续波调制</td><td rowspan="4">线性调制</td><td>振幅调制（AM）</td><td>广播</td></tr>
<tr><td>单边带调制（SB）</td><td>载波通信、短波无线电话通信</td></tr>
<tr><td>抑制载波双边带调制（DSB）</td><td>立体声广播</td></tr>
<tr><td>残留边带调制（VSB）</td><td>电视广播、传真</td></tr>
<tr><td rowspan="2">非线性调制</td><td>频率调制（FM）</td><td>微波中继、卫星通信、广播</td></tr>
<tr><td>相位调制（PM）</td><td>中间调制方式</td></tr>
<tr><td rowspan="4">数字调制</td><td>幅移键控（ASK）</td><td>数据传输</td></tr>
<tr><td>频移键控（FSK）</td><td>数据传输</td></tr>
<tr><td>相移键控（PSK、DPSK 等）</td><td>数据传输、数字微波、空间通信</td></tr>
<tr><td>其他高效数字调制（QAM、MSK 等）</td><td>数字微波、空间通信</td></tr>
<tr><td rowspan="7">脉冲调制</td><td rowspan="3">脉冲模拟调制</td><td>脉幅调制（PAM）</td><td>中间调制方式、遥测</td></tr>
<tr><td>脉宽调制（PDM）</td><td>中间调制方式</td></tr>
<tr><td>脉位调制（PPM）</td><td>遥测、光纤传输</td></tr>
<tr><td rowspan="4">脉冲数字调制</td><td>脉码调制（PCM）</td><td>市话中继线、卫星、空间通信</td></tr>
<tr><td>增量调制（DM、CVSD）</td><td>军用、民用数字电话</td></tr>
<tr><td>差分脉码调制（DPCM）</td><td>电视电话、图像编码</td></tr>
<tr><td>其他语音编码方式（ADPCM、LPC 等）</td><td>中速数字电话</td></tr>
</table>

3．按传输信号特征分类

当信道中传输的是模拟信号时，所对应的通信系统称之为模拟通信系统，当信道中传输的是数字信号时，所对应的通信系统称之为数字通信系统。

4．按传输介质分类

按传输介质不同，可将通信系统分为有线通信系统和无线通信系统。有线通信系统需要以传输缆线作为传输介质，比如对称电缆、同轴电缆、光缆等。无线通信系统则以自由空间作为传播介质。

5．信号复用方式分类

复用是指将多路信号组合成一路信号进行传输的过程，目的是为了更好地共享信道资源，适应信道传输。传输多路信号有三种复用方式，即频分复用、时分复用和码分复用。频分复用是用频谱搬移的方法使不同用户的信号占据不同的频率范围，以实现多路通信；时分复用是用脉冲调制的方法使不同用户的信号占据不同的时间区间，以实现多路通信；码分复用是用正交的脉冲序列分别代表不同信号以实现多路通信。

模拟通信中都采用频分复用，随着数字通信的发展，时分复用的使用越加广泛。码分复用主要用于空间通信和移动通信中。

6. 按工作波段分类

由于不同频率的电磁波具有不同的传输特点，为了便于充分利用和管理通信资源，可按通信设备的工作频率不同分为长波通信、中波通信、短波通信、微波通信、远红外通信等。

波长和频率的换算公式为

$$\lambda=\frac{c}{f}=\frac{3\times10^{8}}{f} \tag{1-3-1}$$

式（1-3-1）中的 c 为光波速度。

1.3.2 通信方式

前述通信系统是单向系统，但在多数场合下，信源兼为信宿，需要双向通信。电话就是一个最好的例子，这时通信双方都需要有发送和接收设备，并需要各自的传输媒质，如果通信双方共用一个信道，就必须用频率或时间分割的方法来共享信道。因此，通信过程中涉及通信方式与信道共享问题。

1. 按消息传递的方向与时间关系划分通信方式

对于点对点之间的通信，按消息传递的方向与时间关系，通信方式可分为单工通信、半双工通信及全双工通信 3 种。

（1）单工通信：是指消息只能单方向传输的工作方式，如图 1-6（a）所示。例如：广播、电视、遥测、遥控、无线寻呼等都是单工通信方式。

（2）半双工通信：是指通信双方都能收发消息，但不能同时进行收和发的工作方式，如图 1-6（b）所示。例如：无线电对讲机、普通无线电收发报机等都是半双工通信方式。

（3）全双工通信：是指通信双方可同时进行收发消息的工作方式，如图 1-6（c）所示。例如：普通电话、手机等都是全双工通信方式。

2. 按数字信号码元排列方式划分通信方式

在数字通信中，按数字序列代码排列的顺序可分为串行传输和并行传输。

（1）串行传输

串行传输是数字序列以串行方式一个接一个地在一条信道上传输，如图 1-7（a）所示。串行传输方式只需要一条通道，线路成本低，一般的远距离数字通信大都采用串行传输方式。

（2）并行传输

并行传输是将代表信息的数字序列以成组的方式在两条或两条以上的并行信道上传输，如图 1-7（b）所示。并行传输方式需要多条通路，线路成本高，一般适用于计算机和其他高速数字系统，特别适用于设备之间的近距离通信。

此外，还可以按照通信的网络形式划分。由于通信网的基础是点与点之间的通信，所以本课程的重点放在点与点之间的通信上。

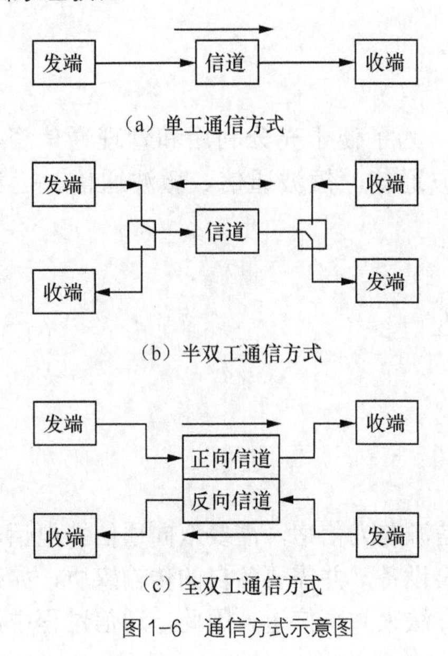

图1-6　通信方式示意图

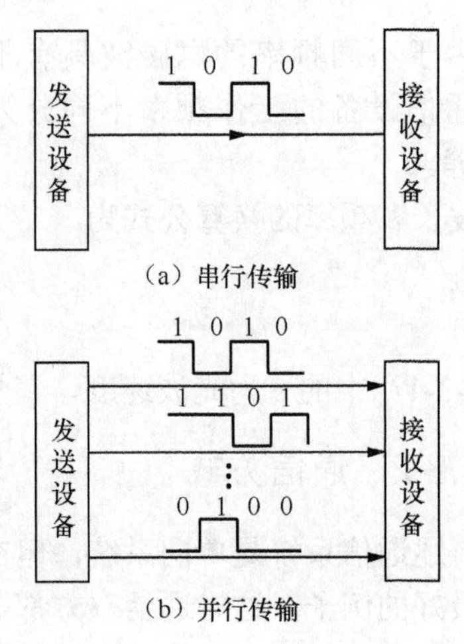

图1-7　串行和并行传输方式示意图

1.4　信息及其度量

通信的目的在于传输消息中所包含的信息。信息是指消息中所包含的有效内容，或者说是收信者预先不知而待知的内容。消息是信息的物理表现形式，信息是其内涵，传输信息的多少是用“信息量”来衡量的。

消息是多种多样的，度量消息中所含的信息量的方法，必须能够用来度量任何消息的信息量，而和消息种类无关。另外，消息中所含信息量的多少也应和消息的重要程度无关。

在有意义的通信中，对于接收者而言，只有消息中不确定的内容才构成信息；否则，信源输出已确切知晓，就没有必要再传输它了。让我们从常识的角度来感觉 3 条消息：①明天晴转多云；②明天有大暴雨；③明天温度将超过 60℃。这 3 条消息中，第一条带来的信息量最小，因为这样的事件发生很正常，人们不感到惊奇；第二条带来了较大的信息量，因为人们对这样的极端天气重视程度很高，需要提前做好防范；第三条带来的信息高于第二条，因为这样的事件在一般情况下几乎是不可能发生的，听后使人感到十分吃惊。这里例子表明，对接收者而言，事件越不可能，越不可预测，越能使人感到意外和惊奇，所包含的信息量也就越大。

根据概率论知识，事件的不确定程度可以用其出现的概率来描述。事件出现的可能性越小，则概率就越小；反之，则概率就越大。消息所含的信息量可用消息发生概率的倒数的对数来表示。在信息论中，消息所含的信息量 I 与消息 x 出现的概率 $p(x)$ 的关系式为

$$I=\log_a \frac{1}{p(x)}=-\log_a p(x) \tag{1-4-1}$$

式中，当 $a=2$ 时，I 的单位为比特（bit）；当 $a=e$ 时，则 I 单位为奈特（nat）；当 $a=10$ 时，则 I 的单位为哈特来。经常使用的单位为比特，这时

$$I=\log_2 \frac{1}{p(x)}=-\log_2 p(x) \quad \text{(bit)} \tag{1-4-2}$$

式（1-4-2）实际上反映了信息量的大小与消息出现的概率之间存在如下对应关系。

（1）事件出现的概率越小，则消息中包含的信息量越大；反之，事件出现的概率越大，消息中包含的信息量越小。

（2）如果事件是必然的（概率为 1），则它传递的信息量应为零；如果事件是不可能的（概率为 0），则它将有无穷的信息量。

（3）如果消息是由若干个独立事件所构成，那么消息总的信息量等于这些独立事件信息量的总和，数学关系式为

$$\begin{aligned}I[p(x_1)p(x_2)\cdots] &= -\log_2[p(x_1)p(x_2)\cdots] \\ &= -\log_2 p(x_1) - \log_2 p(x_2) - \cdots = I[p(x_1)] + I[p(x_2)] + \cdots\end{aligned} \quad (1\text{-}4\text{-}3)$$

在通信系统中，当传送 M 个等概率的消息之一时，每个消息出现的概率为 $1/M$，任一消息所含的信息量为

$$I = \log_2 \frac{1}{M} = -\log_2 M \quad (1\text{-}4\text{-}4)$$

若 M 是 2 的整数次幂，即 $M = 2^k$， $k = 1,2,3\cdots$，则式（1-4-4）可写为

$$I = \log_2 2^k = k \quad \text{(bit)} \quad (1\text{-}4\text{-}5)$$

式中：k 是二进制脉冲数目，也就是说，传送每一个 $M(M = 2^k)$ 进制波形的信息量就等于用二进制脉冲表示该波形所需的脉冲数目 k。

下面讨论非等概率条件下的信息量。设信息源中包含有 M 个消息符号，每个消息 $x_i\ (i = 1,2,3,\cdots,M)$ 出现的概率为 $p(x_i)$，则各消息出现的概率为

$$\begin{bmatrix} x_1, & x_2, & \cdots, & x_M \\ p(x_1), & p(x_2), & \cdots, & p(x_m) \end{bmatrix}，\text{且有} \sum_{i=1}^{M} p(x_i) = 1$$

则 $x_1, x_2, \cdots, x_M$ 所包含的信息量分别为

$$-\log_2 p(x_1)\ ,\ -\log_2 p(x_2)\ ,\ \cdots\ ,\ -\log_2 p(x_M)$$

于是，每个符号所包含的信息量的统计平均值，即平均信息量为

$$\begin{aligned}H(x) &= p(x_1)[-\log_2 p(x_1)] + p(x_2)[-\log_2 p(x_2)] + \cdots + p(x_M)[-\log_2 p(x_M)] \\ &= -\sum_{i=1}^{M} p(x_i)[\log_2 p(x_i)] \quad (\text{bit/符号})\end{aligned} \quad (1\text{-}4\text{-}6)$$

由于式（1-4-6）中 $H(x)$ 与热力学中熵的定义式相类似，故在信息论中又通常称它为信息源的熵，其单位为比特/符号。显然，当 $p(x_i) = 1/M$（每个符号等概率独立出现）时，式（1-4-6）即成为式（1-4-4），此时信源的熵有最大值。

【例 1-1】 设有二进制信源（0,1），每个符号独立出现。

（1）若 0 出现的概率是 1/4，求每个符号的信息量和平均信息量（熵）。

（2）若 0 和 1 出现等概，重复（1）的计算。

解 （1）题给定 $p(0) = 1/4$，将此代入式（1-4-2），得到 0 符号的信息量

$$I(0) = -\log_2 p(0) = -\log_2(1/4) = 2(\text{bit})$$

和 1 符号的信息量

$$I(1) = -\log_2 p(1) = -\log_2(3/4) = -1.284 + 2 = 0.416(\text{bit})$$

题给定各符号出现独立，所以可将 $p(0) = 1/4$ 和 $p(1) = 3/4$ 代入式（1-4-6），得到每符号

平均信息量

$$H = p(0)I(0) + p(1)I(1) = (1/4)\times 2 + (3/4)\times 0.416 = 0.812(\text{bit/符号})$$

（2）题给定等概率，所以 $p(0) = p(1) = 1/2$ 将此代入式（1-4-2），得到 0 符号的信息量 I（0）和 1 符号的信息量 I（1）为

$$I(0) = I(1) = -\log_2(1/2) = 1(\text{bit})$$

题给定各符号出现独立，所以可将 $p(0) = p(1) = 1/2$ 代入式（1-4-6），得到每符号平均信息量

$$H = p(0)I(0) + p(1)I(1) = (1/2)\times 1 + (1/2)\times 1 = 1(\text{bit})$$

由本例看到，对于二进制非等概信源，出现概率越小的符号，其信息含量越大。二进制独立等概信源的各符号信息量为 1bit，二进制独立等概信源熵为 1bit/符号。对比（1）和（2）计算得到的信源熵值，显然有二进制独立等概信源熵大于该（1）二进制独立非等概信源熵。读者自己可证明二进制独立信源在等概时，其熵有最大值为

$$H_{\max} = 1(\text{bit/符号}) \tag{1-4-7}$$

在此基础上可进一步推论，对于 M 进制独立信源在等概时，其熵有最大值为

$$H_{\max} = \log_2 M(\text{bit/符号}) \tag{1-4-8}$$

【例 1-2】 设有四进制等概信源（0,1,2,3），每个符号独立出现，求其每个符号的平均信息量。

解 题给定符号各符号独立出现，所以可将 $p(0) = p(1) = p(2) = p(3) = 1/4$ 代入式（1-4-6），得到每符号平均信息量

$$H = p(0)I(0) + p(1)I(1) + p(2)I(2) + P(3)I(3) = [(1/4)\times 2]\times 4 = 2(\text{bit}/\text{符号})$$

从本题计算看到，独立等概时，四进制符号或码元的信息含量是二进制符号或码元的信息含量的 2 倍。从物理上看，一个四进制符号或码元用两个二进制符号或码元来表示。可见此物理表现与理论结果是相符的。

【例 1-3】 一信息源由四个符号 0、1、2、3 组成。它们出现的概率分别为 3/8、1/4、1/4、1/8，且每符号的出现都是独立的。

（1）试求信源的平均信息量（熵）。

（2）求信源发送 100233110000222111…的信息量，其中 0 出现 37 次，1 出现 26 次，2 出现 24 次，3 出现 13 次，该发送序列的长度为 M=100 个符号。

解 （1）题给定各符号出现独立，所以可将 $\{P(X_i)\}$ 代入试（1-4-6），得到每符号平均信息量

$$\begin{aligned} H &= -\sum_{i=1}^{4} p(x_i)\log_2 p(x_i) \\ &= -(3/8)\log_2(3/8) - (1/4)\log_2(1/4) - (1/4)\log_2(1/4) - (1/8)\log_2(1/8) \\ &= 1.906(\text{bit}/\text{符号}) \end{aligned}$$

该消息的总信息量为

$$I = M \bullet H = 57\times 1.906 = 108.64(\text{bit})$$

（2）若用各符号信息量相加的方法来计算该序列的总信息量，则

$$I = -\sum_{i=1}^{4} n_i \log_2 p(x_i) \tag{1-4-9}$$

式中，$p(x_i)$ 表示符号 x_i 出现的概率，n_i 表示符号 x_i 出现的次数。由此得到

$$I=-\sum_{i=1}^{4}n_i\log_2 p(x_i)=-37\log_2(3/8)-26\log 2(1/4)-24\log_2(1/4)-13\log_2(1/8)$$

$$=37\times1.415+26\times2+24\times2+13\times3$$

$$=191.35(\text{bit})$$

以上两种结果略有差别的原因在于它们平均处理方法不同。前一种采用的是统计平均；后一种采用的是算术平均，结果可能存在误差。这种误差将随着消息序列中符号数的增加而减小。一般情况下消息序列较长，采用熵的概念计算比较方便。

前面我们讨论了离散消息的信息度量。关于连续消息的信息量可以用概率密度来计算。可以证明，连续消息的信息量为

$$H(x)=-\int_{-\infty}^{\infty}f(x)\log_2 f(x)\mathrm{d}x \tag{1-4-10}$$

式中，$f(x)$ 是连续消息出现的概率密度。

【例 1-4】 有一连续消息源，其输出信号在 $(-1, +1)$ 范围内具有均匀的概率密度函数，求消息的平均信息量。

解 信号取值在 $(-1, +1)$ 均匀分布，其概率密度函数 $f(x)=1/2$，其平均信息量为

$$H(x)=-\int_{-\infty}^{\infty}f(x)\log_2 f(x)\mathrm{d}x=-\int_{-1}^{1}(1/2)\log_2(1/2)\mathrm{d}x=1(\text{bit})$$

1.5 通信系统的主要性能指标

在设计和评价通信系统时需要涉及该系统的主要性能指标，用来衡量该系统质量的好坏。

通信系统的性能指标包括有效性、可靠性、适应性、标准性、经济性和维护方便性等。其中，通信的有效性和可靠性是主要的。有效性是指消息传输的“速度”问题，即快慢问题；而可靠性是指消息传输的“质量”问题，即好坏问题。这两个指标既相互矛盾又相互联系，通常是可以互换的，它们是通信系统的主要性能指标。

1.5.1 模拟通信系统的主要传输性能指标

1. 有效性

对模拟通信系统，有效性可用传输信号的频带来度量。对于同样消息，采用不同的调制方式传输，需要的频带宽度也不同。比如，模拟调制中采用双边带调幅占用的频带宽度是单边带调幅的两倍。因此从有效性考虑，传输相同信号所需要的频带越窄，则传输的有效性越高。

2. 可靠性

模拟通信系统的可靠性用接收端输出信号功率 S 与噪声功率 N 之比，即信噪比（S/N）来度量。不同的调制方式在同样信道中传输，输出信噪比也不相同，信噪比越大，抗干扰能力越强，可靠性越高。比如调频广播可靠性远大于调幅广播可靠性。

1.5.2 数字通信系统的主要传输性能指标

1. 有效性

数字通信系统的有效性可用码元速率、信息速率及系统带宽利用率这 3 个性能指标来描述。

（1）码元速率 R_B

每秒钟传输码元的数目被称为码元速率（传码率，字母速率）。其单位是波特（Baud 或 Bd），常用符号“B”表示。

由此定义，若每个码元宽度为 T 秒，则有

$$R_B = \frac{1}{T}\ (\text{B}) \tag{1-5-1}$$

（2）信息速率 R_b

每秒钟传输比特数目被称为信息速率（传信率，比特速率）。其单位为“比特/秒”，或记为 bit/s。

在等概率出现的二进制码元传输中，每个码元所携带的信息量为 1 比特，所以二进制数字信号的码元速率和信息速率在数量上相等。而在采用 M 进制码元的传输中，由于每个码元携带信息量为 $\log_2 M$ 比特，因此码元速率和信息速率的关系为

$$R_b = R_B \log_2 M\quad (\text{bit/s}) \tag{1-5-2}$$

（3）频带利用率 η

在比较两个通信系统有效性时，仅从传输效率上看是不够的，还应考虑系统所占用的频带宽度，因为两个传输速率相等的系统其传输效率并不一定相同。所以，衡量系统效率的另一个指标是系统频带的利用率。频带利用率有两种表示方式：码元频带利用率和信息频带利用率。

码元频带利用率是指单位频带内的码元传输速率，即

$$\eta = \frac{R_B}{B}\qquad (\text{Baud/Hz}) \tag{1-5-3}$$

信息频带利用率是指每秒钟在单位频带上传输的信息量，即

$$\eta = \frac{R_b}{B}\qquad (\text{bit/s}\cdot\text{Hz}) \tag{1-5-4}$$

【例 1-5】 某信息源输出四进制等概率信号，码元宽度为 $125\mu\text{s}$，求码元速率和信息速率。

解 码元宽度 $T = 1.25\times10^{-4}\text{s}$，故码元速率

$$R_B = \frac{1}{T} = \frac{1}{1.25\times10^{-4}} = 8000(\text{Baud})$$

信息速率

$$R_b = R_B \log_2 M = 8000\times\log_2 4 = 1.6\times10^4\ (\text{bit/s})$$

2. 可靠性

数字通信系统的可靠性指标用差错率来衡量。差错率越小，可靠性越高。差错率常用误码率和误信率表示。

（1）误码率 p_e

误码率指接收到的错误码元数和总的传输码元个数之比，即在传输中出现错误码元的概率，记为

$$P_e = \frac{\text{接收的错误码元数}}{\text{传输总码元数}}$$

（2）误信率 p_b

误信率又称误比特率，是指接收到的错误比特数和总的传输比特数之比，即在传输中出现错误信息量的概率，记为

$$P_b = \frac{\text{接收的错误比特数}}{\text{传输总比特数}}$$

【例 1-6】 设有一个数字系统，在125μs 内传输 250 个二进制码元。若该系统在 2s 内有 3 个码元产生误码，试问其误码率是多少？

解 首先求出此数字系统的二进制码元速率

$$R_B = \frac{250}{125 \times 10^{-6}} = 2 \times 10^6 \text{B}$$

再求出在 2s 内收到的二进制码元总数

$$2 \times 10^6 \times 2 = 4 \times 10^6 \text{（个）}$$

所以误码率为

$$P_e = \frac{3}{4 \times 10^6} = 0.75 \times 10^{-6} = 7.5 \times 10^{-7}$$

本 章 小 结

本章主要介绍了通信的基本概念、通信系统的组成、通信系统的分类与工作方式、信息及其度量、通信系统的主要性能指标。

（1）通信的目的是为了传输消息中所包含的信息，通信从形式上传输的是消息，但本质上传输的是信息。

（2）信号是与消息相对应的电量，它是消息的物理载体。根据携带消息的信号参量是连续取值还是离散取值，信号分为模拟信号和数字信号。

（3）通信系统就是用电信号传输信息的系统，一般包括信源、发送设备、信道、噪声源、接收设备、信宿 6 个大的部分。利用模拟信号来传输信息的系统是模拟通信系统，利用数字信号来传输信息的系统是数字通信系统。

（4）数字通信已成为当前通信技术的主流。与模拟通信相比，数字通信系统主要优点是：抗干扰能力强，可消除噪声积累；便于加密处理；便于存储、处理和交换；可通过差错控制编码的方法，来减小信息传输中的误码率，提高通信系统的可靠性等。主要缺点是：占用带宽大；同步要求高；需要相对复杂的设备支持。

（5）按消息传递的方向与时间关系，通信方式可分为单工、半双工及全双工通信。按数据代码排列的顺序可分为并行传输和串行传输。

（6）离散消息的信息量可采用消息出现概率的对数来定量描述，出现的概率越低，所包含的信息量越大。如果事件是必然的（概率为 1），则它传递的信息量应为零；如果事件是不可能的（概率为 0），则它将有无穷的信息量。

（7）信息源平均信息量是指传输的每个符号中所含信息量的统计平均值，又称信源的熵。

（8）评价通信系统好坏的指标主要有两个：有效性和可靠性。两者相互矛盾而又相对统一，且可互换。模拟通信系统的有效性可用带宽衡量，可靠性可用输出信噪比衡量。数字通信系统的有效性用码元速率、信息速率和频带利用率衡量，可靠性用误码率、误信率衡量。

思考题与练习题

1-1　通信系统一般由哪几个大的部分所组成？各组成部分的功能是什么？

1-2　数字通信有哪些优缺点？

1-3　数字通信系统的一般模型中各组成部分的主要功能是什么？

1-4　单工、半双工及全双工通信方式是按什么标准分类的？解释它们的工作方式并举例说明。

1-5　通信系统的主要性能指标有哪些？

1-6　误码率和误信率，如何定义，两者之间的关系是怎么样的？

1-7　什么是频带利用率？引用频带利用率的意义是什么？

1-8　已知二进制信源（0,1），若 0 符号出现的概率为$1/3$，求出现 1 符号的信息量。

1-9　设有 4 个消息 A、B、C、D 分别以概率 1/4、1/8、1/8 和 1/2 传送，每一个消息的出现是互相独立的。试计算其平均信息量。

1-10　一个由字母 A、B、C、D 组成的字，对于传输的每一个字母用二进制脉冲编码代替，00 代替 A，01 代替 B，10 代替 C，11 代替 D，每个脉冲宽度为 10ms。

（1）不同的字母是等可能出现的，试计算传输的平均信息速率；

（2）若每个字母出现的可能性分别为

$$P(\mathrm{A})=\frac{1}{5}，P(\mathrm{B})=\frac{1}{4}，P(\mathrm{C})=\frac{1}{4}，P(\mathrm{D})=\frac{3}{10}$$

试计算传输的平均信息速率。

1-11　设有一个离散无记忆信源，其概率空间为

$$\begin{bmatrix} X \\ P \end{bmatrix}=\begin{bmatrix} 0 & 1 & 2 & 3 \\ 3/8 & 1/4 & 1/4 & 1/8 \end{bmatrix}$$

（1）求每个符号的信息量；

（2）信源发出的以消息符号序列为(202 120 130 213 001 203 210 110 321 010 021 032 011 223 210)，求该消息序列的信息量和平均每个符号携带的信息量。

1-12　国际莫尔斯电码用点和划的序列发送英文字母，划用持续 3 个单位的电流脉冲表示，点用持续 1 个单位的电流脉冲表示，且划出现的概率是点出现概率的$1/3$。

（1）计算点和划的信息量；

（2）计算点和划的平均信息量。

1-13　若一个通信系统 2 秒内传送了1.2×10^{8}个码元。若该段时间内有 3 个码元的错误，试求该时间段的误码率。

1-14　设一个数字传输系统传送二进制码元的速率为 1200Baud，试求出该系统的信息速率；若该系统改成传送十六进制信号码元，码元速率为 2400Baud，则这时的系统信息速率为多少？

1-15　若一个信号源输出的四进制等概率数字信号，其码元宽度为$1\mu s$。试求其码元速率和信息速率。

第2章 信道

消息由一个地点传送到另一个地点，是通过传输携带有消息的电信号来实现的。电信号的传输需要通道，一般把传输电信号的通道称作信道。信道与发送设备、接收设备一起组成通信系统。没有信道通信就无法进行；信道直接影响通信的质量。因此，有必要研究信道，根据信道的特点，正确地选用信道，合理设计收发信设备，使通信系统达到最佳。

本章首先介绍了信道的定义及其数学模型，接着介绍实际信道例子，在此基础上归纳信道的特性，最后简单介绍了信道容量的概念，为后续章节的讨论奠定了基础。

2.1 信道的定义及其数学模型

2.1.1 信道的定义

信道按其媒质的不同可分为两大类：有线信道和无线信道。有线信道的传输媒质有明线、对称电缆、同轴电缆、光缆等；无线信道的传输媒质有地波传播、短波电离层反射、超短波及微波视距中继、宇宙空间中继及各种散射信道等。

信道按其组成的不同可分为两大类：狭义信道和广义信道。狭义信道是发射端和接收端之间传输媒质的总称，是任何一个通信系统不可或缺的组成部分。但是，在通信过程中信号还必须经过很多设备（如发送设备、接收设备、馈线与天线、调制器、解调器等）进行各种处理，这些设备显然也是信号经过的途径。因此在通信系统的研究中，为了简化系统的模型和突出重点，常常根据所研究的问题把信道的范围适当扩大。除了传输媒质外，还可以包括有关的部件和电路。这种范围扩大了的信道称为广义信道。本书中如不特殊说明，所指信道均为广义信道。

广义信道根据其所包含的功能，可分为调制信道和编码信道。所谓调制信道是从研究调制与解调的基本问题出发而构成的，它的范围是从调制器输出端到解调器输入端，如图 2-1 所示。因为，从调制和解调的角度来看，我们只关心解调器输出的信号形式和解调器输入信号与噪声的最终特性，并不关心信号的中间变化过程。所以，定义调制信道对于研究调制与解调问题是方便和恰当的。

所谓编码信道是指编码器输出端到译码器输入端的部分。在数字通信系统中，如果仅着眼于编码和译码问题，那么采用编码信道的概念是比较方便的。这是因为，从编码和译码的角度看，编码器的输出是某一数字序列，而译码器输入同样也是某一数字序列，它们在一般情况下是不同的数字序列。因此，定义从编码器输出端到译码器输入端的所有转换器及传输媒质，可用一个数字序列变换的方框加以概括，此方框称为编码信道。编码信道示意图也如图 2-1 所示。

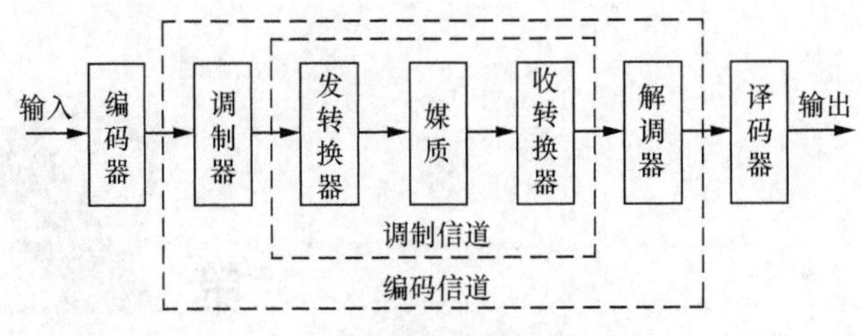

图 2-1　调制信道与编码信道

根据研究对象和关心问题的不同，还可以定义其他形式的广义信道。

2.1.2　信道的数学模型

为了研究信道的一般特性及其对信号传输的影响，我们引入调制信道与编码信道的数学模型。

1．调制信道模型

在频带传输系统中，调制器输出的已调信号即被送入调制信道。对于研究调制与解调性能而言，可以不管调制信道究竟包括了什么样的变换器，也不管选用了什么样的传输媒质，以及发生了怎样的传输过程，我们只需关心已调信号通过调制信道后的最终结果，即只需关心调制信道输入信号与输出信号之间的关系。

对调制信道进行大量的考察之后，可以发现它具有以下共性。

（1）有一对（或多对）输入端和一对（或多对）输出端。

（2）绝大部分信道都是线性的，即满足叠加原理。

（3）信号通过信道具有一定的迟延时间，而且还会造成固定损耗或时变损耗。

（4）即使没有信号输入，在信道的输出端仍可能有一定的功率输出（噪声）。

根据上述共性，我们可用一个二对端（或多对端）的时变线性网络来表示调制信道。该网络就称作调制信道模型，如图 2-2 所示。

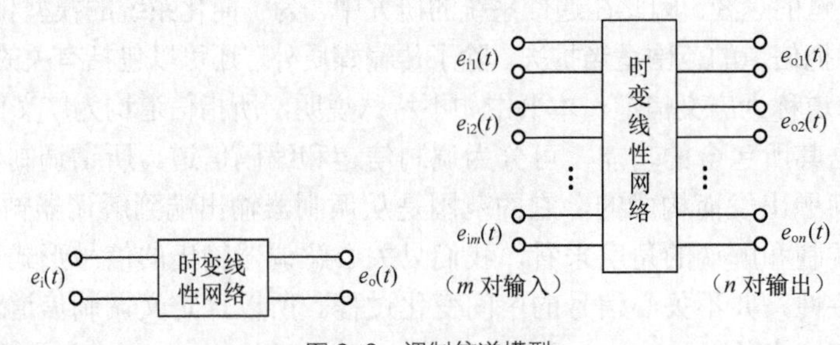

图 2-2　调制信道模型

对于二对端的信道模型来说，其输出与输入之间的关系式可表示为

$$e_o(t) = f[e_i(t)] + n(t) \tag{2-1-1}$$

式中 $e_i(t)$ 为输入的已调信号；$e_o(t)$ 为调制信道总输出波形；$n(t)$ 为加性噪声（或称加性

干扰），与 $e_i(t)$ 无依赖关系，或者说 $n(t)$ 独立于 $e_i(t)$ 。

$f[e_i(t)]$ 表示已调信号通过网络所发生的时变线性变换。为了进一步理解信道对信号的影响，假定 $f[e_i(t)]$ 可简写成 $k(t)\cdot e_i(t)$ 。其中，$k(t)$ 依赖于网络的特性，$k(t)$ 乘以 $e_i(t)$ 反映网络特性对 $e_i(t)$ 的"时变线性"作用。$k(t)$ 的存在，对 $e_i(t)$ 来说是一种干扰，常称其为乘性干扰。于是，式 2.1-1 可表示为

$$e_o(t)=k(t)e_i(t)+n(t) \tag{2-1-2}$$

由以上分析可见，信道对信号的影响可归纳为两点：一是乘性干扰 $k(t)$ ；二是加性干扰 $n(t)$ 。如果了解了 $k(t)$ 和 $n(t)$ 的特性，则信道对信号的具体影响就能确定。不同特性的信道，仅反映信道模型有不同的 $k(t)$ 及 $n(t)$ 。

我们期望的信道（理想信道）应是 $k(t)$ ＝常数，$n(t)$ =0，即

$$e_o(t)=k\cdot e_i(t) \tag{2-1-3}$$

实际中，乘性干扰 $k(t)$ 一般是一个复杂函数，它可能包括各种线性畸变、非线性畸变。同时由于信道的迟延特性和损耗特性随时间作随机变化，故 $k(t)$ 往往只能用随机过程加以表述。不过，经大量观察表明，有些信道的 $k(t)$ 基本不随时间变化，也就是说，信道对信号的影响是固定的或变化极为缓慢的；而有的信道却不然，它们的 $k(t)$ 是随机快变化的。因此，在分析研究乘性干扰 $k(t)$ 时，可以把调制信道粗略地分为两大类：一类称为恒参信道（恒定参数信道），即它们的 $k(t)$ 可看成不随时间变化或变化极为缓慢；另一类则称为随参信道（随机参数信道，或称变参信道），它是非恒参信道的统称，其 $k(t)$ 是随时间随机快变的。

2. 编码信道模型

编码信道是包括调制信道及调制器、解调器在内的信道。它与调制信道模型有明显的不同，即调制信道对信号的影响是通过 $k(t)$ 和 $n(t)$ 使调制信号发生"模拟"变化的，而编码信道对信号的影响则是一种数字序列的变换，即把一种数字序列变成另一种数字序列。故有时把调制信道看成是一种模拟信道，而把编码信道看成是一种数字信道。

由于编码信道包含调制信道，因而它同样要受到调制信道的影响。但是，从编码和译码的角度看，这个影响已反映在解调器的输出数字序列中，即输出数字序列以某种概率发生差错。显然，调制信道越差，即特性越不理想和加性噪声越严重，则发生错误的概率就会越大。因此，编码信道的模型可用数字信号的转移概率来描述。例如，最常见的二进制数字传输系统的一种简单的编码信道模型如图 2-3 所示。之所以说这个模型是"简单的"，是因为在这里假设解调器每个输出码元的差错发生是相互独立的。用编码的术语来说，这种信道是无记忆的（当前码元的差错与其前后码元的差错没有依赖关系）。

在这个模型里，把 $p(0/0)$、$p(1/0)$、$p(0/1)$、$p(1/1)$称为信道转移概率。以 $p(1/0)$为例，其含义是"经信道传输，把 0 转移为 1"。具体地，我们把 $p(0/0)$和 $p(1/1)$称为正确转移概率，而把 $p(1/0)$和 $p(0/1)$称为错误转移概率。根据概率性质可知

$$p(0/0)=1-p(1/0)$$

$$p(1/1)=1-p(0/1)$$

转移概率完全由编码信道的特性决定，一个特定的编码信道就会有相应确定的转移概率。应该指出，编码信道的转移概率一般需要对实际编码信道作大量的统计分析才能得到。

由无记忆二进制编码信道模型容易推出无记忆多进制的模型。四进制时无记忆编码信道

模型如图 2-4 所示。

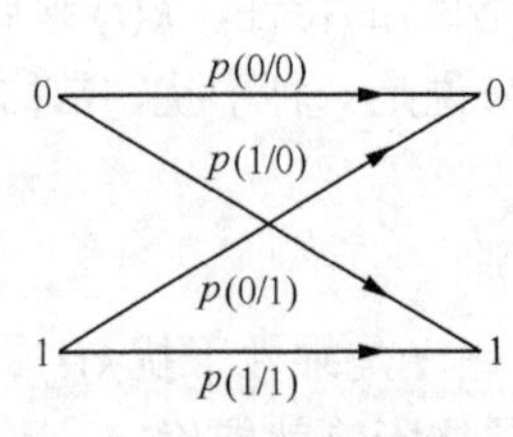

图 2-3　二进制编码信道模型

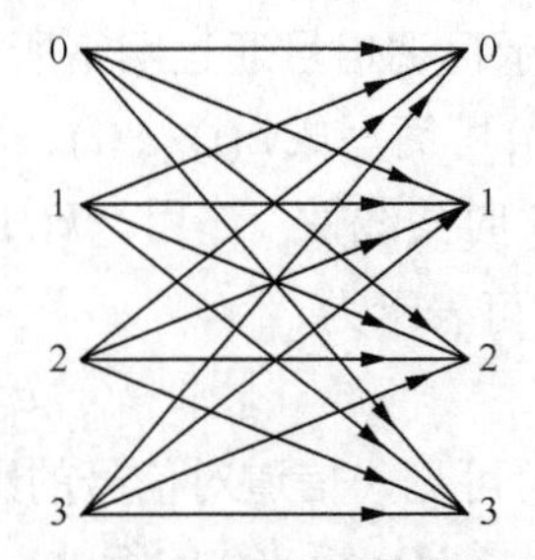

图 2-4　四进制编码信道模型

编码信道可细分为无记忆编码信道和有记忆编码信道。有记忆编码信道是指信道中码元发生差错的事件不是独立的，即当前码元的差错与其前后码元的差错是有联系的。在此情况下，编码信道的模型要比图 2-3 或图 2-4 的模型复杂许多，在此不予讨论。

2.2　恒参信道及其对信号传输的影响

2.2.1　恒参信道

恒参信道是指参数不随时间变化而变化的信道。它主要包括架空明线、电缆、波导、中长波地波传播、超短波及微波视距传播、卫星中继、光导纤维以及光波视距传播等传输介质构成的信道。为了分析它们的一般特性及其对信号传输的影响，让我们先简要介绍几种有代表性的恒参信道的例子。

1. 三种有线电信道及其特性

（1）明线

明线是指平行架设在电线杆上的架空线路，它由导电裸线或带绝缘层的导线组成。架空明线传输信号损耗小，但易受气候和环境的影响，对外界噪声干扰较敏感，并且很难沿一条路径架设大量的成百对线路。故架空明线正逐渐被电缆所代替。

（2）对称电缆

对称电缆是在同一保护套内有许多对相互绝缘的双导线的传输媒质。通常有两种类型：非屏蔽（UTP）和屏蔽（STP）。导线材料是铝或铜，直径为 0.4mm～1.4mm。为了减小各线对之间的相互干扰，每一对线都拧成扭绞状，如图 2-5 所示。由于这些结构上的特点，故电缆的传输损耗比较大，但其传输特性比较稳定，并且价格便宜、安装容易。对称电缆主要用于市话中继线路和用户线路，在许多局域网如以太网、令牌网中也采用高等级的 UTP 电缆进行连接。STP 电缆的特性与 UTP 的特性相同，由于加入了屏蔽措施，对噪声有更好的屏蔽作用，但是其价格要贵一些。

（3）同轴电缆

同轴电缆与对称电缆结构不同，单根同轴电缆的结构如图 2-6（a）所示。同轴电缆由同轴的两个导体构成，外导体是一个圆柱形的导体，内导体是金属线，它们之间填充着介质。实际应用中同轴电缆的外导体是接地的，对外界干扰具有较好的屏蔽作用，所以同轴电缆抗电磁干扰性能较好。在有线电视网络中大量采用这种结构的同轴电缆。

为了增大容量，也可以将几根同轴电缆封装在一个大的保护套内，构成多芯同轴电缆，如图 2-6（b）所示。另外还可以装入一些二芯绞线对或四芯线组，作为传输控制信号用。表 2-1 列出了几种电缆的特性。

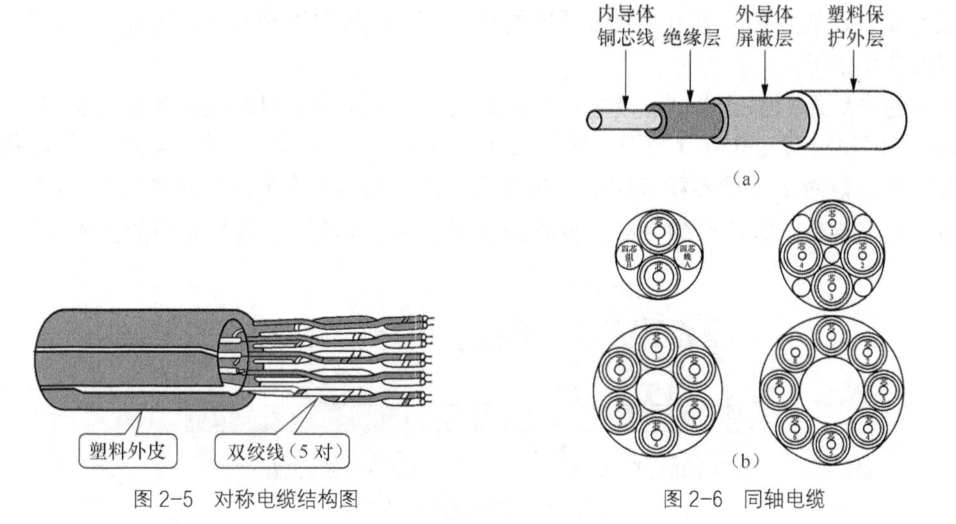

图 2-5　对称电缆结构图

图 2-6　同轴电缆

表 2-1　几种有线电缆的特性

传输媒质类型	频率范围/MHz	信号衰减	电磁干扰
UTP 电缆	1～100	高	一般
STP 电缆	1～150	高	小
同轴电缆	1～1000	低	小

2. 光纤信道及其基本特性

光纤信道是以光导纤维（简称光纤）为传输介质、以光波为载波的信道，具有极宽的通频带，能够提供极大的传输容量。光纤的特点是：损耗低、通频带宽、线径细、重量轻、可弯曲半径小、不怕腐蚀以及不受电磁干扰等。利用光纤代替电缆可节省大量有色金属。

光纤信道简化方框图如图 2-7 所示。它主要由光源、光调制器、光纤线路及光探测器等基础部分构成。光源是光载体发生器，目前，广泛应用半导体发光二极管（LED）或激光二极管（LD）做光源。光调制器是把电信号加载到光源的发射光束上，光调制可分为直接调制和间接调制两大类。直接调制方法仅适用于半导体光源（LD 和 LED），间接调制既适应于半导体激光器也适应于其他类型的激光器。光纤线路可能是一根或多根光纤。在接收端有一个直接检波式的光探测器，常用 PIN 光电二极管或雪崩光电二极管（APD 管）来检测光强度。根据应用情况的而不同，在光纤线路中可能还设有中继器。当然，也可能不

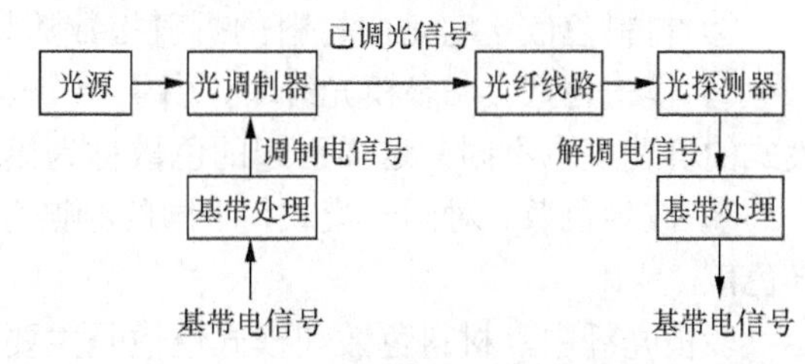

图 2-7　光纤信道的一般组成

设中继器。

中继器有两种类型：直接中继器和间接中继器。在数字光纤信道中，为了减小失真以及防止噪声的积累，每隔一定距离需加入再生中继器。

目前，由于技术上的原因，光外差式接收及相干检测还不能使用，故在实际系统中，仅限于采用光强度调制和平方律检测。同时，又因光纤信道中某些元件的线性度较差，所以，广泛采用数字调制方式，即用光载波脉冲的有和无来代表二进制数字。因此，光纤信道是一个典型的数字信道。

实用的光纤通常都是由纤芯及包在它外面的用另一种介质材料做成的包层构成。从结构上来说，目前使用的光纤可分为均匀光纤及非均匀光纤两类。均匀光纤纤芯的折射系数为n_1，包层的折射系数为n_2，纤芯和包层中的折射系数都是均匀分布的，但两者是不等的，在交界面上成阶梯形突变，因此均匀光纤又称阶跃光纤。图 2-8 绘出了均匀光纤的工作原理。

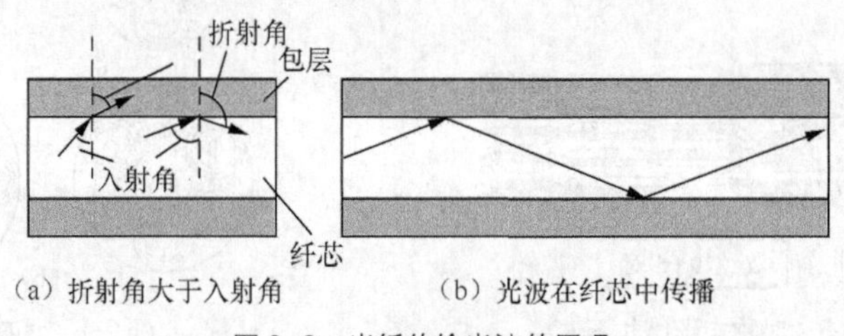

（a）折射角大于入射角　　（b）光波在纤芯中传播

图 2-8　光纤传输光波的原理

当光纤中只能传输一种光波的模式时，称为单模光纤。由于光波波长极短，故单模光纤的芯径极小。均匀单模光纤芯径约在 4 μm ～10 μm 之间。单模光纤传光特性较好，但因光纤的芯径极小、截面尺寸小，在制造、耦合和连接上都比较困难；如果光纤中能传输的模式不止一个，则称为多模光纤。多模光纤的截面尺寸较大，在制造、耦合和连接上都比单模光纤容易。

光纤信道是远距离传送光波的一种手段，其长度达几十公里，甚至几百或几千公里。在这样长距离传送光信号，对光纤提出了较高的要求。这些要求中最主要的是低损耗和低色散。

低损耗是光纤能实现远距离传输的前提。目前，高纯度的石英玻璃光纤，在长波段（即波长$\lambda=1.35\mu m$与$\lambda=1.5\mu m$附近），其损耗一般可低至 0.2dB/km 以下。

色散是光纤的另一个重要指标。色散是指信号的群速度随频率或模式不同而引起信号失真的现象。光纤的色散有如下 3 种。

① 材料色散。它是由材料的折射指数随频率变化引起的色散。

② 模式色散。在多模光纤中，由于一个信号同时激发不同的模式，即使是同一频率，各模式的群速度也不同，这样引起的色散称为模式色散。

③ 波导色散。对同一模式，不同的频谱分量有不同的群速度，由此引起的色散，称为波导色散。

多模光纤中，材料色散和模式色散是主要的，波导色散可以忽略。单模光纤中，材料色散是主要的，波导色散也起一定的作用，但在单模光纤中不存在模式色散，因而其色散性能也较好。

光纤色散的危害很大，尤其对码速较高的数字传输有严重影响，可引起码间串扰，使传输的信号带宽减小。总之，色散限制着通信容量和信号传输距离的增加。

3．无线电视距中继信道及其基本特征

无线电视距中继是指工作频率在超短波和微波波段时，电磁波基本上沿视线传播，通信距离依靠中继方式延伸，相邻中继站间距离一般在 40km～50km。它主要用于长途干线、移动通信网及某些数据收集（如水文、气象数据的测报）系统中。

无线电中继信道的构成如图 2-9 所示。它由终端站、中继站及各站间的电波传播路径所构成。由于这种系统具有传输容量大、发射功率小、通信稳定可靠，以及和同轴电缆相比，可以节省有色金属等优点，因此，被广泛用来传输多路电话及电视。

4．卫星中继信道及其基本特性

卫星中继信道是利用人造地球卫星作为中继转发站实现的通信。当人造地球卫星的运行轨道在赤道平面上、距离地面高度为 35860km 时，绕地球运行一周的时间恰为 24 小时，与地球自转周期相同，这种卫星称为同步卫星。

同步卫星与地球相对位置的示意图如图 2-10 所示。从卫星向地球引两条切线，切线夹角为 17.34°，两切线间弧线距离为 1801km，可见在这个卫星电波波束覆盖区内的地球站均可通过该卫星来实现通信，即可以实现地球上 1800km 范围内的多点之间的连接。若以 120° 的等间隔在静止轨道上配置 3 颗卫星，则地球表面除两极区未被卫星波束覆盖外，其他区域区均在覆盖范围之内，而且其中部分区域为两个静止卫星波束的重叠地区，因此借助于在重叠区内地球站的中继，可以实现不同卫星覆盖区内地球站之间的通信。由此可见，采用 3 个适当配置的同步卫星中继站就可以实现全球通信。这种信道具有传输距离远、覆盖地域广、传播稳定可靠、传输容量大等突出的优点。目前广泛应用于传输多路电话、电报、图像数据和电视节目等。

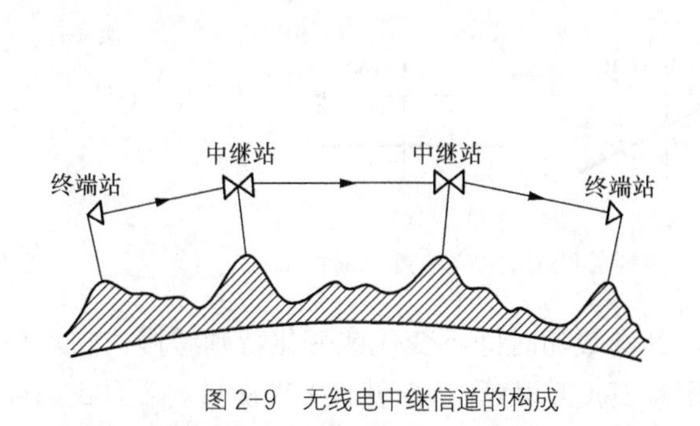

图 2-9　无线电中继信道的构成

速度 -11070km/h
1734°
41 756km
（赤道）
1 8101km
73 155km
35 860km
赤道
12 752km
重复地区　盲区

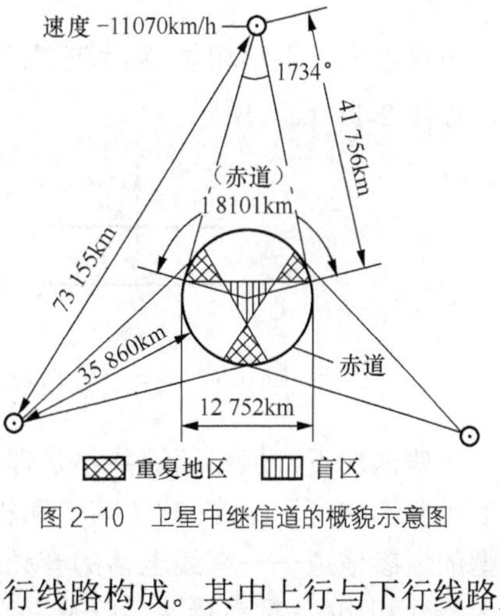

图 2-10　卫星中继信道的概貌示意图

卫星中继信道由通信卫星、地球站、上行线路及下行线路构成。其中上行与下行线路是地球站至卫星、卫星至地球站的电波传播路径，而信道设备集中于地球站与卫星中继站中。相对于地球站来说，同步卫星在空中的位置是静止的，所以它又称为“静止”卫星。除静止卫星外，在较低轨道上运行的卫星及不在赤道平面上的卫星也可以用于中继通信。在几百公里高度的低轨道上运行的卫星，由于要求地球站的发射功率较小，特别适用于移动通信和个人通信系统中。

以上介绍了几种有代表性的恒参信道的例子。下面再来讨论恒参信道的特性及其对信号传输的影响。

2.2.2 恒参信道特性及其对信号传输的影响

由于恒参信道对信号传输的影响是固定不变的或者是变化极为缓慢的，因而可以等效为一个非时变的线性网络。从理论上讲，只要得到这个网络的传输特性，则利用信号通过线性系统的分析方法，就可求得已调信号通过恒参信道后的变化规律。

恒参信道的传输特性通常用其幅度特性和相频特性来描述。

1. 信号不失真传输条件

对于信号传输而言，我们追求的是信号通过信道时不产生失真或者失真小到不易察觉的程度。

由“信号与系统”课程可知，网络的传输特性 $H(\omega)$ 通常可用幅度-频率特性 $H(\omega)$ 和相位-频率特性 $\varphi(\omega)$ 来表征

$$H(\omega)=\left|H(\omega)\right|\mathrm{e}^{\mathrm{j}\varphi(\omega)} \tag{2-2-1}$$

式（2-2-1）表明，要使任意一个信号通过线性网络不产生波形失真，网络的传输特性应该具备以下两个理想条件。

（1）网络的幅度-频率特性 $H(\omega)$ 是一个不随频率变化的常数，如图 2-11（a）所示。

（2）网络的相位-频率特性 $\varphi(\omega)$ 应与频率成直线关系，如图 2-11（b）所示。其中 t_0 为传输时延常数。

网络的相位-频率特性还经常采用群迟延-频率特性 $\tau(\omega)$ 来衡量。所谓群迟延-频率特性就是相位-频率特性对频率的导数，即

$$\tau(\omega)=\frac{\mathrm{d}\varphi(\omega)}{\mathrm{d}\omega} \tag{2-2-2}$$

可以看出，上述相位-频率理想条件，等同于要求群迟延-频率特性 $\tau(\omega)$ 应是一条水平直线，如图 2-11（c）所示。

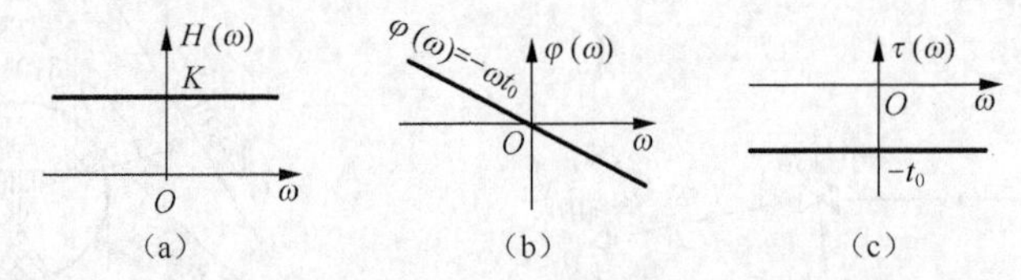

图 2-11 理性的幅-频特性（a）、相-频特性（b）、群迟延-频率特性（c）

一般情况下，恒参信道并不是理想网络，其参数随时间不变化或变化特别缓慢。它对信号的主要影响可用幅度-频率畸变和相位-频率畸变（群迟延-频率特性）来衡量。下面我们以典型的恒参信道——有线电话的音频信道和载波信道为例，来分析恒参信道等效网络的幅度-频率特性和相位-频率特性，以及它们对信号传输的影响。

2. 幅度-频率畸变

幅度-频率畸变，是指信道的幅度-频率特性偏离图 2-11（a）所示关系而引起的畸变。这种畸变又称为频率失真。

在通常的有线电话信道中可能存在各种滤波器，尤其是带通滤波器，还可能存在混合线圈、串联电容器和分路电感等，因此电话信道的幅度-频率特性总是不理想的。图 2-12 显示了典型音频电话信道的总衰耗-频率特性。由图可以看出，幅频特性不再是常数，当频率低于 300Hz 时，每倍频衰耗上升 15dB～25dB；在 300Hz～1100Hz 范围内，损耗较为平坦；在 1100Hz～2900Hz 之间，衰耗线性上升；在 2900Hz 之上，衰耗快速增加。

十分明显，有线电话信道的此种不均匀衰耗必然使传输信号的幅度-频率发生畸变，引起信号波形的失真。此时若要传输数字信号，还会引起相邻数字信号波形之间在时间上的相互重叠，即造成码间串扰（码元之间相互串扰）。

3．相位-频率畸变（群迟延畸变）

所谓相位-频率畸变，是指信道的相位-频率特性或群迟延-频率特性偏离图 2-11（b）、图 2-11（c）所示关系而引起的畸变。

电话信道的相位-频率畸变主要来源于信道中的各种滤波器及可能有的加感线圈，尤其在信道频带的边缘，相频畸变就更严重。图 2-13 显示的是一个典型的电话信道的群迟延-频率特性。不难看出，当非单一频率的信号通过该电话信道时，信号频谱中的不同频率分量将有不同的迟延，即它们到达的时间先后不一，从而引起信号的畸变。

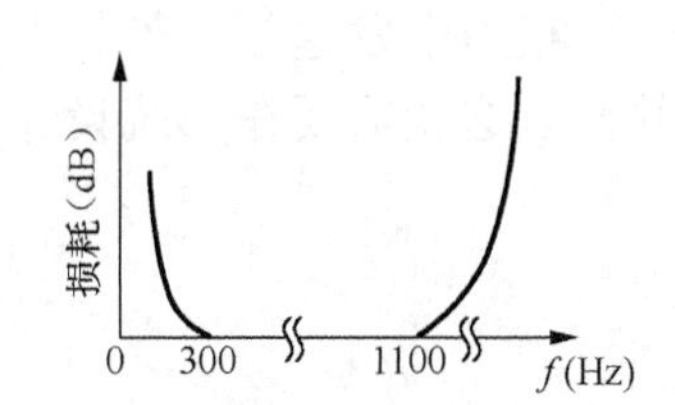

图 2-12　典型音频电话信道的相对衰耗

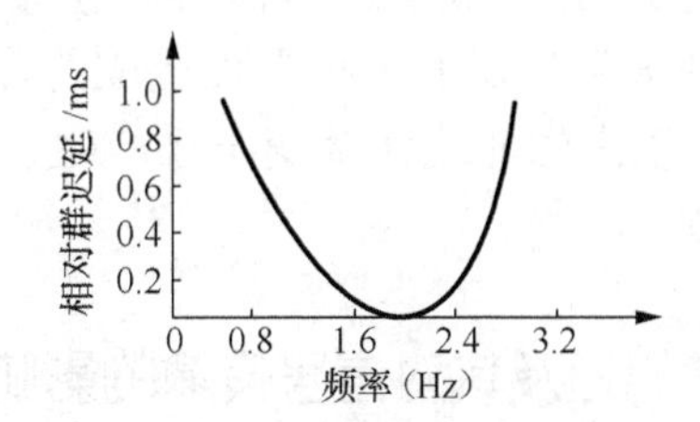

图 2-13　典型电话信道群迟延-频率特性

相频畸变对模拟话音通道影响并不显著，这是因为人耳对相频畸变不太灵敏；但对数字信号传输却不然，尤其当传输速率比较高时，相频畸变将会引起严重的码间串扰，给通信带来很大损害。所以，在模拟通信系统内往往只注意幅度失真和非线性失真，而将相移失真放在忽略的地位。但是，在数字通信系统内一定要重视相移失真对信号传输可能带来的影响。

【例 2-1】　如图 2-14 所示网络，求它的频率特性。判断是否存在幅频失真及相频失真。

解　图 2-14 所示网络的传输函数可以直接写出：

$$H(\omega)=\frac{1}{1+\mathrm{j}\omega RC}=\frac{1}{\sqrt{1+\omega^2R^2C^2}}\mathrm{e}^{-\mathrm{j}\arctan(\omega RC)}$$

$$\tau(\omega)=\frac{\mathrm{d}\varphi(\omega)}{\mathrm{d}\omega}=\frac{RC}{1+\omega^2R^2C^2}$$

由于 $H(\omega)$ 及 $\tau(\omega)$ 均为 ω 的函数，因此该网络存在着幅频失真及相频失真。该失真是由于电容 C 的存在，使得幅频特性非均匀，相频特性非直线，从而信号通过时将产生失真。电阻 R、电容 C 均为线性元件，图 2-14 为线性电路系统，因而它所产生的失真又称为线性失真。该电路系统的元件参数恒定，对应于恒参信道。

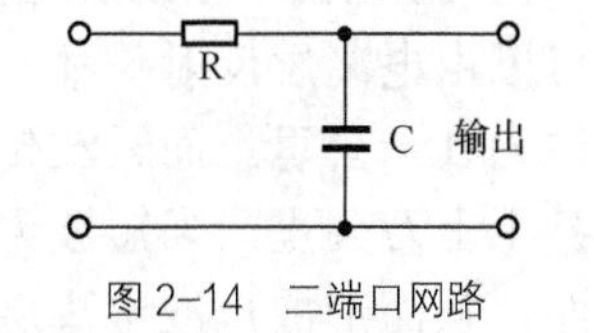

图 2-14　二端口网络

4. 减小畸变的措施

为了减小幅度-频率畸变，在设计总的电话信道传输特性时，一般都要求把幅度-频率畸变控制在一个允许的范围内。这就要求改善电话信道中的滤波性能，或者再通过一个线性补偿网络，使衰耗特性曲线变得平坦，接近于图 2-11（a）。后一措施通常称之为“均衡”。在载波电话信道上传输数字信号时，通常要采用均衡措施。均衡的方式有时域均衡和频域均衡，时域均衡的具体技术将在第 4 章中介绍。

相位-频率畸变（群迟延畸变）如同幅频畸变一样，也是一种线性畸变。因此，也可采取相位均衡技术补偿群迟延畸变。即为了减小相移失真，在调制信道内采取相位均衡措施，使得信道的相频特性尽量接近图 2-11（b）所示线性。或者严格限制已调信号的频谱，使它保持在信道的线性相移范围内传输。

恒参信道幅度-频率特性及相位-频率特性的不理想是损害信号传输的重要因素。此外，也存在其他一些因素使信道的输出与输入产生差异（亦可称为畸变），例如非线性畸变、频率偏移及相位抖动等。非线性畸变主要由信道中的元器件（如磁芯、电子器件等）的非线性特性引起，造成谐波失真或产生寄生频率等；频率偏移通常是由于载波电话系统中接收端解调载波与发送端调制载波之间的频率有偏差（例如，解调载波可能没有锁定在调制载波上），而造成信道传输的信号每一分量可能产生的频率变化；相位抖动也是由调制和解调载波发生器的不稳定性造成的，这种抖动的结果相当于发送信号附加上一个小指数的调频。以上的非线性畸变一旦产生，一般均难以排除。这就需要在系统设计时从技术上加以重视。

2.3 随参信道及其对信号传输的影响

2.3.1 随参信道

随参信道是指参数随时间变化而变化的信道。它主要包括短波电离层反射、超短波流星余迹散射、超短波及微波对流层散射、超短波电离层散射、超短波超视距绕射等传输媒质分别构成的调制信道。为了分析它们的一般特性及其对信号传输的影响，下面先介绍两种典型的随参信道的例子。

1. 短波电离层反射信道

短波电离层反射信道是利用地面发射的无线电波在电离层、或电离层与地面之间的一次反射或多次反射所形成的信道。由于太阳辐射的紫外线和 X 射线，使离地面 60km～600 km 的大气层成为电离层。电离层由分子、原子、离子及自由电子组成。波长为 10m～100m（频率为 30MHz～3MHz）的无线电波称为短波。短波可以沿地面传播，简称为地波传播；也可以由电离层反射传播，简称为天波传播。由于地面的吸收作用，地波传播的距离较短，约为几十公里。而天波传播由于经电离层一次反射或多次反射，传输距离可达几千公里，甚至上万公里。当短波无线电波射入电离层时，由于折射现象会使电波产生反射，返回地面，从而形成短波电离层反射信道。下面介绍这种信道的传播路径、工作频率、多径传播以及特性。

（1）传播路径

电离层厚度有数百千米，可分为D、E、F1和F2四层，如图2-15所示。由于太阳辐射的变化，电离层的密度和厚度也随时间随机变化，因此短波电离层反射信道也是随参信道。在白天，由于太阳辐射强，所以D、E、F1和F2四层都存在。在夜晚，由于太阳辐射减弱，D层和F1层几乎完全消失，因此只有E层和F2层存在。由于D、E层电子密度小，不能形成反射条件，所以短波电波不会被反射。D、E层对电波传输的影响主要是吸收电波，使电波能量损耗。F2 层是反射层，其高度为 250km～300km，所以一次反射的最大距离约为4000km。

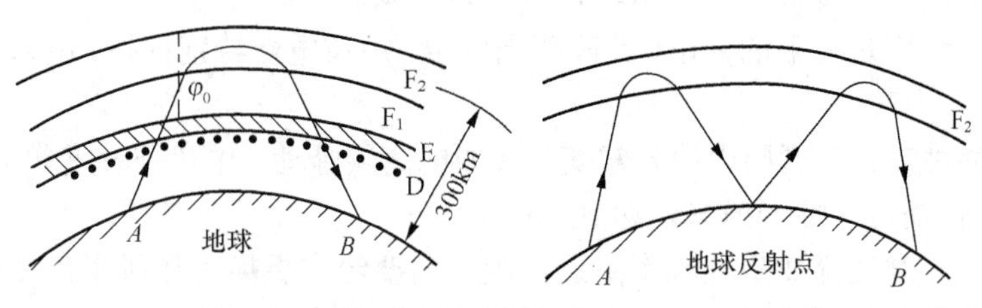

图2-15 电离层结构示意图

（2）工作频率

由于电离层密度和厚度随时间随机变化，因此短波电波满足反射条件的频率范围也随时间变化。通常用最高可用频率给出工作频率上限。最高可用频率是指当电波以φ_0角入射时，能从电离层反射的最高频率，可表示为

$$f_{\mathrm{MUF}} = f_0 \sec\varphi_0 \tag{2-3-1}$$

式中，f_0为$\varphi_0 = 0$时能从电离层反射的最高频率（称为临界频率）。

在白天，电离层较厚，F_2层的电子密度较大，最高可用频率较高。在夜晚，电离层较薄，F_2层的电子密度较小，最高可用频率要比白天低。

（3）多径传播

短波电离层反射信道最主要的特征是多径传播，多径传播有以下几种形式，其如图2-16所示。

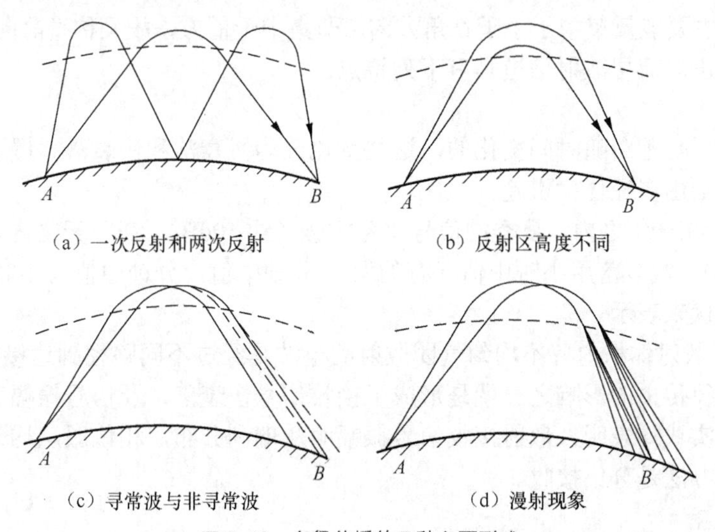

（a）一次反射和两次反射　（b）反射区高度不同

（c）寻常波与非寻常波　（d）漫射现象

图2-16 多径传播的几种主要形式

① 电波经电离层的一次反射或多次反射。

② 电磁波束中各射线的入射角不同，所以几个反射层的高度也不相同。

③ 地球磁场引起的电磁波束分裂成寻常波与非寻常波。

④ 电离层不均匀性引起的漫射现象。

（4）特性

短波电离层反射信道是远距离传输的重要信道之一，它具有以下特性。

① 传输损耗较小，因此能以较小功率进行元距离通信。

② 天波通信，特别是短波通信，建立迅速，机动性好，设备简单。

③ 传播距离远，可传输几千千米，甚至几万千米。

④ 传输频带宽度是有限的，由于波段范围较窄，短波电台特别拥挤，电台间的干扰很大，尤其在夜间。

⑤ 传输可靠性差，电离层中的异常变化（如电离层骚动、电离层暴变等）会引起较长时间的通信中断，传播可靠性一般只能达到 90%。

⑥ 通信频率必须选择在最佳频率附近，因此需要经常更换工作频率，使用较复杂。

⑦ 存在快衰落与多径延时失真，必须采用相应的抗多径措施。

⑧ 干扰电平高。

2．对流层散射信道

对流层散射信道是一种超视距的传播信道，其一跳的传播距离为 100km～500km，可工作在超短波和微波波段。设计良好的对流层散射线路可提供 12～240 个频分复用（FDM）的话路，而传播可靠性可达 99.9%。

对流层是离地面 10km～12km 以下的大气层。在对流层中，由于大气湍流运动等原因产生了不均匀性，故引起电波的散射。图 2-17 是对流层散射传播路径的示意图。图中 *ABCD* 所表示的收发天线共同照射区，称为散射体积，其中包含许多不均匀气团，每个气团都是一个二次辐射源。

散射具有强方向性，当入射线与散射线的夹角为 θ 时，接收到的能量大致与 $\sin^5(\theta/2)$ 成反比。这意味着主要能量集中于小于 θ 角方向，即集中于前方，故又称“前向散射”。通过上述分析，可以看出对流层散射信道具有下列特点。

（1）衰落

散射信号电平是不断随时间变化的，这些变化分为慢衰落和快衰落。慢衰落取决于气象条件，而快衰落则由多径传播引起。

① 慢衰落。在一年之内，夏季的信号比冬季强（约 10dB）；在一天之内，中午的信号比早晚弱（约 5dB）。慢衰落用小时中值（有的取 5 分钟中值，分钟中值与小时中值接近)相对对于月中值的起伏来表示。

② 快衰落。散射体积内各不均匀气团散射的电波是经过不同路径到达接收点的，即有多条路径。这种多径传播的影响之一就是形成了接收信号快衰落，及信号振幅和相位的快速随机变化。理论和实践均表明，散射接收信号振幅服从瑞利分布，相位服从均匀分布。克服快衰落影响的有效办法是分集接收。

（2）传播损耗

由于散射波相当微弱，即传输损耗很大。总损耗包括如下两种。

① 自由空间的能量扩散损耗。

② 散射损耗。

（3）信道的允许频带

散射信道是典型的多径信道。多径传播不仅引起信号电平的快衰落，还会导致波形失真，如图2-18所示。某时刻发出的窄脉冲经过不同长度的路程到达接收点。由于经过的路程不同，因而到达接收点的时刻也不同，结果脉冲被展宽了。这种现象称为信号的时间扩散，即多径时散。

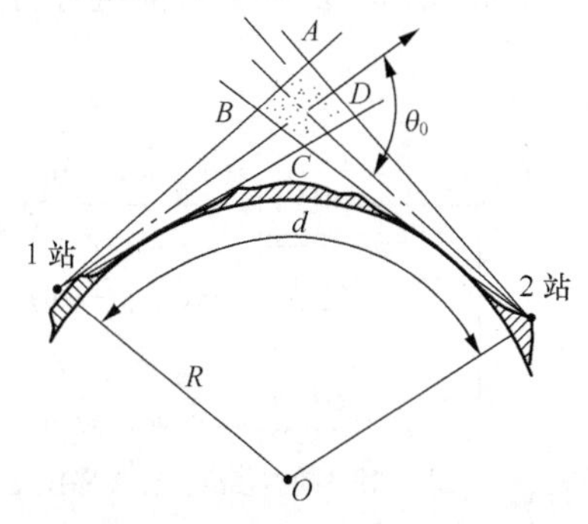

图2-17 对流层散射传播路径示意图

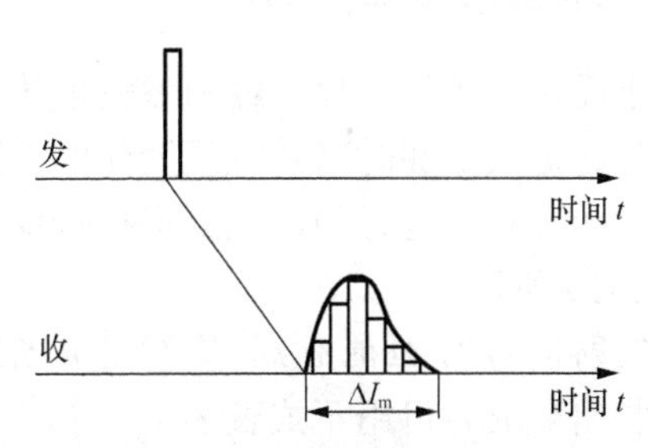

图2-18 多径时散示意图

脉冲信号通过带限系统后，波形也被展宽，而且系统频带越窄，波形展宽越多。从这一角度来看，散射信道好像是一个带限滤波器，其允许频带定义为

$$B_c = \frac{1}{\tau_m}$$

式中，τ_m为最大多径时延差。

当信号带宽小于信道的允许频带时，波形不会产生严重失真；反之，信号将遭受严重失真。

（4）天线与媒质间的耦合损耗

天线与媒质间的耦合损耗又称“无线增益亏损”，这是由散射的性质造成的。随着天线增益的提高，散射体积减小，因而接收电平不能像自由空间传播那样按比例增加。天线在自由空间的理论增益与在对流层散射线路上测得的实际增益之差称为天线与媒质间耦合损耗。

（5）特性

通过上述分析，可以看出对流层散射传播具有以下特性。

① 容量大。

② 主要用于30kHz～100kHz频段。

③ 可靠性高。

④ 保密性好。

⑤ 单挑跨距达100km～500km，一般用于无法建立微波中继站的地区，如用于海岛之间或跨越湖泊、沙漠、雪山等地区。

以上我们介绍了两种比较典型的随参信道的特性。下面再来讨论随参信道对信号传输的影响。

2.3.2 随参信道特性及其对信号传输的影响

通过对短波电离层反射信道和对流层散射信道分析可知，随参信道的传输媒质具有以下几个特点。

（1）对信号的衰耗随时间而变化。

（2）对信号的时延随时间而变化。

（3）具有多径传播。

所谓多径传播是指由发射点出发的电波可能经多条路径到达接收点的现象，就每条路径信号而言，它的衰耗和时延都不是固定不变的，而是随电离层或对流层的变化机理随机变化的。所以，多径传播后的接收信号将是衰减和时延随时间变化的各路径信号的合成。因此，随参信道的多径传播将对信号的传输产生严重的影响。下面我们将从两个方面进行讨论。

1．多径衰落与频率弥散

由上面讨论可知，信号经随参信道传播后，接收的信号将是衰减和时延随时间变化的多路径信号的合成。为分析问题方便，建立多径传播信道的模型如图 2-19 所示。

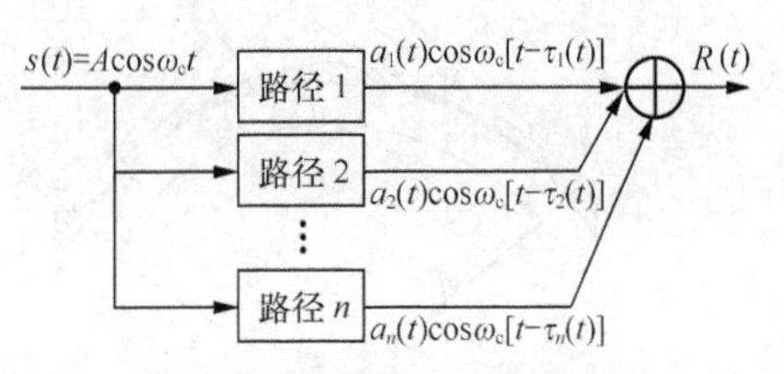

图 2-19　随参信道多径传播模型

设发射信号为 $A\cos\omega_{\mathrm{c}}t$，则经过 n 条路径传播后的接收信号 $R(t)$ 可用下式表述

$$R(t)=\sum_{i=1}^{n}a_i(t)\cos\omega_{\mathrm{c}}[t-\tau_i(t)]=\sum_{i=1}^{n}a_i(t)\cos[\omega_{\mathrm{c}}t+\varphi_i(t)] \tag{2-3-2}$$

式中，$a_i(t)$ 为第 i 条路径的接收信号振幅，随时间不同而随机变化；$\tau_i(t)$ 为第 i 条路径的传输时延，随时间不同而随机变化；$\varphi_i(t)$ 为第 i 条路径的随机相位，其与 $\tau_i(t)$ 相应，即

$$\varphi_i(t)=-\omega_{\mathrm{c}}\tau_i(t)$$

大量观察表明，$a_i(t)$ 和 $\varphi_i(t)$ 随时间的变化比信号载频的周期变化通常要缓慢得多，即 $a_i(t)$ 和 $\varphi_i(t)$ 可看作是缓慢变化的随机过程。因此式（2-3-2）又可写成

$$R(t)=\left[\sum_{i=1}^{n}a_i(t)\cos\varphi_i(t)\right]\cos\omega_{\mathrm{c}}t-\left[\sum_{i=i}^{n}a_i(t)\sin\varphi_i(t)\right]\sin\omega_{\mathrm{c}}t \tag{2-3-3}$$

令

$$a_{\mathrm{c}}(t)=\sum_{i=1}^{n}a_i(t)\cos\varphi_i(t) \tag{2-3-4}$$

$$a_{\mathrm{s}}(t)=\sum_{i=1}^{n}a_i(t)\sin\varphi_i(t) \tag{2-3-5}$$

代入式（2-3-3）后得

$$R(t)=a_{\mathrm{c}}(t)\cos\omega_{\mathrm{c}}t-a_{\mathrm{s}}(t)\sin\omega_{\mathrm{c}}t=a(t)\cos[\omega_{\mathrm{c}}t+\varphi(t)] \tag{2-3-6}$$

其中 $a(t)$ 是多径信号合成后的包络，即

$$a(t)=\sqrt{a_{\mathrm{c}}^{\,2}(t)+a_{\mathrm{s}}^{\,2}(t)} \tag{2-3-7}$$

而 $\varphi(t)$ 是多径信号合成后的相位，即

$$\varphi(t)=\arctan\frac{a_{\mathrm{s}}(t)}{a_{\mathrm{c}}(t)} \tag{2-3-8}$$

由于 $a_{\mathrm{i}}(t)$ 和 $\varphi_{\mathrm{i}}(t)$ 是缓慢变化的随机过程，因而 $a_{\mathrm{c}}(t)$、$a_{\mathrm{s}}(t)$ 及包络 $a(t)$、相位 $\varphi(t)$ 也都是缓

慢变化的随机过程。于是，$R(t)$ 可视为一个窄带随机过程，其波形与频谱如图 2-20 所示。

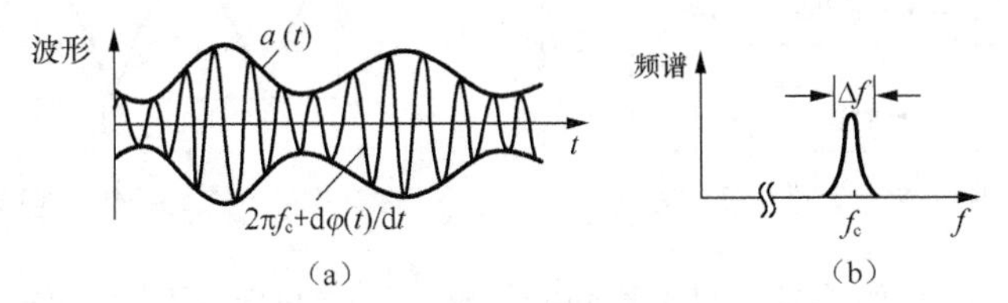

图 2-20　衰落信号的波形与频谱示意图

由式（2-3-6）和图 2-20 可以看出以下两点。

（1）从波形上看，多径传播的结果使确定的载频信号 $A\cos\omega_c t$ 变成了包络和相位都随机变化的窄带信号，这种信号称为衰落信号。

（2）从频谱上看，多径传播引起了频率弥散（色散），即由单个频率变成了一个窄带频谱。

通常将由于电离层浓度变化等因素所引起的信号衰落称为慢衰落；而把由于多径效应引起的信号衰落称为快衰落。下面讨论的频率选择性衰落即为快衰落之一。

2．频率选择性衰落与相关带宽

当发送的信号是具有一定频带宽度的信号时，多径传播会产生频率选择性衰落。下面通过一个例子来建立这个概念。

为分析简单起见，假定多径传播的路径只有两条，且到达接收点的两路信号的强度相同，只是在到达时间上差一个时延 τ，信道模型如图 2-21 所示。

令发送信号为 $f(t)$，它的频谱密度函数为 $F(\omega)$，即

$$f(t)\leftrightarrow F(\omega) \tag{2-3-9}$$

则到达接收点的两路信号可分别表示为 $Kf(t-t_0)$ 及 $Kf(t-t_0-\tau)$。这里，假定两条路径的衰减皆为 K，第一条路径的时延为 t_0。显然，有如下关系存在。

$$\begin{aligned}&Kf(t-t_0)\leftrightarrow KF(\omega)\mathrm{e}^{-\mathrm{j}\omega t_0}\\&Kf(t-t_0-\tau)\leftrightarrow KF(\omega)\mathrm{e}^{-\mathrm{j}\omega(t_0+\tau)}\end{aligned} \tag{2-3-10}$$

当这两条传输路径的信号合成后得

$$R(t)=Kf(t-t_0)+Kf(t-t_0-\tau) \tag{2-3-11}$$

相应于它的傅氏变换对为

$$R(t)\leftrightarrow R(\omega)=KF(\omega)\mathrm{e}^{-\mathrm{j}\omega t_0}[1+\mathrm{e}^{-\mathrm{j}\omega\tau}] \tag{2-3-12}$$

因此，信道的传递函数为

$$H(\omega)=\frac{R(\omega)}{F(\omega)}=K\mathrm{e}^{-\mathrm{j}\omega t_0}[1+\mathrm{e}^{-\mathrm{j}\omega\tau}] \tag{2-3-13}$$

其幅频特性为

$$|H(\omega)|=\left|K\mathrm{e}^{-\mathrm{j}\omega t_0}(1+\mathrm{e}^{-\mathrm{j}\omega\tau})\right|=K\left|(1+\mathrm{e}^{-\mathrm{j}\omega\tau})\right|=2K\left|\cos\frac{\omega\tau}{2}\right| \tag{2-3-14}$$

$|H(\omega)|\sim\omega$ 的特性曲线如图 2-22 所示（在此，设 K=1）。

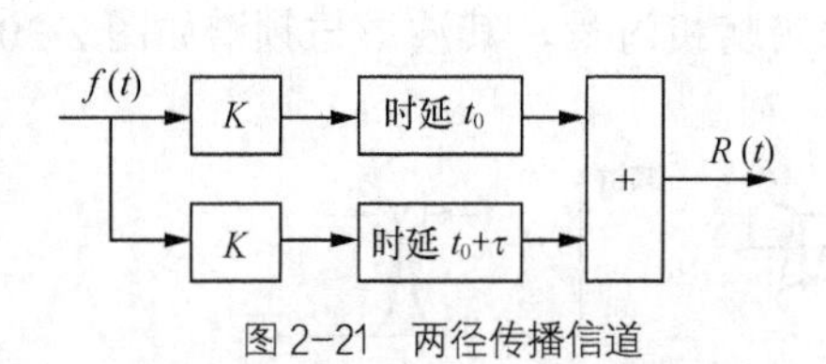

图 2-21 两径传播信道

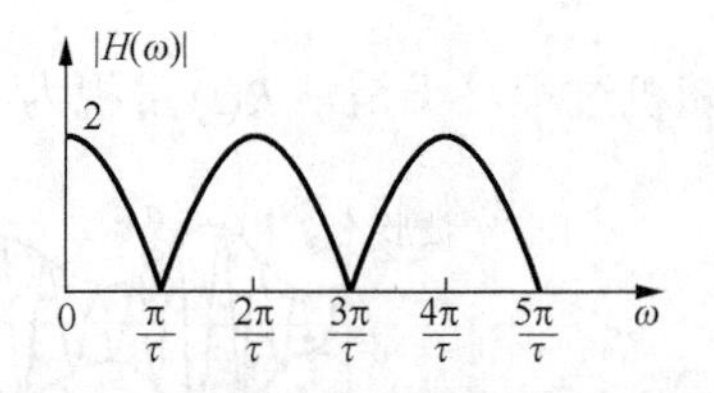

图 2-22 两条路径传播时选择性衰落特性

由图 2-22 可知，两径传输时，对于不同的频率，信道的衰减不同。例如，当$\omega = 2n\pi/\Delta\tau$或$f = n/\Delta\tau$（$n$为整数）时，出现传播极点；当$\omega = (2n+1)\pi/\Delta\tau$或$f = (n+1/2)/\Delta\tau$（$n$为整数）时，出现传输零点。另外，相对时延差$\Delta\tau$一般是随时间变化的，故传输特性出现的零极点在频率轴上的位置也是随时间而变的。显然，当一个传输信号的频谱宽于$1/\Delta\tau(t)$时，传输信号的频谱将受到畸变，致使某些分量被衰落，这种现象称为频率选择性衰落，简称选择性衰落。

上述概念可推广到一般的多径传播中去。虽然这时信道的传输特性要复杂得多，但出现频率选择性衰落的基本规律将是相同的，即频率选择性将同样依赖于相对时延差。多径传播时的相对时延差通常用最大多径时延差来表征，并用它来估算传输零极点在频率轴上的位置。设信道的最大时延差为τ_{m}，则相邻两个零点之间的频率间隔为

$$B_{\mathrm{c}} = \frac{1}{\tau_{\mathrm{m}}} \tag{2-3-15}$$

这个频率间隔通常称为多径传播信道的相关带宽。如果传输信号的频谱比相关带宽宽，则将产生明显的选择性衰落。由此看出，为了减小选择性衰落，传输信号的频带必须小于多径传输信道的相关带宽。工程设计中，通常选择信号带宽为相关带宽的 1/5～1/3。即

$$B = \left(\frac{1}{5} \sim \frac{1}{3}\right) B_{\mathrm{c}} \tag{2-3-16}$$

【例 2-2】 假设某随参信道的最大多径时延差$\Delta\tau$为 1ms，求该信道在哪些频率上传输衰耗最大？选用哪些频率传输有利？

解 传输损耗最大的频率为

$$f = \frac{2n+1}{2\Delta\tau} = \left(n + \frac{1}{2}\right)(\mathrm{kHz})$$

传输信号最有利的频率为

$$f = \frac{n}{\Delta\tau} = n(\mathrm{kHz})$$

式中，n为正整数。

当多径信道中传输数字信号时，特别是传输高速数字信号，频率选择性衰落将会引起严重的码间干扰。为了减小码间干扰的影响，就必须限制数字信号传输速率。

2.3.3 随参信道特性的改善

随参信道的衰落，将会严重降低通信系统的性能，必须设法改善。

对于慢衰落，主要采取加大发射功率以及在接收机内采用自动增益控制等技术和方法。对于快衰落，通常可采用多种措施，例如，各种抗衰落的调制与解调技术、抗衰落接收技术及扩频技术等。其中明显有效且常用的抗衰落措施是分集接收技术。下面简单介绍分集接收的原理。

1. 分集接收的基本思想

前面说过，快衰落信道中接收的信号是到达接收机的各径分量的合成（见式 2-3-2）。这样，如果能在接收端同时获得几个不同的合成信号，并将这些信号适当合并构成总的接收信号，将有可能大大减小衰落的影响。这就是分集接收的基本思想。分集两字的含义是，分散得到几个合成信号，而后集中（合并）处理这些信号。理论和实践证明，只要被分集的几个合成信号之间是统计独立的，那么经适当的合并后就能使系统性能大为改善。

从分集接收技术的基本思想可以看出，分集接收技术包括两个方面内容。一是信号的分散传输。把空间、频率、时间、角度和极化等方面分离得足够远的随参信道，衰落可以认为是相互独立的，所以利用信号分散传输，在接收端获得的各路信号不可能同时发生深衰落。这样分集接收能克服快衰落，达到可靠传输的目的。二是信号合并。接收端把在不同情况下收到的多个相互独立衰落的各路信号按某种方法合并，然后从中提取信息。只要各分支信号相互独立，就可以在衰落情况下起相互补偿作用，从而使接收性能得到改善。

2. 分集方式

分集方式就是指信号分散传输的方式，常用的方式有如下几种。

（1）空间分集。在接收端架设几副天线，天线间要求有足够的距离（一般在 100 个信号波长以上），以保证各天线上获得的信号基本相互独立。

（2）频率分集。用多个不同载频传送同一个消息，如果各载频的频差相隔比较远[例如，频差选成多径时延差的倒数，参见式（2-3-15）]，则各分散信号也基本互不相关。

（3）角度分集。这是利用天线波束不同指向上的信号互不相关的原理形成的一种分集方法，例如在微波面天线上设置若干个反射器，产生相关性很小的几个波束。

（4）极化分集。这是分别接收水平极化和垂直极化波而构成的一种分集方法。一般说，这两种波是相关性极小的（在短波电离层反射信道中）。

信号分散传输的数路称为分集重数。上述各种分集方式中，除极化分集只能取垂直和水平极化两重分集外，其他方式原则上分集重数不受限制。但兼顾到性能和设备的复杂程度，目前常用的是二重、四重，个别的高达八重。

3. 合并方式

分集接收效果的好坏除与分集方式、分集重数有关外，还与接收端采用的合并方式有关，最常用的有以下几种。

（1）选择式合并

从几个分散信号中设法选择其中信噪比最好的一个作为接收信号。

（2）等增益相加式合并

将几个分散信号以相同的支路增益进行直接相加，相加后的结果作为接收信号。

（3）最大比值相加式合并

控制各支路增益，使它们分别与本支路的信噪比成正比，然后再相加获得接收信号。

以上合并方式在改善总接收信噪比上均有差别，最大比值合并方式性能最好，等增益相加方式次之，最佳选择方式最差。

从总的分集效果来说，分集接收除能提高接收信号的电平外（例如二重空间分集在不增加发射机功率情况下，可使接收信号电平增加一倍左右），主要是改善了衰落特性，使信道的衰落平滑了、减小了。例如，无分集时，若误码率为 10^{-2}，则在用四重分集时，误码率可降低至 10^{-7} 左右。由此可见，用分集接收方法对随参信道进行改善是非常有效的。

2.4 信道的加性噪声

前面已经指出，调制信道对信号的影响除乘性干扰外，还有加性干扰（即加性噪声）。加性噪声虽然独立于有用信号，但它却始终存在，干扰有用信号，因而不可避免地对通信造成危害。下面讨论信道中的加性噪声。

1. 加性噪声的来源

信道中加性噪声的来源是很多的，它们表现的形式也多种多样。主要分为以下四个方面。

（1）无线电噪声

无线电噪声来源于各种用途的外台无线电发射机。这类噪声的频率范围很宽广，从甚低频到特高频都可能有无线电干扰存在，并且干扰的强度有时很大。不过，这类干扰有个特点，就是干扰频率是固定的，因此可以预先设法防止或避开。特别是在加强了无线电频率的管理工作后，无论在频率的稳定性、准确性以及谐波辐射等方面都有严格的规定，使得信道内信号受它的影响可减到最小程度。

（2）工业噪声

工业噪声来源于各种电气设备，如电力线、点火系统、电车、电源开关、电力铁道、高频电炉等。这类干扰来源分布很广泛，无论是城市还是农村，内地还是边疆，各地都有工业干扰存在。尤其是在现代化社会里，各种电气设备越来越多，因此这类干扰的强度也就越来越大。但它也有个特点，就是干扰频谱集中于较低的频率范围，例如几十兆赫兹以内。因此，选择高于这个频段工作的信道就可防止受到它的干扰。另外，我们也可以在干扰源方面设法消除或减小干扰的产生，例如加强屏蔽和滤波措施，防止接触不良和消除波形失真。

（3）天电噪声

天电噪声来源于闪电、大气中的磁暴、太阳黑子以及宇宙射线（天体辐射波）等。可以说整个宇宙空间都是产生这类噪声的根源。因此它的存在是客观的。由于这类自然现象和发生的时间、季节、地区等很有关系，因此受天电干扰的影响也是大小不同的。例如，夏季比冬季严重，赤道比两极严重，在太阳黑子发生变动的年份天电干扰更为加剧。这类干扰所占的频谱范围很宽，并且不像无线电干扰那样频率是固定的，因此对它所产生的干扰影响很难防止。

（4）内部噪声

内部噪声来源于信道本身所包含的各种电子器件、转换器以及天线或传输线等。例如，电阻及各种导体都会在分子热运动的影响下产生热噪声，电子管或晶体管等电子器件会由于电子发射不均匀等产生散弹噪声。这类干扰的特点是由无数个自由电子作不规则运动所形成的，因此它的波形也是不规则变化的，在示波器上观察就像一堆杂乱无章的茅草一样，通常称之为起伏噪声。由于在数学上可以用随机过程来描述这类干扰，所以又可称为随机噪声，或者简称为噪声。

2．噪声种类

从噪声性质来区分，常见噪声可分为单频噪声、脉冲噪声和起伏噪声三种。

（1）单频噪声

单频噪声主要指无线电干扰。因为电台发射的频谱集中在比较窄的频率范围内，因此可以近似地看作是单频性质的。另外，像电源交流电、反馈系统自激振荡等也都属于单频干扰。它的特点是一种连续波干扰，并且其频率是可以通过实测来确定的，因此在采取适当的措施后就有可能防止。

（2）脉冲噪声

脉冲噪声包括工业干扰中的电火花、断续电流以及天电干扰中的闪电等。它的特点是波形不连续，呈脉冲性质。发生这类干扰的时间很短，强度很大，而周期是随机的，因此它可以用随机的窄脉冲序列来表示。由于脉冲很窄，所以占用的频谱必然很宽。但是，随着频率的提高，频谱幅度逐渐减小，干扰影响也就减弱。因此，在适当选择工作频段的情况下，这类干扰的影响也是可以防止的。

（3）起伏噪声

起伏噪声主要指信道内部的热噪声、散弹噪声以及来自空间的宇宙噪声。它们都是不规则的随机过程，只能采用大量统计的方法来寻求其统计特性。由于起伏噪声来自信道本身，因此它对信号传输的影响是不可避免的。

根据以上分析，我们可以认为，尽管对信号传输有影响的加性干扰种类很多，但是影响最大的是起伏噪声，它是通信系统最基本的噪声源。

3．起伏噪声

通信系统模型中的“噪声源”就是分散在通信系统各处加性噪声（以后简称噪声）——主要是起伏噪声的集中表示，它概括了信道内所有的热噪声、散弹噪声和宇宙噪声等。

（1）散弹噪声

散弹噪声又称散粒噪声，是由真空电子管和半导体器件中电子发射的不均匀性引起的，它是一个随机过程。在温度限定条件下，二极管的散弹噪声电流的功率密度，在非常宽的频率范围内（通常认为不超过100MHz）认为是一个恒值，有

$$S_1(\omega)=qI_o \qquad \text{(W/Hz)} \tag{2-4-1}$$

（2）热噪声

热噪声是在电阻一类导体中，自由电子的布朗运动引起的噪声。电子的热运动是无规则的，且互不依赖，因此每一个自由电子的随机热运动所产生的小电流方向也是随机的，而且互相独立。电子热运动产生的起伏电流也和散弹噪声一样服从高斯分布，有分析和测量表明在直流到1×10^{13} Hz频率范围内，电阻热噪声的噪声电压的功率谱密度近似为一个恒定值，有

$$S_{\rm v}(\omega)=2kTR \qquad \text{(W/Hz)} \tag{2-4-2}$$

其中，k为波尔兹曼常数（$k=1.38\times10^{-23}$ J/K），T为电阻的绝对温度（K），R为电阻值（Ω）。

（3）宇宙噪声

宇宙噪声指天体辐射波对接收机形成的噪声。它在整个空间的分布是不均匀的，最强的来自银河系的中部，其强度与季节、频率等因素有关。实测表明，在20MHz～3000MHz的

频率范围内，它的强度与频率的三次方成反比。因而，当工作频率低于 300MHz 时就要考虑到它的影响。实践证明宇宙噪声也是服从高斯分布的，在一定的而工作频率范围内，它也是有平坦的功率谱密度。

需要注意的是，信道模型中的噪声源是分散在通信系统各处的噪声的集中表示。在以后的讨论中，将不再区分散弹噪声、热噪声或宇宙噪声，而集中表示为起伏噪声，并一律定义为高斯白噪声。

2.5 信道容量

2.5.1 信道容量定义

信道容量是单位时间内该信道所能传输的最大信息量。从信息论的观点来看，各种信道可概括为两大类：离散信道和连续信道。所谓离散信道就是输入与输出信号都是取值离散的时间函数；而连续信道是指输入和输出信号都是取值连续的。可以看出，前者就是广义信道中的编码信道，后者则是调制信道。下面分别讨论离散信道的信道容量和连续信道的信道容量。

2.5.2 离散信道信道容量

离散信道模型如图 2-23 所示。图 2-23（a）是无噪声信道，$p(x_i)$ 表示发送符号 x_i 的概率，$p(y_i)$ 表示收到符号 y_i 的概率，$p(y_i/x_i)$ 是转移概率。这里 $i=1,2,\cdots$，n。由于信道无噪声，故它的输入与输出一一对应，即 $p(x_i)$ 与 $p(y_i)$ 相同。图 2-23（b）是有噪声信道。$p(x_i)$ 是发送符号 x_i 的概率，$i=1,2,\cdots n$；$p(y_i)$ 是收到符号 y_i 的概率，$j=1,2,\cdots,m$；$p(y_i/x_i)$ 或 $p(x_i/y_j)$ 是转移概率。在这种信道中，输出与输入之间成为随机对应的关系，可以利用信道的条件概率来合理地描述信道干扰和信道的统计特性。

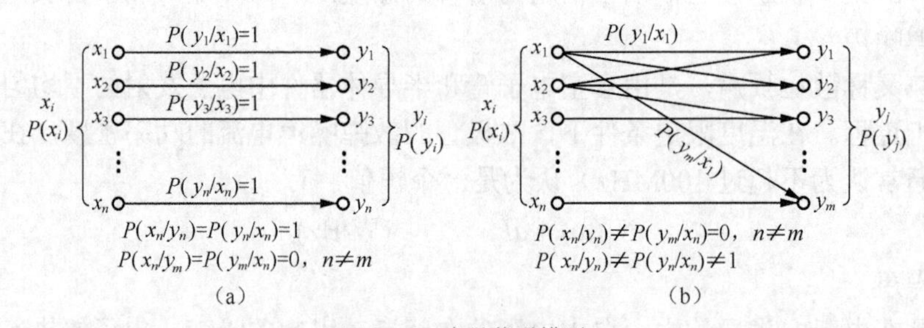

图 2-23 离散信道模型

于是，在有噪声的信道中，不难得到发送符号为 x_i 而收到的符号为 y_i 时所获得的信息量。它等于发送符号前对 x_i 的不确定程度减去收到符号 y_i 后对 x_i 的不确定程度，即

$$\text{发送 } x_i \text{ 收到 } y_i \text{ 时所获得的信息量} = -\log_2 p(x_i) + \log_2 p(x_i/y_i) \tag{2-5-1}$$

式中，$p(y_i)$ 为未发送符号前出现 x_i 的概率；$p(x_i/y_i)$ 为收到 y_i 而发送为 x_i 的条件概率。对各 x_i 和 y_i 取统计平均，即对所有发送为 x_i 而收到为 y_i 的信息量取平均，则收到

$$\text{平均信息量/符号} = -\sum_{i=1}^{n} p(x_i)\log_2 p(x_i) - [-\sum_{j=1}^{m} p(y_j)\sum_{i=1}^{n} p(x_i/y_j)\log_2 p(x_i/y_j)]$$

$$=H(x)-H(x/y) \tag{2-5-2}$$

式中，$H(x)$ 为发送的每个符号的平均信息量；$H(x/y)$ 为发送符号在有噪声的信道中传输平均丢失的信息量，或当输出符号已知时输入符号的平均信息量。

为了表明信道传输的能力，引用信息传输速率的概念。所谓信息传输速率，是指信道在单位时间内所传输的平均信息量，并用 R 表示，即

$$R=H_t(x)-H_t(x/y) \tag{2-5-3}$$

式中，$H_t(x)$ 为单位时间内信息源发出的平均信息量，或称信息源的信息速率；$H_t(x/y)$ 为单位时间内对发送 x 而收到 y 的条件平均信息量。

设单位时间传送的符号数为 r，则

$$H_t(x)=rH(x) \tag{2-5-4}$$

$$H_t(x/y)=rH(x/y) \tag{2-5-5}$$

于是得到

$$R=r[H(x)-H(x/y)] \tag{2-5-6}$$

该式表示有噪声时信道中信息传输速率等于每秒钟内信息源发送的信息量与信道不确定性而引起丢失的那部分信息量之差。

显然，在无噪声时，信道不存在不确定性，即 $H(x/y)=0$。这时，信道传输信息的速率等于信息源的信息速率，即

$$R=rH(x) \tag{2-5-7}$$

如果噪声很大时，$H(x/y)\to H(x)$，则信道传输信息的速率为 $R\to 0$。

信道容量是指信道的极限传输能力。我们把信道无差错信息的最大信息速率 R 称为信道容量，记之为 C，即

$$C=\max_{|P(x)|}R=\max_{|P(x)|}[H_t(x)-H_t(x/y)] \tag{2-5-8}$$

式中，max 表示对有可能的输入概率分布来说的最大值。

【例 2-3】 设信息源由符号 0 和 1 组成，顺次选择两符号构成所有可能的消息。如果消息传输速率是每秒 1000 符号，且两符号出现的概率相等。传输中，平均每 100 符号中有一个符号不正确，试问这时传输信息的速率是多少？

解 信息源的平均信息量为

$$H(x)=-\left(\frac{1}{2}\log_2\frac{1}{2}+\frac{1}{2}\log_2\frac{1}{2}\right)=1(\text{bit/符号})$$

信息源发送信息的速率为

$$H_t(x)=rH(x)=1000\text{bit/s}$$

在干扰下，信道输出端收到符号 0，而实发送符号也是 0 的概率为 0.99，实发送符号是 1 的概率为 0.01。同样，信道输出端收到符号 1，而实发送符号也是 1 的概率为 0.99，实发送符号是 0 的概率为 0.01，即它们有相同的条件平均信息量。

$$H(x/y)=-(0.99\log_2 0.99+0.01\log_2 0.01)=0.081\ (\text{bit/符号})$$

由于信道不可靠性在单位时间内丢失的信息量为

$$H_t(x/y)=rH(x/y)=81(\text{bit/符号})$$

信道传输信息的速率等于

$$R = r[H(x) - H(x/y)] = 919(\text{bit/s})$$

2.5.3 连续信道信道容量

1. 香农公式

在连续信道中，假设信道的信道的带宽为B(Hz)，信道输出的信号平均功率为S(W)，输出加性高斯白噪声平均功率为N(W)，则该信道的信道容量为

$$C = B\log_2\left(1+\frac{S}{N}\right) \tag{2-5-9}$$

这就是信息论中具有重要意义的香农公式，它表明了当信号与作用在信道上的起伏噪声的平均功率给定时，具有一定频带宽度B的信道上，理论上单位时间内可能传输的信息量的极限数值。

由于噪声功率N与信道带宽B有关，故若噪声单边功率谱密度为n_0，则噪声功率$N = n_0B$。因此，香农公式的另一种形式为

$$C = B\log_2\left(1+\frac{S}{n_0B}\right) \quad (\text{bit/s}) \tag{2-5-10}$$

由上式可见，一个连续信道的信道容量受B、n_0、S三个要素限制，只要这三个要素确定，则信道容量也就随之确定。

2. 关于香农公式的几点讨论

（1）提高信号与噪声功率之比S/N，可以增加信道容量C。

（2）当噪声功率$N \to 0$时，信道容量$C \to \infty$，这意味着无干扰信道容量为无穷大。

（3）增加信道频带（也就是信号频带）B，并不能无限制地使信道容量增大。当噪声为高斯白噪声时，随着B的增大，噪声功率$N = n_0B$也增大，在极限情况下，

$$\lim_{B\to\infty} C = \lim_{B\to\infty} B\log_2\left(1+\frac{S}{n_0B}\right) = \frac{S}{n_0}\lim_{B\to\infty}\frac{n_0B}{S}\log_2\left(1+\frac{S}{n_0B}\right)$$

$$= \frac{S}{n_0}\log_2 e = 1.44\frac{S}{n_0}$$

由此可见，即使信道带宽无限增大，信道容量仍然是有限的，趋于常数$1.44\frac{S}{n_0}$。

（4）当信道容量一定时，带宽B与信噪比S/N之间可以彼此互换。

（5）由于信息速率$C = I/T$，T为传输时间，代入式（2-5-9）则可以得

$$I = TB\log_2\left(1+\frac{S}{N}\right) \tag{2-5-11}$$

可见，当S/N一定时，给定的信息量可以用不同的带宽和时间T的组合来传输。带宽与时间也可以互换。

通常，把实现了极限信息速率传送（即达到信道容量值）且能做到任意小差错率的通信

系统，称为理想通信系统。香农只证明了理想通信系统的“存在性”，却没有指出具体的实现方法。但这并不影响香农定理在通信系统理论分析和工程实践中所起的重要指导作用。

【例 2-4】 已知彩色电视图像由 5×10^5 个像素组成。设每个像素有 64 彩色度，每种彩色度有 16 个亮度等级。设所有彩色度和亮度等级的组合机会均等，且统计独立。（1）试计算每秒传送 100 个画面所需的信道容量；（2）如果接收机信噪比为 30dB，传送彩色图像所需的信道带宽为多少？（注：$\log_2 x = 3.32\lg x$）。

解 （1）信息/像素=$\log_2(64\times16)=10\text{bit}$

信息/每幅图=$10\text{bit}\times5\times10^5=5\times10^6\,\text{bit}$

信息速率 $R_b=100\times5\times10^6\,\text{bit/s}=5\times10^8\,\text{bit/s}$

因为 R_b 必须小于或等于 C，所以信道容量为

$$C\geqslant R_b=5\times10^8\,\text{bit/s}$$

（2）当信噪比为 30dB 时，信号功率为噪声功率的 1000 倍，即

$$\frac{S}{N}=10^{[(S/N)_{\text{dB}}]/10}=10^{\frac{30}{10}}=1000$$

可得信道带宽为

$$B=\frac{C}{\log_2\left(1+\dfrac{S}{N}\right)}=\frac{C}{3.32\lg\left(1+\dfrac{S}{N}\right)}=\frac{5\times10^8}{3.32\lg1001}\approx50\text{MHz}$$

可见，所求带宽 B 约为 50MHz。

【例 2-5】 设有一个图像要在电话线中实现传真发送，大约要传输 2.25×10^6 个像素，每个像素有 12 个亮度等级。假设所有亮度等级是等概率的，电话线路具有 3kHz 带宽和 30dB 信噪比。试求在该标准电话线上传输一张传真图片需要的最小时间。

解 信息/像素=$\log_2 12=3.32\log_2 12=3.58\text{bit}$

信息/每幅图=$2.25\times10^6\times3.58=8.06\times10^6\,\text{bit}$

信道容量

$$C=B\log_2\left(1+\frac{S}{N}\right)=3\times10^3\log_2(1+1000)$$

$$=3\times10^3\times3.32\log_2 1001\approx29.9\times10^3\,\text{bit/s}$$

最大信息速率 $R_{\max}=8.06\times10^6/t$

由于 R 必须小于或等于 C，故 $R_{\max}=C$，于是得到一张传真图片所需的最小时间为

$$t=\frac{8.06\times10^6\,\text{bit}}{29.9\times10^3\,\text{bit/s}}=0.269\times10^3\,\text{s}=4.5\,\text{min}$$

本章小结

本章介绍有关信道的基本知识，包括信道的定义、类型、模型、信道特性及其对信号传输的影响。

（1）信道的数学模型分为调制信道和编码信道模型两类。调制信道模型是建立对模拟信号的分析，受加性干扰和乘性干扰对信号传输的影响。加性干扰就是叠加在信号上的各种噪

声。乘性干扰使信号产生各种失真，包括线性失真、非线性失真、时间延迟以及衰减等。乘性干扰随机变化的信道称为随参信道；乘性干扰基本保持恒定的信道称为恒参信道。编码信道是建立对数字信号的分析，同样受加性和乘性干扰的影响，使传输的数字码元产生错码。编码信道模型主要用转移概率描述其特性。

（2）恒参信道是指参数不随时间变化而变化的信道，它主要包括架空明线、电缆、无线电视中继、卫星中继、光导纤维等。恒参信道产生的失真主要是线性失真，可用振幅-频率特性和相位-频率特性来描述。随参信道是指参数随时间变化而变化的信道，它主要包括短波电离层反射、对流层散射信道等。随参信道对于信号传输的影响主要是多径传播。采用分集接收技术可改善随参信道的特性。

（3）噪声按照来源来分，可分为无线电噪声、工业噪声、天电噪声、内部噪声四大类。无线电噪声来源于各种用途的外台无线电发射机；工业噪声来源于各种电气设备，如电力线、点火系统、电车、电源开关、电力铁道、高频电炉等；天电噪声来源于闪电、大气中的磁暴、太阳黑子以及宇宙射线（天体辐射波）等，可以说整个宇宙空间都是产生这类噪声的根源；内部噪声来源于信道本身所包含的各种电子器件、转换器以及天线或传输线等。热噪声是由电阻性元器件中的自由电子受热产生布朗运动形成的，是白噪声。热噪声经过接收机的带通滤波器后，变成窄带噪声。

（4）信道容量是指信道能够传输的最大平均信息量。信道有离散信道和连续信道，其信道容量有不同的计算方法。连续信道的容量与带宽、信噪比有关。当信噪比一定时，无限增大带宽得到的信道容量是有限的。

思考题与练习题

2-1　什么是调制信道？什么是编码信道？

2-2　什么是恒参信道？什么是随参信道？常见的信道中，哪些属于恒参信道？哪些属于随参信道？

2-3　什么是加性干扰?什么是乘性干扰？

2-4　什么是群迟延频率特性？它与相位频率特性有何关系？

2-5　信道中常见的起伏噪声有哪些？它们的主要特点是什么？

2-6　信道容量是如何定义的？离散信道容量和连续信道容量的定义有何区别？

2-7　试写出连续信道容量的表示式。由此式看出信道容量的大小决定于哪些参量？

2-8　设某恒参信道可用图 2-24 所示的线性二端口网络来等效。试求出它的传输函数 $H(\omega)$，并说明信号通过该信道时会产生哪些失真？

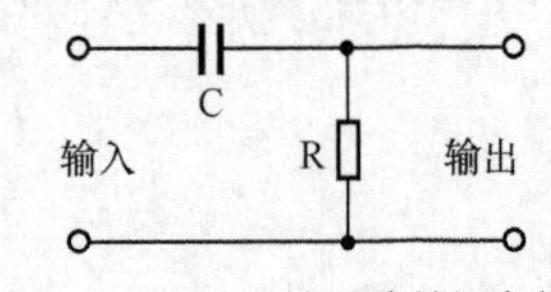

图 2-24　二端网络等效某恒参信道

2-9　设一恒参信道的幅频特性和相频特性分别为

$$\begin{cases} |H(\omega)| = K_0 \\ \varphi(\omega) = -\omega t_d \end{cases}$$

其中，K_0 和 t_d 都是常数。试确定信号 $s(t)$ 通过该信道后输出信号的时域表示式，并讨论之。

2-10　设某恒参信道的传输特性为 $|H(\omega) = [1+\cos\omega T_0]|\mathrm{e}^{-\mathrm{j}\omega t_d}$，其中，$t_d$ 为常数。试确定信号 $f(t)$ 通过该信道后的输出信号表示式，并讨论之。

2-11 已知信道的结构如图 2-25 所示，求信道冲激响应和传输函数，并说明是恒参信道还是随参信道，何种信号经过信道有明显失真？何种信号经过信道的失真可以忽略？

2-12 设某随参信道的两径时延差τ为 1ms，试估算在该信道上传输的数字信号的码元脉冲宽度。

2-13 设某随参信道的最大多径时延差为 3ms，为了避免发生频率选择性衰落，试估算在该信道上传输的数字信号的码元脉冲宽度。

2-14 二进制无记忆编码信道模型如图 2-26 所示，如果码元传输速率 1000B/s，且$p(x_1)=p(x_2)=\dfrac{1}{2}$，求信道传输信息的速率。

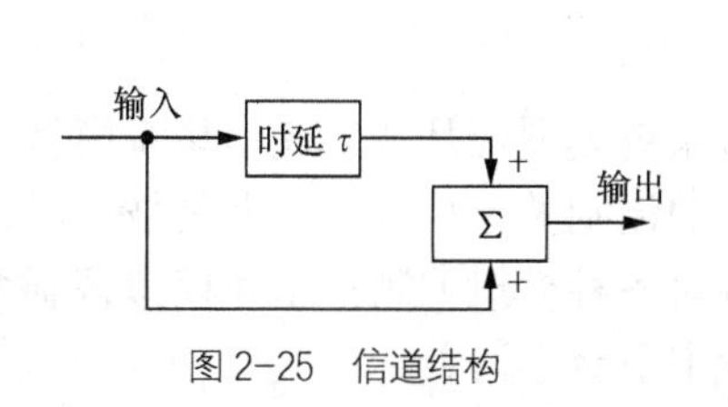

图 2-25 信道结构

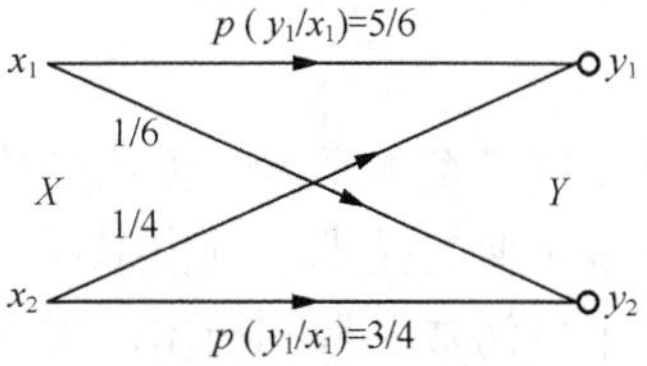

图 2-26 无记忆编码信道

2-15 某一传输的图片约含2.25×16^6个像素。为了很好地重现图片，需要 12 个亮度电平。假设所有这些亮度电平等概率出现，试计算 3min 传送一张图片时所需的信道带宽（设信道中信噪功率比为 20dB）。

2-16 计算机终端通过电话信道传输数据，电话信道带宽为 3.2kHz，信道输出的信噪比$S/N=30\text{dB}$，该终端输出 256 个符号，且各符号相互独立，等概率出现。试求：

（1）信道容量；

（2）无误码传输的最高符号速率。

2-17 已知某信道无差错传输的最大信息速率为$R_{\max}$，信道的带宽为$B=R_{\max}/2$，设信道中噪声为高斯白噪声，单边功率谱密度为n_0(W/Hz)，试求此时系统中信号的平均功率。

第 3 章 模拟调制系统

通过通信系统模型的学习，无论是模拟通信系统模型还是数字通信系统模型，发送设备中的调制都是最主要的技术，且模拟通信系统中的调制技术称为模拟调制技术，数字通信系统中的调制技术称为数字调制技术。本章我们将对各种模拟调制技术和模拟调制系统展开必要的分析和讨论；而数字调制技术，将在第 5 章中重点学习。

3.1 线性调制的基本原理

首先，明确什么是调制（modulate）。调制一词均指载波调制，就是用调制信号去控制载波的参数的过程，即使载波的某一个或某几个参数按照调制信号的规律而变化。其中，调制信号就是指来自信源的消息信号（基带信号），这些信号可以是模拟的也可以是数字的。载波是指运送调制信号（基带信号）的载体，为高频信号。且载波调制信号称为已调信号，它含有调制信号的全部特征。解调（demodulate）则是调制的逆过程，其作用就是将已调信号中调制信号恢复出来。

上述有关调制的基本概念我们可以形象地比喻成交通运输过程。需要从 A 地到 B 地运送货物，由于货物本身不能行走，所以我们要选择一种交通工具（货车）将货物运送到 B 地，那么货物装载到货车的过程就是“调制过程”。其中，货物本身就是要调制的“调制信号”，货车则是“载波”。到达目的地 B，将货物从货车上卸载的过程就相当于“解调”。

其次，明确为什么要进行调制。下面以一个简单的通信系统为例进行说明。

我们知道，通信的目的是为了把信息向远处传递（传播），那么在传播人声时，我们可以用话筒把人声变成电信号，通过扩音机放大后再用喇叭（扬声器）播放出去。由于喇叭的功率比人声大得多，因此声音可以传得比较远，见图 3-1。但如果我们还想将声音再传得更远一些，比如几十千米、几百千米，那该怎么办？大家自然会想到用电缆或无线电进行传输，但会出现两个问题。一是铺设一条几十千米甚至上百千米的电缆只传一路声音信号，其传输成本之高、线路利用率之低，人们是无法接受的。二是利用无线电通信时，需满足一个基本条件，即欲发射信号的波长（两个相邻波峰或波谷之间的距离）必须能与发射天线的几何尺寸相比拟，该信号才能通过天线有效地发射出去（通常认为天线尺寸应大于波长的四分之一）。而音频信号的频率范围是 20Hz～20kHz，最小的波长为

$$\lambda = \frac{c}{f} = \frac{3\times10^8\,\text{m/s}}{20\times10^3\,\text{Hz}} = 1.5\times10^4\,(\text{m})$$

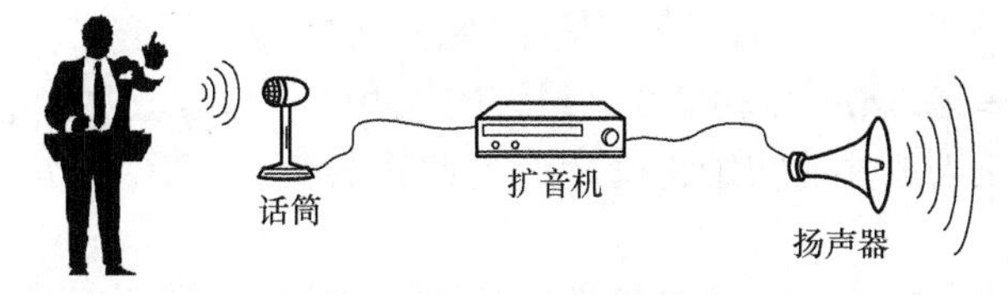

图 3-1　语音传输模型

可见，要将音频信号直接用天线发射出去，其天线几何尺寸即便按波长的百分之一取值也要 150 米高（不包括天线底座或塔座）。因此，要想把音频信号通过可接受的天线尺寸发射出去，就需要想办法提高欲发射信号的频率（频率越高波长越短）。

第一个问题的解决方法是在一个物理信道中对多路信号进行频分复用（FDM，Frequency Division Multiplex）；第二个问题的解决方法是把欲发射的低频信号“搬”到高频载波上去（或者说把低频信号“变”成高频信号）。两个方法有一个共同点就是要对信号进行调制处理。除以上两点，进行调制的第三个原因是为了扩展信号带宽，提高系统抗干扰、抗衰落能力。因此调制对系统的可靠性和有效性有着很大的影响和作用。采用什么样的调制方式将直接影响着通信系统的性能。

最后，明确调制的方式。基带信号 $f(t)$，载波 $c(t)=A\cos(\omega_c t+\varphi)$，让载波的三个参量幅度 A、瞬时角频率偏移 $\omega(t)$、瞬时相位偏移 φ 随基带信号的变化而变化。幅度随基带信号变化称为幅度调制（AM）或线性调制，频率和相位随基带信号变化称为角度调制（FM、PM）。

下面先介绍线性调制技术的几个典型实例：常规双边带调幅（AM）、双边带调制（DSB）、单边带调制（SSB）和残留边带调制（VSB）；而频率调制（FM）是角度调制里面广泛采用的一种也将分别介绍到。

幅度调制是由调制信号去控制高频载波的幅度，使之随调制信号做线性变化的过程。设基带信号为 $f(t)$，载波为 $c(t)=A\cos(\omega_c t+\varphi)$，则有

$$u(t)=f(t)\cdot c(t)=f(t)A\cos(\omega_c t+\varphi) \tag{3-1-1}$$

式中：$u(t)$ 表示已调幅度信号，A 表示载波的幅值，ω_c 表示载波的角频率，φ 表示载波的初始相位（为以后分析方便，我们假设载波幅值为 1，初始相位为零），$f(t)$ 为基带信号。

由一般幅度调制时域表达式，得到一般幅度调制模型如图 3-2 所示。

将基带信号和载波通过乘法器，使基带信号加载到载波的幅度上。通过一般模型实现的幅度调制技术，共分为四种，分别是：常规双边带调制（AM）、双边带调制（DSB）、单边带调制（SSB）及残留边带调制（VSB）。我们首先介绍常规双边带调制（AM）。

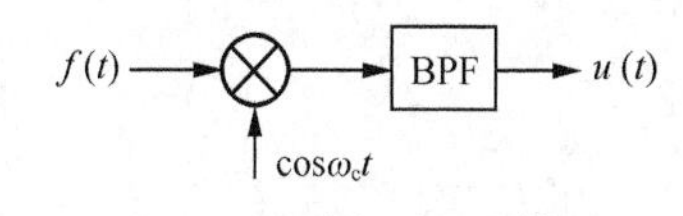

图 3-2　一般幅度调制模型

3.1.1　调幅

1. 调制原理及方法

标准调幅就是常规双边带调制（AM），简称调幅。假设调制信号为 $f(t)$，AM 调制就是抬高基带信号电平，使其叠加一个直流分量 U_{CM} 后与载波相乘如图 3-3 所示，形成调幅信号。

由一般调制模型，我们可以推导出其时域表达式

$$u_{AM}(t)=(U_{CM}+k_a f(t))\cdot c(t) \tag{3-1-2}$$

式中，高频载波 $c(t)=A\cos(\omega_c t+\varphi)$，$A$ 为载波的幅度，ω_c 为载波的角频率，φ为载波的初始相位，k_a 为调制电路的比例常数。

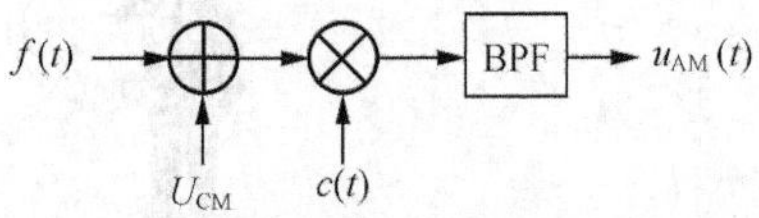

图 3-3 AM 调制模型

AM 调制方法总结如下：首先，抬高基带信号 $f(t)$ 的电平，叠加一个直流 U_{CM}，使 $f(t)+U_{CM}$ 恒为正，即 $U_{CM}\geqslant |f(t)|_{max}$；其次，产生一个高频载波 $c(t)$；最后，将抬高后的基带信号与载波进行相乘。

2．时域表达式及波形

时域表达式为 $u_{AM}(t)=(U_{CM}+k_a f(t))\cdot A\cos(\omega_c t+\varphi)$

为分析方便，这里假设载波的幅度 A=1，初始相位为零，则调幅的时域表达式也可以表示为

$$u_{AM}(t)=(U_{CM}+k_a f(t))\cdot\cos\omega_c t \tag{3-1-3}$$

实现调幅信号的时域表达式之后，为分析时域波形的由来，我们采用描点法画出其波形。

【例 3-1】 假设调制信号 $f(t)$为单音频信号，且其初始相位为零，即 $f(t)=u_\Omega(t)=U_{\Omega M}\cos\Omega t$，其中，$U_{\Omega M}$ 为调制信号的幅度，Ω为调制信号的角频率，且其远小于 ω_c。则由式（3-1-3）可知

$$u_{AM}(t)=(U_{CM}+k_a U_{\Omega M}\cos\Omega t)\cdot\cos\omega_c t \tag{3-1-4}$$

满足 $U_{\Omega M}\leqslant U_{CM}$。试分析：（1）该单音频信号已调信号的波形；（2）调幅系数。

解

（1）单音频调幅波时域波形

首先，为简便画图，假设载波的周期为调制信号的 4 倍，如图 3-4（a），图 3-4（c）所示；

其次，将调制信号 $u_\Omega(t)$ 叠加一个直流 U_{CM} 且令 k_a 为 1，如图 3-4（b）所示；

最后，在一个周期内找出若干个特殊点，将调制信号与载波进行相乘，如图 3-4（d）所示。

（2）调幅系数

由式（3-1-4)可以变形为

$$u_{AM}(t)=(U_{CM}+k_a U_{\Omega M}\cos\Omega t)\cdot\cos\omega_c t=U_{CM}\left(1+\frac{k_a U_{\Omega M}}{U_{CM}}\right)\cos\omega_c t$$

令

$$m_a=\frac{k_a U_{\Omega M}}{U_{CM}}$$

通常将调幅波的振动变化规律即 $U_{CM}(1+m_a)$，称为已调波的包络，如图 3-4（d）虚线所示。m_a 称为调幅系数，由上图可以看出已调波的包络形状与调制信号的形状相同，称为不失真调制。从调幅波的波形上可以推导出包络的最大值 U_{max} 和最小值 U_{min} 分别为

$$U_{max}=U_{CM}(1+m_a)$$

$$U_{min}=U_{CM}(1-m_a)$$

故可得

$$m_a=\frac{U_{max}-U_{min}}{U_{max}+U_{min}} \tag{3-1-5}$$

由式（3-1-5）可知，不失真调幅时 $m_a \leqslant 1$；当 $m_a > 1$时，已调波的包络形状与调制信号不再相同，在一段时间内振幅为零，产生严重失真，这种情况称为过调幅。应避免这种情况的发生，为此通常要求 $m_a \leqslant 1$，实际应用系统中一般 m_a 取值范围为30%～60%。

通过例3-1的分析，我们可以推导出一般调制信号的波形如图3-5所示。

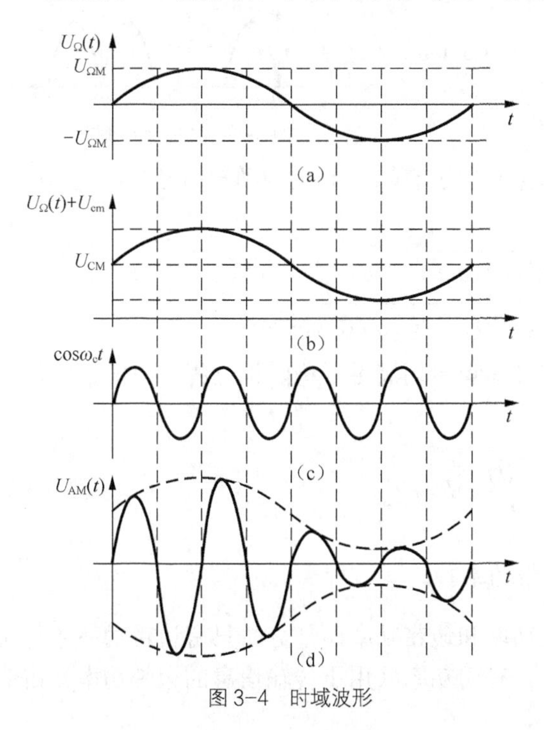

图3-4 时域波形

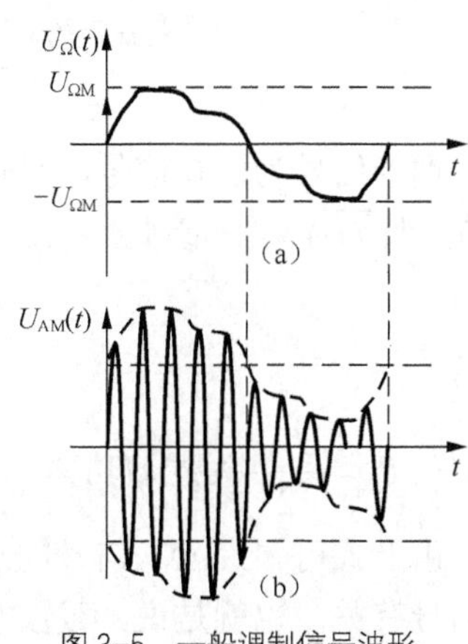

图3-5 一般调制信号波形

3. 频域表达式及频谱分析

已知调幅信号的调制原理及时域表达式和时域波形，那么将上述已调信号送给实际通信系统之后，简单的时域信息远远不够，我们需要知道这种调制信号占据的带宽为多少，那么，下面我们就通过其时域表达式来分析一下其频谱及带宽。

为分析方便我们令式（3-1-3）中 k_a 为1，则

$$\begin{aligned} u_{AM}(t) &= (U_{CM} + f(t)) \cdot \cos\omega_c t \\ &= U_{CM}\cos\omega_c t + f(t)\cos\omega_c t \end{aligned} \tag{3-1-6}$$

若 $f(t)$为确知信号，则由傅里叶变换关系可知

$$f(t) \leftrightarrow F(\omega)$$

$$U_{CM}\cos\omega_c t \leftrightarrow \pi U_{CM}[\delta(\omega+\omega_c)+\delta(\omega-\omega_c)]$$

$$f(t)\cos\omega_c t \leftrightarrow \frac{1}{2}[F(\omega+\omega_c)+F(\omega-\omega_c)]$$

则AM信号的频域表达式为

$$u_{AM}(\omega) = \pi U_{CM}[\delta(\omega+\omega_c)+\delta(\omega-\omega_c)] + \frac{1}{2}[F(\omega+\omega_c)+F(\omega-\omega_c)] \tag{3-1-7}$$

由式（3-1-7）可知，调制信号和已调信号的频谱如图3-6所示。

由频谱图可以看出，AM 信号的频谱由载频分量、上边带、下边带三部分组成。上边带的频谱结构与原调制信号的频谱结构相同，下边带是上边带的镜像。因此，AM 信号是带有载波分量的双边带信号，它的带宽是基带信号带宽的 2 倍。即

$$B_{AM} = 2f_H \tag{3-1-8}$$

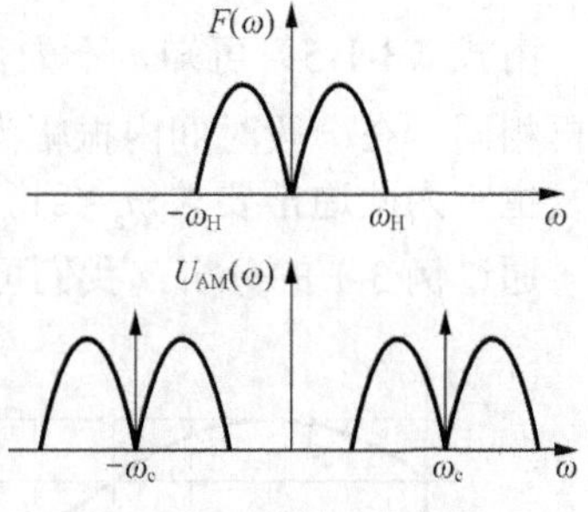

图 3-6　AM 信号的频谱

4．功率及调制效率

调幅信号在 1Ω 电阻上的平均功率等于 $u_{AM}(t)$ 的均方值。当 $f(t)$ 为确知信号时，$u_{AM}(t)$ 的均方值等于其平方的时间平均，即归一化功率。

$$\begin{aligned} P_{AM} &= \overline{u_{AM}^2(t)} = \overline{[U_{CM} + f(t)]^2 \cos^2 \omega_c t} \\ &= \overline{U_{CM}^2 \cos^2 \omega_c t} + \overline{f^2(t)\cos^2 \omega_c t} + \overline{2U_{CM} f(t)\cos^2 \omega_c t} \end{aligned}$$

调制信号为确知信号，且通信系统中的信号和噪声均满足平稳随机过程，故信号的均值为 0，即 $\overline{f(t)} = 0$。因此

$$P_{AM} = \frac{U_{CM}^2}{2} + \frac{\overline{f^2(t)}}{2} = P_C + P_S \tag{3-1-9}$$

其中：$P_C = \frac{U_{CM}^2}{2}$ 为载波功率，$P_S = \frac{\overline{f^2(t)}}{2}$ 为边带功率。

由上式可知，AM 信号的总功率包括载波功率和边带功率两部分。只有边带功率才与调制信号有关，也就是说，载波功率不携带信息。有用功率（用于传输信息的边带功率）占信号总功率的比例可以写成

$$\eta_{AM} = \frac{P_S}{P_{AM}} = \frac{\overline{f^2(t)}}{U_{CM}^2 + \overline{f^2(t)}} \tag{3-1-10}$$

η_{AM} 称为调制效率。

【例 3-2】　设 $f(t)$ 为正弦信号，进行 100%的常规双边带调幅，求此时的调制效率。

解　当调制信号为单音频信号时，即 $f(t) = u_\Omega(t) = U_{\Omega M}\cos\Omega t$，$\overline{f^2(t)} = \frac{U_{\Omega M}^2}{2}$。此时

$$\eta_{AM} = \frac{\overline{f^2(t)}}{U^2{}_{CM} + \overline{f^2(t)}} = \frac{U_{\Omega M}^2}{2U^2{}_{CM} + U_{\Omega M}^2} \tag{3-1-11}$$

在满调幅（$|f(t)|_{max} = U_{CM}$ 时，也称 100%调制）条件下，这时调制效率最大值为 $\eta_{AM} = 1/3$。因此，AM 信号的功率利用率比较低。

3.1.2　双边带调制

1．调制方法

由 AM 调制信号功率可知，载波功率并不携带有用信息，只有边带功率携带有用信息。如果将 AM 调制中的直流分量 U_{CM} 去掉，令其为零，即可抑制载波功率只传送边带功率，同

时提高调制效率 η_{AM}。我们将这种调制方式称为双边带调制（DSB）。

其调制模型图，就是将图 3-2 中直流分量去掉。由于分析 DSB 调制的过程同 AM 调制，为避免赘述，此处只给出结果。

2．时、频域表达式及波形、频谱

由双边带调制思想及调制模型，我们得知其时域表达式为

$$u_{\mathrm{DSB}}(t)=f(t)\cos\omega_{\mathrm{c}}t \tag{3-1-12}$$

对上式两边进行傅里叶变换，即可求得其频域表达式为

$$U_{\mathrm{AM}}(\omega)=\frac{1}{2}[F(\omega+\omega_{\mathrm{c}})+F(\omega-\omega_{\mathrm{c}})] \tag{3-1-13}$$

由 DSB 信号的时域表达式及频域表达式，我们可以分别求出其时域波形及频谱波形如图 3-7 所示。

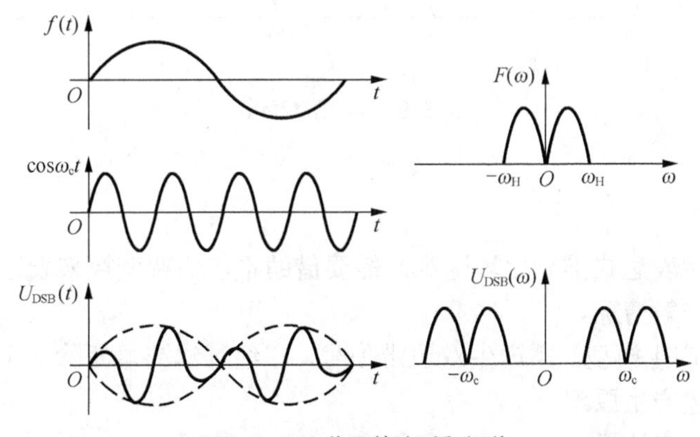

图 3-7　DSB 信号的波形和频谱

DSB 信号频谱可以看出，与 AM 频谱相似，但是由于其不存在载波分量，故其调制效率 100%，全部功率都用于信息传输。且其包络与 AM 不同，不再和调制信号的变化规律一致。

DSB 信号的优点是节省了功率，提高了调制效率，但是其调制方式经过信道发送时，所占的带宽与 AM 信号相同，仍为调制信号带宽的两倍。从其频谱可以看出，上下边带对称，都包含有用信息，因此我们只需要传输一个边带即可，这样既节省传输功率，又节省一半传输带宽，这种调制方式为单边带调制（SSB）。

3.1.3　单边带调制

1．调制方法

单边带调制方法是将双边带信号的两个边带滤除掉一个，即形成单边带信号。

由单边带调制思想可知，其调制模型应借助双边带调制模型，改变滤波器的传输特性即可。SSB 频域表示直观明了，因此我们先分析其频域形式。

2．频域表达式及频谱分析

产生 SSB 信号的最简单方法就是先产生一个双边带信号，在经过边带滤波器，滤除不需

要的边带即可，也称为滤波法。则其产生模型如图 3-8 所示。

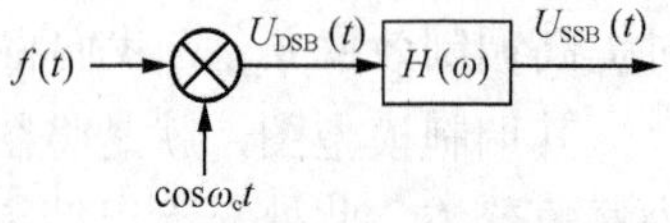

由其产生原理图可知，SSB 信号的频域表达式为

$$U_{\mathrm{SSB}}(\omega)=U_{\mathrm{DSB}}(\omega)H(\omega) \qquad (3\text{-}1\text{-}14)$$

图 3-8　SSB 信号产生模型

通过式 3-1-14 可知其频谱图如图 3-9 所示。

因此，若 $H(\omega)$ 满足高通特性，则保留上边带，如图 3-9（a）所示；若 $H(\omega)$ 满足低通特性，则保留下边带，如图 3-9（b）所示。

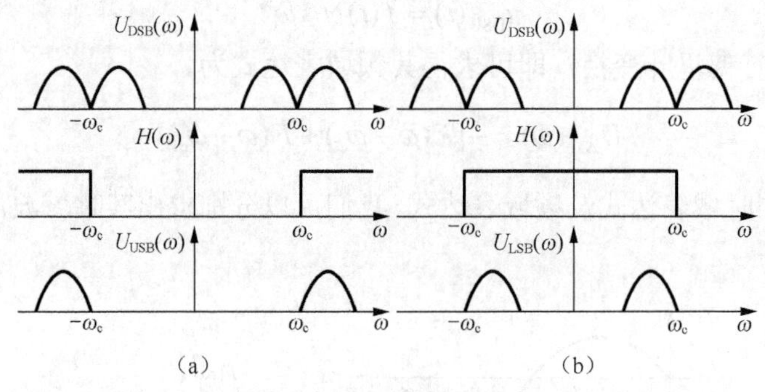

图 3-9　SSB 信号频谱

3．时域表达式

SSB 信号的时域表达式推导比较困难，需要借助希尔伯特变换来表述，下面以单音频信号为例，再推广到一般情况。

根据 SSB 信号产生模型，需产生双边带信号，在经过滤波器滤除一个边带产生。则其时域表达式需遵循上述产生原理。

双边带信号时域表达式

$$u_{\mathrm{DSB}}(t)=f(t)\cos\omega_{\mathrm{c}}t \qquad (3\text{-}1\text{-}15)$$

当为单音频信号时

$$u_{\mathrm{DSB}}(t)=U_{\Omega\mathrm{M}}\cos\Omega t\cos\omega_{\mathrm{c}}t \qquad (3\text{-}1\text{-}16)$$

由三角函数性质变形为

$$u_{\mathrm{DSB}}(t)=\frac{1}{2}U_{\Omega\mathrm{M}}\cos(\omega_{\mathrm{c}}t+\Omega)t+\frac{1}{2}U_{\Omega\mathrm{M}}\cos(\omega_{\mathrm{c}}t-\Omega)t \qquad (3\text{-}1\text{-}17)$$

保留上边带有

$$\begin{aligned}u_{\mathrm{USB}}(t)&=\frac{1}{2}U_{\Omega\mathrm{M}}\cos(\omega_{\mathrm{c}}+\Omega)t\\&=\frac{1}{2}U_{\Omega\mathrm{M}}\cos\omega_{\mathrm{c}}t\cdot\cos\Omega t-\frac{1}{2}U_{\Omega\mathrm{M}}\sin\omega_{\mathrm{c}}t\cdot\sin\Omega t\\&=\frac{1}{2}U_{\Omega\mathrm{M}}\cos\omega_{\mathrm{c}}t\cdot\cos\Omega t-\frac{1}{2}U_{\Omega\mathrm{M}}\sin\omega_{\mathrm{c}}t\cdot\hat{\cos}\,\Omega t\end{aligned}$$

式中，

$\hat{\cos}\,\Omega t$ 是 $\sin\Omega t$ 的希尔伯特变换，即其幅度不变，相位变化 $\frac{\pi}{2}$ 的结果。

同理，保留下边带有

$$u_{\text{LSB}}(t)=\frac{1}{2}U_{\Omega\text{M}}\cos(\omega_{\text{c}}-\Omega)t$$
$$=\frac{1}{2}U_{\Omega\text{M}}\cos\omega_{\text{c}}t\cdot\cos\Omega t+\frac{1}{2}U_{\Omega\text{M}}\sin\omega_{\text{c}}t\cdot\hat{\cos}\,\Omega$$

推广到一般情况有

$$u_{\text{SSB}}(t)=\frac{1}{2}U_{\text{M}}f(t)\cdot\cos\omega_{\text{c}}t\mp\frac{1}{2}U_{\text{M}}\hat{f}(t)\sin\omega_{\text{c}}t \tag{3-1-18}$$

经过以上分析，SSB 信号带宽与调制信号带宽相等，且其调制效率为 1。但其实现上存在一定的技术难题，即，若调制信号都具有丰富的低频成分，经调制后得到的 DSB 信号的上、下边带之间的间隔很窄，这要求单边带滤波器在 ω_{c} 附近具有陡峭的截止特性，这使滤波器的设计和制作变得困难。

在实际应用中，滤波器陡峭的截止特性不可能达到图 3-9 所示的 $H(\omega)$ 的理想状态。因此，在截至频率处出现一定坡度的滤波器更符合实际要求，这也是残留边带调制产生的原理。

3.1.4　残留单边带调制

那么如何解决 SSB 中滤波器的难度问题和 DSB 的频带利用率低的矛盾呢？人们想了一个折中的方法，既不用 DSB 那么宽的频带，也不用 SSB 那么窄的频带传输调制信号，而在它们之间取一个中间值，使得传输频带既包含一个完整的边带（上边带或下边带），又有另一个边带的一部分，从而形成一种新的调制方法——残留边带调制，如图 3-10 所示。

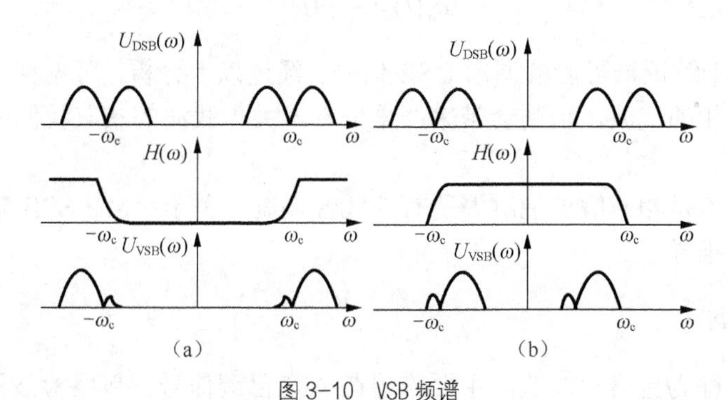

图 3-10　VSB 频谱

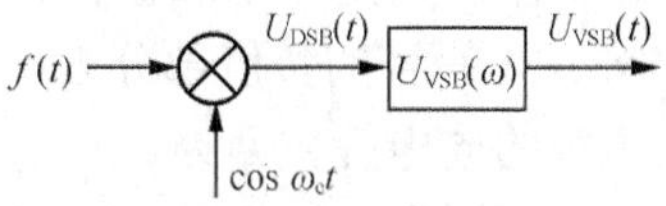

产生一个单边带信号最直观、最简单的办法就是滤波法，让双边带信号经过边带滤波器，保留所需要的边带，滤除不需要的边带，如图 3-11 所示

$f(t)$　$U_{\text{DSB}}(t)$　$U_{\text{VSB}}(\omega)$　$U_{\text{VSB}}(t)$　$\cos\omega_{\text{c}}t$

图 3-11　VSB 产生模型

由其产生模型，频域表达式可以写成

$$U_{\text{VSB}}(\omega)=\frac{1}{2}[F(\omega+\omega_{\text{c}})+F(\omega-\omega_{\text{c}})]\cdot H_{\text{VSB}}(\omega) \tag{3-1-19}$$

3.1.5　解调

综上所述，我们分别学习了 AM、DSB、SSB、VSB 调制技术，从其频谱可以看出，已调信号的频谱是调制信号频谱从低频线性搬移到高频处。所以，我们又将幅度调制技术称为线性调制技术。

将上述调制信号通过通信系统信道发送给接收端，那么，接收端为恢复原始信号，需要将上述已调信号进行解调。所以，解调是调制的逆过程，即把在载频位置的已调信号频谱搬回到原始基带信号位置。下面我们就将学习两种解调技术。

1. 相干解调

相干解调又叫同步检波。由于解调是调制的逆过程，因此我们也可以通过一个乘法器和载波相乘来实现。相干解调器的一般模型如图 3-12 所示。

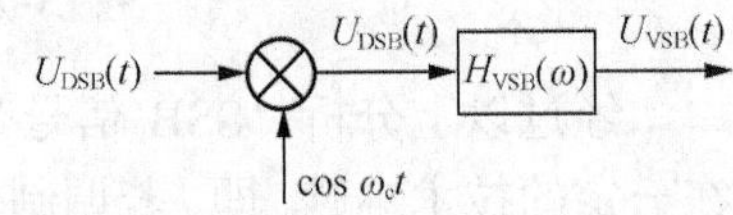

图 3-12　相干解调模型

相干解调时，为了无失真地恢复出原始信号，接收端必须提供一个与接收的已调载波严格同步的本地载频，它与接收的已调信号相乘后，经过低通滤波器取出低频分量，即可得到原始的基带调制信号。下面我们以双边带信号为例进行分析。

设接收机的输入为

$$u_{DSB}(t)=f(t)\cos\omega_c t \tag{3-1-20}$$

经过乘法器后

$$\begin{aligned}u_m(t)&=f(t)\cos^2\omega_c t\\&=\frac{1}{2}f(t)+\frac{1}{2}\cos 2\omega_c t\end{aligned} \tag{3-1-21}$$

经过 LPF 后

$$u_d(t)=\frac{1}{2}f(t) \tag{3-1-22}$$

由此可见，相干解调器可以解调出 DSB 信号。经过以上分析，可见相干解调的关键是如何获得一个同频同相的载波，否则会带来严重失真，关于载波的获取我们将在第 7 章（同步原理）中学习。

需要说明的一点是相干解调能解调所有的线性调制，关于 AM、SSB 解调的数学推导过程，请同学们自行推导。

2. 非相干解调

非相干解调又称为包络检波法，主要应用在 AM 已调信号。包络检波器如图 3-13 所示，非常简单，只用一个二极管、一个电容和一个电阻三个元器件即可。二极管用来半波整流，即将 AM 信号的负值部分去掉，而保留正值部分，并为电容的充电提供通路；电阻的作用是为电容的放电提供回路。

解调原理是这样的：二极管首先将 AM 信号的负值部分去掉，AM 信号变成一连串幅值不同的正余弦脉冲（半周余弦波）；在每个余弦脉冲的前半段（即从零到最大值），二极管导通，电流通过二极管给电容充电并达到最大值；在每个余弦脉冲的后半段（即从最大值到零），二极管截止，电容上储存的电能就通过电阻放电，电容两端的电压随之下降；等到下一个余弦脉冲的前半段到来后，又对电容进行充电并达到该半周的最大值，然后又开始放电，如此重复，电容两端的电压基本上就随 AM 信号的包络（即调制信号）而变化。但有一个前提条件，就是电容的放电时间要比充电时间慢得多才行，也就是说电容充电时间常数要比放电时间常数小。

放电时间常数$\tau = RC$也不能太大，否则放电过慢，输出波形不能紧跟包络线的下降而下降，就会产生包络失真（见图3-13）。通常要求

$$\frac{2\pi}{\omega_c} << \tau << \frac{2\pi}{\Omega_m}$$

ω_c为载频，Ω_m为调制信号的最高频率，对于普通收音机，中频（载频）为65kHz，音频信号最高频率取5kHz。则$2\mu s << \tau << 200\mu s$，通常取$\tau = 50\mu s$，那么$R$取5kΩ左右，$C$取0.01μF左右。

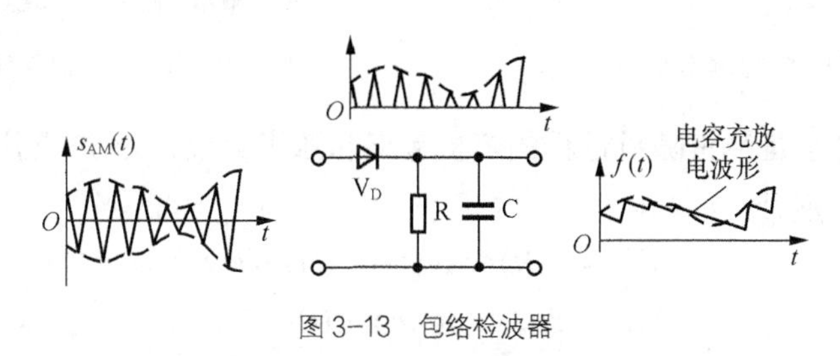

图3-13　包络检波器

需要说明的是，DSB、SSB、VSB信号的包络不再随已调信号的变化而变化，因此不能应用包络检波器进行解调。应该采用相干解调法。

3.2 线性调制系统的抗噪声性能分析

3.2.1 抗噪声性能的分析模型

上节我们分析的解调技术，是使其经过一个理想的信道模型。但是，在实际的通信系统中是不可能存在理性的、无噪声的信道，在第2章中我们已经知道高斯加性白噪声是信道噪声的主要类型，因此，本节我们便讨论各种解调技术在实际信道中的抗噪声性能。

要衡量各种调制技术的抗噪声性能，首先，要明确其分析模型。由于加性噪声被认为只对已调信号的接收有影响，因而通信系统的抗噪声性能可以用解调器的抗噪声性能来衡量，如图3-14所示。图中，$u(t)$为已调信号，$n(t)$为信道加性高斯白噪声。$u_i(t)$、$n_i(t)$分别为经过带通滤波器之后的调制信号及信道噪声，$u_o(t)$、$n_o(t)$分别为解调器输出信号及噪声。由于带通滤波器的作用是滤除已调信号带外的噪声，因此，滤波器输出信号$u_i(t)$就等于输入信号$u(t)$，但是噪声$n_i(t)$变为窄带高斯白噪声。

对于不同的调制信号，$u(t)$的形式不同，但是噪声始终是相同的。因此，我们先分析解调器输入、输出的噪声形式。

首先简单了解一下窄带随机过程，其频谱集中在中心频率ω_c附近相对窄的频率范围$\Delta\omega$内，即满足$\Delta\omega << \omega_c$条件，且ω_c远离零频率，则称为窄带随机过程。一个典型的窄带过程的频谱和波形如图3-15所示。

可见，窄带随机过程的一个样本波形如同一个包络和相位随机缓慢变化的正弦波。因此，窄带随机过程可用下式表示

$$\xi(t) = a(t)\cos[\omega_c t + \varphi(t)] \tag{3-2-1}$$

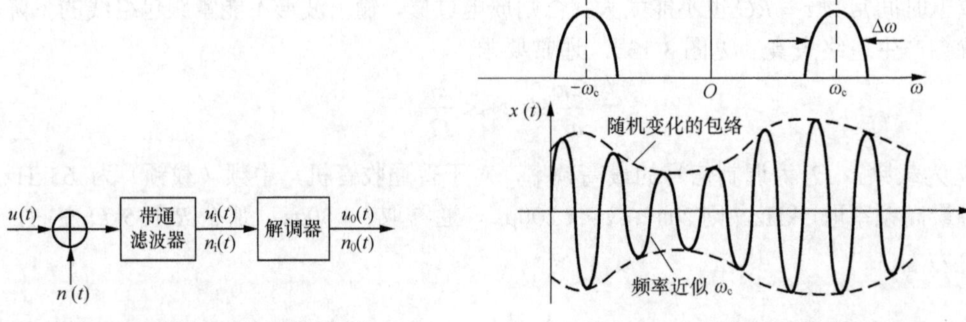

图 3–14 解调器抗噪声性能分析模型

图 3–15 窄带随机过程频谱及波形

式中：$a(t)$ 及 $\varphi(t)$ 分别是窄带随机过程的随机包络和随机相位；ω_c 是正弦波的中心角频率。将上式进行三角函数展开

$$\xi(t)=\xi_c(t)\cos\omega_c t-\xi_s(t)\sin\omega_c t \tag{3-2-2}$$

式中

$$\xi_c(t)=a(t)\cos\varphi(t) \tag{3-2-3}$$

$$\xi_s(t)=a(t)\sin\varphi(t) \tag{3-2-4}$$

此处，$\xi_c(t)$、$\xi_s(t)$ 分别称为 $\xi(t)$ 的同相分量和正交分量。

由于高斯窄带白噪声 $n_i(t)$ 也属于窄带随机过程，因此其一般数学表达式可以写成

$$n_i(t)=n_{iI}(t)\cos\omega_c t-n_{iQ}(t)\sin\omega_c t \tag{3-2-5}$$

式中：$n_{iI}(t)$ 为 $n(t)$ 的同相分量，$n_{iQ}(t)$ 为 $n(t)$ 的正交分量。

由窄带随机过程的统计特性可知：窄带噪声 $n_i(t)$ 及同相分量 $n_{iI}(t)$、正交分量 $n_{iQ}(t)$ 均满足均值为零、方差相等的特性。因而有

$$\overline{n_i^2(t)}=\overline{n_{iI}^2(t)}=\overline{n_{iQ}^2(t)}=N_i \tag{3-2-6}$$

其中，N_i 为解调器输入噪声的平均功率。

若白噪声的单边功率谱密度为 n_o，带通滤波器是高度为 1、带宽为 B 的理想矩形函数，则解调器的输入噪声功率为

$$N_i=n_oB \tag{3-2-7}$$

为了使已调信号无失真地进入解调器，带通滤波的带宽 B 应该等于已调信号的带宽。

模拟通信系统的主要质量指标是解调器的输出信噪比，即解调器输出信号功率与噪声功率的比值。对于同一种调制系统采用的不同解调方法，比较它们的抗噪声性能通常采用信噪比增益来表示，即

$$G=\frac{U_o/N_o}{U_i/N_i} \tag{3-2-8}$$

显然，在同一种调制系统下，信噪比增益越大，则解调器的抗噪声性能就越好。下面我们就分别讨论不同解调器的抗噪声性能。

3.2.2 相干解调的抗噪声性能

通过前面的学习，我们知道相干解调器能解调所有的调制方式。那么我们分别学习针对 DSB、SSB、AM 信号通过相干解调器的抗噪声性能。

1．DSB 调制系统的抗噪声性能

DSB 调制系统相干解调抗噪声性能分析模型如图 3-16 所示。由图 3-15 分析，就是将输入信号 $u(t)$变成双边带调制信号。

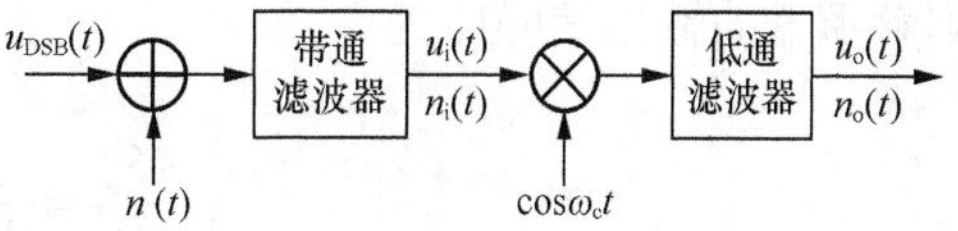

图 3-16 DSB 相干解调抗噪声性能分析模型

（1）分析解调器（乘法器及 LPF 组成）输入端信噪比($\frac{S_i}{N_i}$)

乘法器输入有用信号为

$$u_i(t)=u(t)=u_{DSB}(t)=f(t)\cos\omega_c t \qquad (3\text{-}2\text{-}9)$$

输入有用信号功率为

$$S_i=P_{DSB}=\overline{u_{DSB}^2(t)}=\overline{\frac{1}{2}f^2(t)\cos^2\omega_c t}=\frac{1}{2}\overline{f^2(t)} \qquad (3\text{-}2\text{-}10)$$

乘法器输入端噪声 $n_i(t)$功率为

$$N_i=n_o B_{DSB} \qquad (3\text{-}2\text{-}11)$$

则解调器输入端信噪比为

$$\frac{U_i}{N_i}=\frac{1/2\overline{f^2(t)}}{n_o B_{DSB}} \qquad (3\text{-}2\text{-}12)$$

（2）分析解调器输出端信噪比 $\frac{S_o}{N_o}$

求解输出有用信号及噪声的功率，要知道 $u_o(t)$ 及 $n_o(t)$ 的具体数学表现形式，即具体分析输入信号通过乘法器及 LPF 后的最终表达式。

乘法器输出信号为

$$\begin{aligned}[u_{DSB}(t)+n_i(t)]\cdot\cos\omega_c t&=[f(t)\cdot\cos\omega_c t+n_{iI}(t)\cos\omega_c t-n_{iQ}(t)\sin\omega_c t]\cdot\cos\omega_c t\\&=[f(t)+n_{iI}(t)]\cdot\cos^2\omega_c t-n_{iQ}(t)\sin\omega_c t\cdot\cos\omega_c t\end{aligned}$$

其中有用信号为

$$f(t)\cos^2\omega_c t=\frac{1}{2}f(t)+\frac{1}{2}\cos 2\omega_c t \qquad (3\text{-}2\text{-}13)$$

噪声信号为

$$n_{iI}(t)\cdot\cos^2\omega_c t-n_{iQ}(t)\sin\omega_c t\cdot\cos\omega_c t \qquad (3\text{-}2\text{-}14)$$

通过低通滤波器后，有用信号为

$$u_o(t)=\frac{1}{2}f(t) \qquad (3\text{-}2\text{-}15)$$

噪声信号为

$$n_o(t)=\frac{1}{2}n_{iI}(t) \qquad (3\text{-}2\text{-}16)$$

故解调器输出有用信号功率为

$$S_o=\frac{1}{4}\overline{f^2(t)} \qquad (3\text{-}2\text{-}17)$$

解调器输出噪声功率为

$$N_o = \frac{1}{4}\overline{n_{iI}^2(t)} = \frac{1}{4}N_i = \frac{1}{4}n_o B_{DSB} \tag{3-2-18}$$

则解调器的输出信噪比为

$$\frac{S_o}{N_o} = \frac{\frac{1}{4}\overline{f^2(t)}}{\frac{1}{4}n_o B_{DSB}} = \frac{\overline{f^2(t)}}{n_o B_{DSB}} \tag{3-2-19}$$

因此，信噪比增益为

$$G = \frac{S_o / N_o}{S_i / N_i} = 2 \tag{3-2-20}$$

由此可见，对双边带调制系统而言，解调器输出端的信噪比是输入端信噪比的两倍，说明双边带调制系统的解调器使信噪比改善了 1 倍。其原因是采用相干解调后，使输入噪声中的一个正交分量被消除。

2．SSB 调制系统的抗噪声性能

现使线性解调器抗噪声性能分析模型中的输入有用信号 $u(t)$ 设为单边带调制信号。则其分析模型与 DSB 信号分析模型的区别就是：解调器之前的带通滤波器的带宽是 SSB 信号带宽的两倍。因此其计算方法也相同。

（1）分析解调器输入端信噪比($\frac{S_i}{N_i}$)

乘法器输入有用信号为

$$u_i(t) = u(t) = u_{SSB}(t) = \frac{1}{2}f(t)\cdot\cos\omega_c t \mp \frac{1}{2}\hat{f}(t)\sin\omega_c t \tag{3-2-21}$$

输入有用信号功率为

$$\begin{aligned} S_i = P_{SSB} = \overline{u_{SSB}^2(t)} &= \frac{1}{4}\overline{[f(t)\cdot\cos\omega_c t \mp \frac{1}{2}\hat{f}(t)\sin\omega_c t]^2} \\ &= \frac{1}{8}[\overline{f^2(t)} + \overline{\hat{f}^2(t)}] \end{aligned} \tag{3-2-22}$$

$\hat{f}(t)$ 是 $f(t)$ 的希尔伯特变换，具有相同的幅值。因此具有相同的功率，则上式变为

$$S_i = \frac{1}{4}\overline{f^2(t)} \tag{3-2-23}$$

乘法器输入端噪声 $n_i(t)$ 功率为

$$N_i = n_o B_{SSB} \tag{3-2-24}$$

则解调器输入端信噪比为

$$\frac{S_i}{N_i} = \frac{1/4\overline{f^2(t)}}{n_o B_{SSB}} \tag{3-2-25}$$

（2）分析解调器输出端信噪比($\frac{S_o}{N_o}$)

$u(t)$及$n(t)$通过加法器形成和信号，再将其通过带通滤波器后的信号表达式为

$$u_{\mathrm{SSB}}(t)+n_{\mathrm{i}}(t)=\frac{1}{2}\left[f(t)\cos\omega_{\mathrm{c}}t\mp\hat{f}(t)\sin\omega_{\mathrm{c}}t\right]+n_{\mathrm{iI}}(t)\cos\omega_{\mathrm{c}}t-n_{\mathrm{iQ}}(t)\sin\omega_{\mathrm{c}}t \tag{3-2-26}$$

经过乘法器及低通滤波器的输出信号为

$$\begin{aligned}[u_{\mathrm{SSB}}(t)+n_{\mathrm{i}}(t)]\cdot\cos\omega_{\mathrm{c}}t&=u_{\mathrm{o}}(t)+n_{\mathrm{o}}(t)\\&=\frac{1}{4}f(t)+\frac{1}{2}n_{\mathrm{iI}}(t)\end{aligned} \tag{3-2-27}$$

故解调器输出有用信号功率为

$$S_{\mathrm{o}}=\overline{u_{\mathrm{o}}^{2}(t)}=\overline{\left[\frac{1}{4}f(t)\right]^{2}}=\frac{1}{16}\overline{f^{2}(t)} \tag{3-2-28}$$

解调器输出噪声功率为

$$N_{\mathrm{o}}=\frac{1}{4}\overline{n_{\mathrm{iI}}^{2}(t)}=\frac{1}{4}N_{\mathrm{i}}=\frac{1}{4}n_{\mathrm{o}}B_{\mathrm{SSB}} \tag{3-2-29}$$

则解调器的输出信噪比为

$$\frac{S_{\mathrm{o}}}{N_{\mathrm{o}}}=\frac{1/16\,\overline{f^{2}(t)}}{1/4n_{\mathrm{o}}B_{\mathrm{SSB}}}=\frac{\overline{f^{2}(t)}}{4n_{\mathrm{o}}B_{\mathrm{SSB}}} \tag{3-2-30}$$

因此，信噪比增益为

$$G=\frac{\overline{f^{2}(t)}/4n_{\mathrm{o}}B_{\mathrm{SSB}}}{\overline{f^{2}(t)}/4n_{\mathrm{o}}B_{\mathrm{SSB}}}=1 \tag{3-2-31}$$

由此可见，对单边带调制系统而言，解调器输出端的信噪比与输入端信噪比相同，说明单边带调制系统的信噪比并没有改善。其原因是信号和噪声都有同相分量和正交分量，采用相干解调后，正交分量均被抑制掉，所以它们的平均功率也同时减少一半，结果导致了输出信噪比不变。

对比上述两种调制系统的信噪比增益，表面上看 DSB 的抗噪声性能优于 SSB 的抗噪声性能，但实际并非如此。其原因是两者的输入信号功率不同、带宽不同、输入噪声功率也不同，所以两者的输出信噪比是在不同条件下得到的，不能对比。如果在相同的输入信号功率条件下，两者的抗噪声性能是相同的。其原因是输入信号功率相同，单边带调制输入信噪比是双边带调制输入信噪比的 2 倍，而双边带调制系统的信噪比增益是单边带调制系统的 2 倍，使得两者的输出信噪比相等，因此两者的抗噪声性能相同。

3.2.3　非相干解调的抗噪声性能

非相干解调也称为包络检波，AM 信号的解调方式常用包络检波法。故下面我们分析一下 AM 信号通过包络检波的抗噪声性能，其分析模型如图 3-17 所示。当然，上节所述的相干解调法也能解调 AM 信号，其抗噪声性能的分析过程同 DSB、SSB，这里不再赘述。

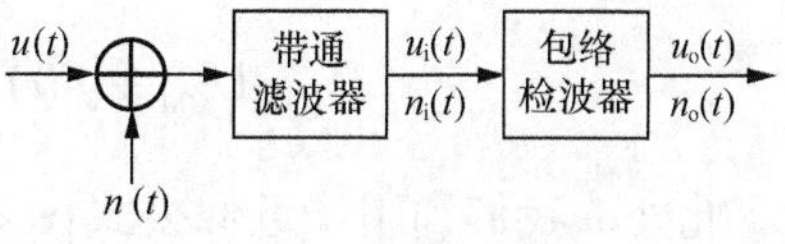

图 3-17　AM 包络检波器抗噪声性能分析模型

包络检波器输入有用信号为

$$u_{\mathrm{i}}(t)=u_{\mathrm{AM}}(t)=[U_{\mathrm{CM}}+f(t)]\cos\omega_{\mathrm{c}}t \tag{3-2-32}$$

信号功率为

$$S_{\mathrm{i}}=\overline{u_{\mathrm{AM}}^{2}(t)}=\overline{\left[U_{\mathrm{CM}}+f(t)\right]^{2}\cdot\cos^{2}\omega_{\mathrm{c}}t}=\frac{1}{2}U_{\mathrm{CM}}^{2}+\frac{1}{2}\overline{f^{2}(t)} \tag{3-2-33}$$

输入噪声功率为

$$N_{\mathrm{i}}=n_{\mathrm{o}}B_{\mathrm{AM}} \tag{3-2-34}$$

解调器输入端信噪比

$$\left(\frac{S_{\mathrm{o}}}{N_{i}}\right)_{\mathrm{AM}}=\frac{\left[U_{\mathrm{CM}}^{2}+\overline{f^{2}(t)}\right]/2}{n_{\mathrm{o}}B_{\mathrm{AM}}}=\frac{U_{\mathrm{CM}}^{2}+\overline{f^{2}(t)}}{2n_{\mathrm{o}}B_{\mathrm{AM}}} \tag{3-2-35}$$

而解调器输入信号波形是有用信号和噪声的混合波形，即

$$\begin{aligned}u_{\mathrm{AM}}(t)+n_{\mathrm{i}}(t)&=[U_{\mathrm{CM}}+f(t)]\cos\omega_{\mathrm{c}}t+n_{\mathrm{iI}}(t)\cos\omega_{\mathrm{c}}t-n_{\mathrm{iQ}}(t)\sin\omega_{\mathrm{c}}t\\&=[U_{\mathrm{CM}}+f(t)+n_{\mathrm{iI}}(t)]\cos\omega_{\mathrm{c}}t-n_{\mathrm{iQ}}(t)\sin\omega_{\mathrm{c}}t=A(t)\cos[\omega_{\mathrm{c}}t+\theta(t)]\end{aligned} \tag{3-2-36}$$

其中，合成包络

$$A(t)=\sqrt{[U_{\mathrm{CM}}+\mathrm{f}(t)+n_{\mathrm{iI}}]^{2}+n^{2}{}_{\mathrm{iQ}}(t)} \tag{3-2-37}$$

瞬时相位

$$\theta(t)=\arctan[\frac{n_{\mathrm{iQ}}(t)}{U_{\mathrm{CM}}+f(t)+n_{\mathrm{iI}}(t)}] \tag{3-2-38}$$

很明显，$A(t)$就是所求包络，从其表达式可以看出有用信号与噪声之间存在非线性关系。因此，计算解调器输出信噪比较困难。为分析简便，我们分为两种情况进行讨论。

1. 大信噪比情况

所谓大信噪比就是信号的功率远远大于噪声的功率，即输入有用信号幅度远远大于噪声的幅度。

$$U_{\mathrm{CM}}+f(t)>>n_{\mathrm{i}}(t)$$

因而，式（3-2-37）可以化简为

$$\begin{aligned}A(t)&=\sqrt{[U_{\mathrm{CM}}+\mathrm{f}(t)+n_{\mathrm{iI}}]^{2}+n^{2}{}_{\mathrm{iQ}}(t)}\\&=\sqrt{[U_{\mathrm{CM}}+f(t)]^{2}+2[U_{\mathrm{CM}}+f(t)]n_{\mathrm{iI}}(t)+n_{\mathrm{iI}}^{2}(t)+n_{\mathrm{iQ}}^{2}(t)}\\&\approx\sqrt{[U_{\mathrm{CM}}+f(t)]^{2}+2[U_{\mathrm{CM}}+f(t)]n_{\mathrm{iI}}(t)}\\&=[U_{\mathrm{CM}}+f(t)][1+\frac{2n_{\mathrm{iI}}(t)}{U_{\mathrm{CM}}+f(t)}]^{\frac{1}{2}}\\&\approx[U_{\mathrm{CM}}+f(t)][1+\frac{n_{\mathrm{iI}}(t)}{U_{\mathrm{CM}}+f(t)}]\\&=U_{\mathrm{CM}}+f(t)+n_{\mathrm{iI}}(t)\end{aligned} \tag{3-2-39}$$

此处，我们利用了近似公式$|x|<<1$，$(1+x)^{\frac{1}{2}}\approx1+\frac{x}{2}$

由（3-2-39）式可见，有用信号为$f(t)$，噪声信号为$n_{\mathrm{iI}}(t)$，则包络检波器输出的信号和噪声功率分别为

$$S_o = \overline{f^2(t)} \tag{3-2-40}$$

$$N_o = \overline{n_{iI}^{\ 2}(t)} = n_o B_{AM} \tag{3-2-41}$$

包络检波器输出信噪比为

$$\left(\frac{S_o}{N_o}\right)_{AM} = \frac{\overline{f^2(t)}}{n_o B_{AM}} \tag{3-2-42}$$

因此，包络检波器信噪比增益为

$$G = \frac{\dfrac{S_o}{N_o}}{\dfrac{S_i}{N_i}} = \frac{2\overline{f^2(t)}}{U_{CM}^2 + \overline{f^2(t)}} \tag{3-2-43}$$

可以看出，AM的调制制度增益随 U_{CM} 的减小而增加。但为了不发生过调制现象，必须有 $U_{CM} \geqslant |f(t)|$，所以 G 总是小于1。

例如，对于100%调制(即 $U_{CM} = |f(t)|_{max}$)，且 $f(t)$ 又是单音频正弦信号时，有

$$\overline{f^2(t)} = \frac{1}{2}U_{CM}^2$$

此时

$$G=2/3$$

这是包络检波器能够得到的最大信噪比改善值。

可以证明，相干解调时常规调幅的调制制度增益与式（3-2-43）相同。这说明，对于AM调制系统，在大信噪比时，采用包络检波时的性能与相干解调时的性能几乎一样，但后者的调制制度增益不受信号与噪声相对幅度假设条件的限制。

2．小信噪比情况

所谓小信噪比就是信号的功率远远小于噪声的功率，即输入有用信号幅度远远小于噪声的幅度。

$$U_{CM} + f(t) << n_i(t)$$

因而，式（3-2-37）可以化简为

$$\begin{aligned}
A(t) &= \sqrt{[U_{CM} + \mathrm{f}(t) + n_{iI}]^2 + n^2_{iQ}(t)} \\
&= \sqrt{[U_{CM} + f(t)]^2 + 2[U_{CM} + f(t)]n_{iI}(t) + n^2_{iI}(t) + n^2_{iQ}(t)} \\
&\approx \sqrt{n^2_{iI}(t) + n^2_{iQ}(t) + 2[U_{CM} + f(t)]n_{iI}(t)} \\
&\approx \sqrt{[n^2_{iI}(t) + n^2_{iQ}(t)]\cdot\left\{1 + \frac{2[U_{CM} + f(t)]n_{iI}(t)}{n^2_{iI}(t) + n^2_{iQ}(t)}\right\}} \\
&= \sqrt{n^2_{iI}(t) + n^2_{iQ}(t)}\cdot\sqrt{1 + \frac{2[U_{CM} + f(t)]n_{iI}(t)}{n^2_{iI}(t) + n^2_{iQ}(t)}} \\
&\approx \sqrt{n^2_{iI}(t) + n^2_{iQ}(t)} + [U_{CM} + f(t)]\frac{n_{iI}(t)}{\sqrt{n^2_{iI}(t) + n^2_{iQ}(t)}}
\end{aligned}$$

上式中不包含单独的信号项，说明在小信噪比的情况下，包络检波器会把有用信号扰乱成噪声。

以上分析了大输入信噪比和小输入信噪比时包络检波器的噪声性能，可以看出大信噪比时，包络检波器可以很好地实现解调，小信噪比时，包络检波器不能实现解调。可以发现存在一个临界的输入信噪比值，当输入信噪比大于此临界值时包络检波器可以正常解调，当小于这个临界值时，不能正常解调。我们称这个临界的输入信噪比为门限值。而把包络检波器存在门限值这一现象叫做门限效应。门限效应是在所有的非相干解调器都存在的一种特性。为此，在噪声较大的条件下通常不采用非相干解调。

有必要指出，用相干解调的方法解调各种线性调制信号时，由于解调过程可视为信号与噪声分别解调，故解调器输出端总是单独存在有用信号。因而，相干解调器不存在门限效应。

由以上分析可得如下结论：在大信噪比情况下，AM 信号包络检波器的性能几乎与相干检测器相同；但随着信噪比的减小，包络检波器将在一个特定输入信噪比值上出现门限效应。一旦出现了门限效应，解调器的输出信噪比将急剧变坏。

3.3 非线性调制的原理

前面，我们讨论了模拟调制中的线性调制方式，线性调制也称为幅度调制。模拟调制的另一调制方式是非线性调制，即调频和调相。在调频系统中，载波 ω_c 随基带信号变化；在调相系统中，载波的相位随基带信号变化。调频及调相均属非线性调制，统称为角度调制。由于它们是非线性调制，分析时较为困难，在许多情况下仅是近似分析。

角度调制的另一特点是它占有较宽的信道带宽，角度调制信号的带宽经常是基带信号带宽的许多倍。该系统是以牺牲带宽来换取高的抗噪能力，由于该系统的可靠性好，因而在高逼真度音乐广播系统及发射功率有限的点对点通信系统中广泛应用。

3.3.1 角度调制的基本原理

任何一个正余弦型时间函数，如果它的幅度不变，则可用下式表示：

$$c(t) = A\cos[\omega_c t + \varphi(t)] \tag{3-3-1}$$

式中，A 是载波的振幅（固定不变），$\omega_c t + \varphi(t)$ 为信号的瞬时相位，$\varphi(t)$ 称为瞬时相位的偏移。由频率与相位的关系可知，信号的瞬时频率 $\omega(t) = \mathrm{d}[\omega_c t + \varphi(t)]/\mathrm{d}t$ 。而 $\mathrm{d}\varphi(t)/\mathrm{d}t$ 称为瞬时频率偏移。

所谓相位调制，是指瞬时相位偏移 $\varphi(t)$ 随基带信号 $f(t)$线性变化，即

$$\varphi(t) = K_{\mathrm{PM}} f(t) \tag{3-3-2}$$

式中，K_{PM} 为调相灵敏度(rad/V)，含义是单位调制信号幅度引起 PM 信号的相位偏移量。于是调相信号可以表示为

$$S_{\mathrm{PM}}(t) = A\cos[\omega_c t + K_{\mathrm{PM}} f(t)] \tag{3-3-3}$$

所谓频率调制，是指瞬时频率偏移 $\mathrm{d}\varphi(t)/\mathrm{d}t$ 随基带信号 $f(t)$而线性变化，即

$$\mathrm{d}\varphi(t)/\mathrm{d}t = K_{\mathrm{FM}} f(t) \tag{3-3-4}$$

式中，K_{FM} 称为频偏常数，单位是弧度/伏·秒，它的物理含义是调制信号的单位幅度引起的调频信号角频率的偏移量。则此时瞬时角频率为

$$\omega(t) = \omega_c + K_{\mathrm{FM}} f(t) \tag{3-3-5}$$

同样由频率与相位的关系可知瞬时相位为

$$\theta(t)=\int \omega(t)\mathrm{d}t=\omega_c t+K_{FM}\int f(t)\mathrm{d}t \tag{3-3-6}$$

于是调频波的表示式为

$$S_{FM}(t)=A\cos[\omega_c t+K_{FM}\int f(t)\mathrm{d}t] \tag{3-3-7}$$

从以上对调相和调频的介绍可以看出，调频波和调相波有着密切的关系，比较式（3-3-3）和式（3-3-7）可以发现，如果令 $m(t)=\int f(t)\mathrm{d}t$ 作为调制信号代入式（3-3-7），则可得到信号 $m(t)$ 的调相波，这种调相方式称为间接调相，如图 3-18（a）所示。同样，如果令 $m_1(t)=\frac{\mathrm{d}f(t)}{\mathrm{d}t}$ 作为调制信号代入式（3-3-3），则可得到信号 $m_1(t)$ 的调频波，这种调频方式称为间接调频，如图 3-18（b）所示。

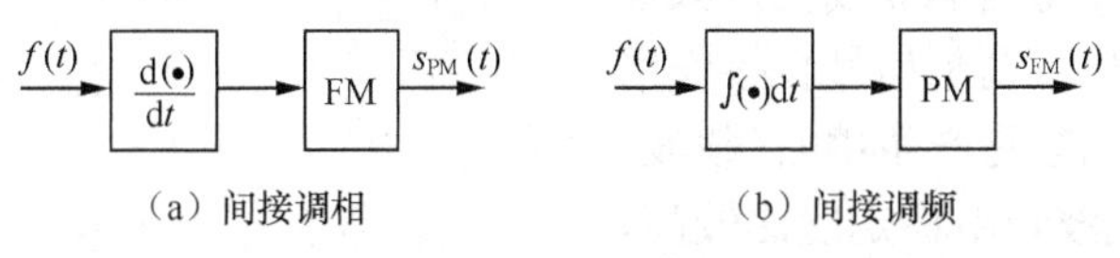

图 3-18　间接调制

3.3.2　窄带角度调制信号

幅度调制的信号带宽由调制信号的带宽决定。和调幅信号不同，角度调制的带宽和调制信号带宽、幅度无关，和调制器的参数有关。传输同一基带信号，角度调制的已调信号带宽可宽可窄。在实际应用中，可以把角度调制分为窄带的和宽带的角度调制。由调频和调相所引起的最大瞬时相位偏移 $\left|K_{FM}\int f(t)\mathrm{d}t\right|_{max} \ll 30^\circ$（或 $\left|K_{PM}f(t)\mathrm{d}t\right|_{max} \ll 30^\circ$）时，就称为窄带调频（NBFM）或窄带调相（NBPM），当其条件得不到满足时，则称为宽带调频（WBFM）或宽带调相（WBPM）。鉴于调频和调相实质都是频率的改变，这里主要讨论调频的原理和实现。

由式 3-3-7，窄带调频信号的时域表达式为

$$\begin{aligned}S_{FM}(t)&=A\cos[\omega_c t+K_{FM}\int f(t)\mathrm{d}t]\\&=A\left\{\cos\omega_c t\cos[K_{FM}\int f(t)\mathrm{d}t]-\sin\omega_c t\sin[K_{FM}\int f(t)\mathrm{d}t]\right\}\\&\approx A\cos\omega_c t-A[K_{FM}\int f(t)\mathrm{d}t]\sin\omega_c t\end{aligned} \tag{3-3-8}$$

其中，当 $\left|K_{FM}\int f(t)\mathrm{d}t\right|_{max} \ll 30^\circ$ 时，有

$$\cos[K_{FM}\int f(t)\mathrm{d}t]\approx 1$$

$$\sin[K_{FM}\int f(t)\mathrm{d}t]\approx K_{FM}\int f(t)\mathrm{d}t$$

即窄带调频信号的时域表达式为

$$S_{NBFM}=A\cos\omega_c t-A[K_{FM}\int f(t)\mathrm{d}t]\sin\omega_c t \tag{3-3-9}$$

3.3.3　调频信号的产生与解调

调频信号的产生有两种方法：直接调频和间接调频。

1．直接调频

直接调频的方法就是用调制信号直接去控制一个高频振荡器的电抗元件的参数，使振荡器输出的瞬时频率正比于调制信号的幅度。通常使用的这种振荡器就是压控振荡器（VCO：Voltage_Controlled Oscillator）。而改变振荡频率的电抗元件是变容二极管。这种二极管是根据PN结电容随反向电压变化而变化的原理而专门设计的一种二极管。由变容二极管和电感L构成的谐振回路，在外加电压的作用下，会改变其谐振频率。一个VCO原理图和它的输入（电压）输出（频率）特性举例如图3-19所示。当输入电压 $V_{in}(t)=f(t)$时，VCO的瞬时振荡频率就随调制信号电压$f(t)$变化而变化，从而产生调频信号。

压控振荡器的优点是可以直接获得大的频偏。但由于 $f_{out}\propto V_{in}$ 特性的非线性，频偏受到一定的限制。另外，调制信号直接作用到振荡器的振荡回路也容易产生中心（载波）频率的漂移。在要求载波频率稳定度比较高，同时频偏比较大的情况下，采用直接调频的方法就难以实现。这时采用间接调频的方法比较合适。

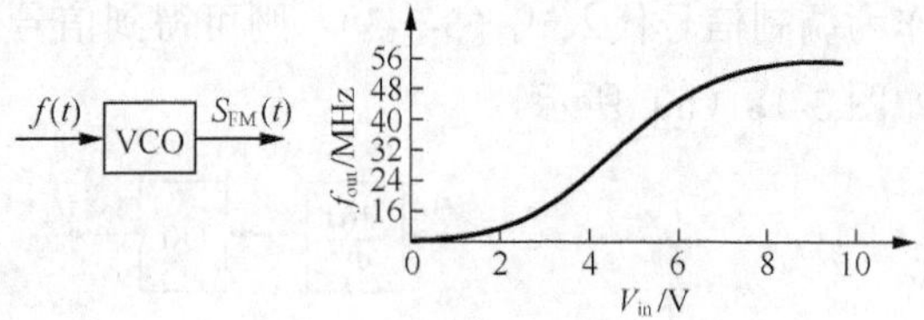

图3-19　压控振荡器和它的输出特性

2．间接调频

间接调频的原理如图3-20所示。它是由阿姆斯特朗（Major Edwin Armstrong）在1936年提出来的。调制信号经过积分后，用窄带调相器产生窄带调频信号，最后经过N倍频，使最大频偏达到要求。这是一种间接调频的方法。

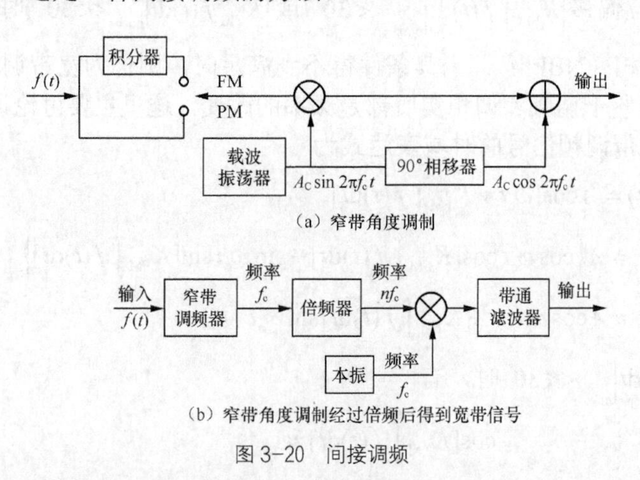

（a）窄带角度调制

（b）窄带角度调制经过倍频后得到宽带信号

图3-20　间接调频

根据前面对窄带角度调制的讨论可知，当$\left|K_{PM} f(t)\mathrm{d}t\right|_{max} << 0.5$ 时，有

$$S_{NBPM} = A\cos\omega_c t - AK_{PM} f(t)\sin\omega_c t \qquad (3\text{-}3\text{-}10)$$

因此，图3-18的窄带调相器的工作原理是明显的。调制信号经过积分后进行窄带调相，便得到窄带调频信号

$$\begin{aligned} S_{NBFM}(t) &= A\cos\omega_c t - K_{FM}\int f(t)\mathrm{d}t\cdot A\sin\omega_c t \\ &\approx A\cos[\omega_c t + K_{FM}\int f(t)\mathrm{d}t] \end{aligned} \qquad (3\text{-}3\text{-}11)$$

窄带调频信号经过 N 倍频后，得到宽带调频信号

$$S_{\mathrm{WBFM}}(t)=\cos(\omega_{\mathrm{c}}t+K_{\mathrm{FM}}\int f(t)\mathrm{d}t) \tag{3-3-12}$$

上述方法的调制过程没有直接在振荡器中进行，而是在振荡器的后面电路中完成调频。振荡器的参数不受影响，因此所得到的调频信号的载波频率精确度和稳定度都很高，被广泛用在调频广播上。

【例3-3】 已知调制信号 $f(t)=4\cos(2\pi\times10^4t)$，调角信号表达式为 $s(t)=20\cos[2\pi\times10^7t+5\sin(2\pi\times10^4t)]$，试分析该调角信号是调频信号还是调相信号？

解 由调角信号的表达式知调制信号的瞬时相位表达式为

$$\omega_{\mathrm{c}}t+\varphi(t)=2\pi\times10^7t+5\sin(2\pi\times10^4t)$$

则瞬时频率 $\omega(t)=d[\omega_{\mathrm{c}}t+\varphi(t)]/\mathrm{d}t=2\pi\times10^7+2\pi\times5\times10^4\cos(2\pi\times10^4t)$

可见，调角信号的瞬时角频率偏移 $\mathrm{d}\varphi(t)/\mathrm{d}t=2\pi\times5\times10^4\cos(2\pi\times10^4t)$，与调制信号 $f(t)$ 的变化规律相同，故可判断出该调角信号为调频信号。

3.4 调频系统的抗噪声性能分析

对于非线性系统的抗噪声性能的分析与线性系统抗噪声性能的分析类似，先根据解调方法建立模型，然后分别计算解调前后的信噪比，进而计算出信噪比增益来反映出系统的抗噪声性能。

调频信号有相干解调和非相干解调两种解调方式，下面分别讨论它们的抗噪声性能。

3.4.1 相干解调的抗噪声性能

窄带调频信号采用相干解调法，这是因为窄带调频信号的时域表达式经过简化，可分解为同相分量和正交分量。应用相干解调，只需提供一个参考载波，便可从已调波中解调出基带信号。窄带调频波相干解调的模型如图3-21所示。

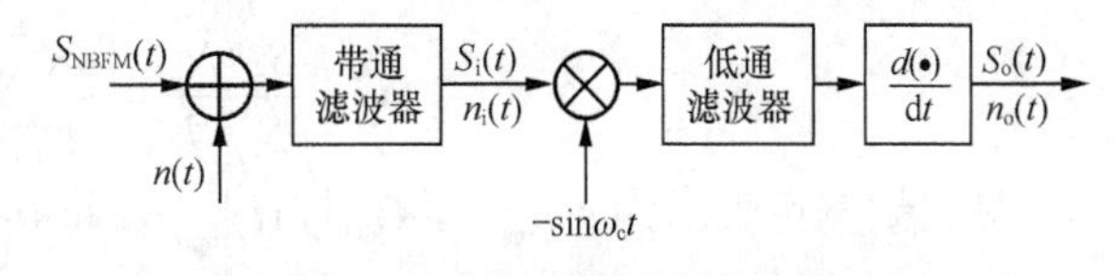

图3-21 窄带调频波相干解调模型

图中，带通滤波器允许窄带调频信号通过，限制带外噪声，为理想滤波器。带通滤波器的输出为信号和窄带噪声的迭加，即

$$S_{\mathrm{i}}(t)+n_{\mathrm{i}}(t)=S_{\mathrm{NBFM}}(t)+n_{\mathrm{i}}(t) \tag{3-4-1}$$

又有 $n_{\mathrm{i}}(t)=n_{\mathrm{iI}}(t)\cos\omega_{\mathrm{o}}t-n_{\mathrm{iQ}}(t)\sin\omega_{\mathrm{o}}t$，代其入式（3-4-1）有

$$\begin{aligned}S_{\mathrm{i}}(t)+n_{\mathrm{i}}(t)&=S_{\mathrm{NBFM}}(t)+n_{\mathrm{i}}(t)\\&=[A+n_{\mathrm{iI}}(t)]\cos\omega_{\mathrm{c}}t-[AK_{\mathrm{FM}}\int f(t)\mathrm{d}t+n_{\mathrm{iQ}}(t)]\sin\omega_{\mathrm{c}}t\end{aligned}$$

经解调后有

$$S_{\mathrm{o}}(t)+n_{\mathrm{o}}(t)=\frac{1}{2}\left[AK_{\mathrm{FM}}f(t)+\frac{\mathrm{d}n_{\mathrm{iQ}}(t)}{\mathrm{d}t}\right] \tag{3-4-2}$$

式中 $\frac{1}{2}AK_{\mathrm{FM}}f(t)$ 为解调出的有用信号，$\frac{1}{2}\frac{\mathrm{d}n_{\mathrm{iQ}}(t)}{\mathrm{d}t}$ 为噪声项。

则解调器输入端的信号功率为

$$S_{\mathrm{i}}=\overline{S_{\mathrm{i}}^2(t)}=\frac{A^2}{2} \tag{3-4-3}$$

解调器输入端的噪声率为

$$N_i = \frac{1}{\pi}\int_{\omega_c-\omega_m}^{\omega_c+\omega_m} \frac{n_o}{2} \mathrm{d}\omega = \frac{n_o \omega_m}{\pi} \tag{3-4-4}$$

式中，ω_m为调制信号的角频率，ω_c为载波信号的角频率。

由式（3-4-3）和式（3-4-4）可得输入端的信噪比为

$$\left(\frac{S_i}{N_i}\right)_{\mathrm{NBFM}} = \frac{\pi A^2}{2 n_o \omega_m} \tag{3-4-5}$$

解调器输出信号的功率为

$$S_o = \frac{1}{4} A^2 K_{\mathrm{FM}}^2 E[f^2(t)] \tag{3-4-6}$$

又知$n_{iQ}(t)$的功率谱密度是$n_i(t)$功率谱密度($n_o/2$)的 2 倍，经微分后功率谱密度变为$n_o\omega^2$，因此可得输出噪声(即$\frac{1}{2}\frac{\mathrm{d}n_{iQ}(t)}{\mathrm{d}t}$)的功率谱密度为

$$P_o(\omega) = \frac{1}{4} n_o \omega^2$$

又有，低通滤波器可以滤除调制信号以外的频率分量，则输出的噪声功率为

$$N_o = \frac{1}{\pi}\int_0^{\omega_m} \frac{1}{4} n_o \omega^2 \mathrm{d}\omega = \frac{n_o \omega_m^3}{12\pi} \tag{3-4-7}$$

由式（3-4-6）与式（3-4-7）可得输出端的信噪比为

$$\left(\frac{S_o}{N_o}\right)_{\mathrm{NBFM}} = \frac{1}{4} A^2 K_{\mathrm{FM}}^2 E[f^2(t)] / \frac{n_o \omega_m^3}{12\pi} = \frac{3\pi A^2 K_{\mathrm{FM}}^2}{n_o \omega_m^3} E[f^2(t)] \tag{3-4-8}$$

由式（3-4-5）和式（3-4-8）得解调增益为

$$G = \frac{S_o/N_o}{S_i/N_i} = \frac{6K_{\mathrm{FM}}^2}{\omega_m^2} E[f^2(t)] \tag{3-4-9}$$

最大频偏可表示为$\Delta\omega_{\max} = K_{\mathrm{FM}} \left|f(t)\right|_{\max}$，将其代入（3-4-9）有

$$G = 6\left(\frac{\Delta\omega_{\max}}{\omega_m}\right)^2 \frac{E[f^2(t)]}{\left|f(t)\right|_{\max}^2}$$

当单频调制时，设单频为$f(t) = A\cos\omega_m t$，$\beta_{\mathrm{FM}} = \frac{\Delta\omega_{\max}}{\omega_m}$为调制指数，则

$$E[f^2(t)] = \frac{1}{2}A^2，\ \left|f(t)\right|_{\max}^2 = A^2，$$

所以信噪比增益为

$$G = 6\beta_{\mathrm{FM}}^2 \frac{\frac{1}{2}A^2}{A^2} = 3\beta_{\mathrm{FM}}^2 \tag{3-4-10}$$

3.4.2 非相干解调的抗噪声性能

宽带调制信号采用非相干解调方法，下面以宽带调频系统的噪声性能为例进行介绍，从而使读者能够了解非相干解调的抗噪声性能及其分析方法。宽带调频系统抗噪声性能的分析

模型如图3-22所示，其中带通滤波器的作用是限制带外噪声，低通滤波器的作用是抑制调制信号频率以外的高频分量与噪声。

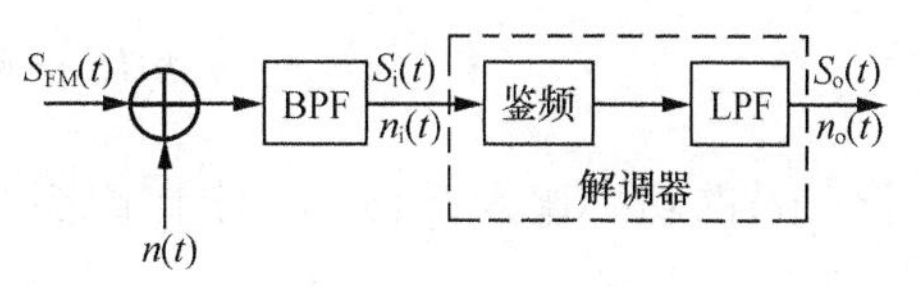

图3-22 宽带调频系统抗噪声性能的分析模型

令 $S_{FM}=A\cos[\omega_c t+K_{FM}\int f(t)dt]$，由于FM波为等幅波，所以鉴频器的输入信号功率为

$$S_i=\frac{A^2}{2} \tag{3-4-11}$$

带通滤波器的带宽与调频信号的带宽 B_{FM} 相同，则可求得鉴频器输入噪声的功率为

$$N_i=n_o B_{FM} \tag{3-4-12}$$

从而输入信噪比为

$$\frac{S_i}{N_i}=\frac{A^2}{2n_o B_{FM}}=\frac{\pi A^2}{2n_o\Delta\omega} \tag{3-4-13}$$

式中，$\Delta\omega=2\pi B_{FM}$。

因为FM是非线性过程，在计算信号功率和噪声功率时应当考虑到信号与噪声之间的相互影响。当然，当输入信噪比很大时，信号与噪声之间的相互影响是可以忽略的。由高频电子线路的知识我们知道，鉴频器输出电压与输入调频波的瞬时频偏成正比，令鉴频器增益为 K，则输出信号为

$$S_o(t)=KK_{FM}f(t)$$

其功率为

$$S_o=K^2K_{FM}^2E[f^2(t)] \tag{3-4-14}$$

同样，计算输出噪声功率时，忽略 $f(t)$ 的影响，即令 $f(t)=0$，则鉴频器的输入信号为

$$\varphi(t)=A\cos(\omega_o t+\theta_o) \tag{3-4-15}$$

此时鉴频器总输入为 $A\cos(\omega_o t+\theta_o)+n_i(t)$，通过3.2节的学习我们知道对于窄带噪声有 $n_i(t)=n_{iI}(t)\cos\omega_o t-n_{iQ}(t)\sin\omega_o t$，为此鉴频器总输入为

$$\begin{aligned}A\cos(\omega_o t+\theta_o)+n_i(t)&=[A+n_{iI}(t)]\cos(\omega_0 t+\theta_0)-n_{iQ}(t)\sin(\omega_o t+\theta_o)\\&=A(t)\cos[\omega_o t+\psi(t)]\end{aligned} \tag{3-4-16}$$

式中

$$A(t)=\sqrt{[A+n_{iI}(t)]^2+n_{iQ}^2(t)} \tag{3-4-17}$$

$$\psi(t)=\arctan\frac{n_{iQ}(t)}{A+n_{iI}(t)} \tag{3-4-18}$$

在输入信噪比大的情况时有 $A>>|n_{iI}|$，则有

$$\psi(t)\approx\arctan\frac{n_{iQ}(t)}{A} \tag{3-4-19}$$

又有瞬时频偏为

$$\Delta\omega=\frac{d\psi(t)}{dt}=\frac{d}{dt}\left[\frac{n_{iQ}(t)}{A}\right] \tag{3-4-20}$$

鉴频器的输出又正比于瞬时频偏，则有

$$n_o(t)=K\frac{\mathrm{d}}{\mathrm{d}t}\left[\frac{n_{iQ}(t)}{A}\right]=\frac{K}{A}\frac{\mathrm{d}n_{iQ}(t)}{\mathrm{d}t} \tag{3-4-21}$$

若 $n_i(t)$ 的功率谱为 $P_{n_i}(\omega)$，对于窄带高斯噪声有

$$P_{n_{iI}}(\omega)=P_{n_{iQ}}(\omega)=\begin{cases}P_{n_i}(\omega+\omega_0)+P_{n_i}(\omega-\omega_0) & |\omega|<\Delta\omega\\ 0 & |\omega|>\Delta\omega\end{cases} \tag{3-4-22}$$

式中，$P_{n_{iQ}}(\omega)$ 为 $n_{iQ}(t)$ 的功率谱，则 $\frac{\mathrm{d}n_{iQ}(t)}{\mathrm{d}t}$ 的功率谱为 $\omega^2 P_{n_{iQ}}(\omega)$，因此宽带调频系统输出噪声功率谱为

$$P_{n_0}(\omega)=\begin{cases}(K/A)^2\omega^2 P_{iQ}(\omega) & |\omega|<W_m\\ 0 & |\omega|>W_m\end{cases} \tag{3-4-23}$$

其中，$W_m=B_{FM}/2$。

签频器前后的噪声功率谱密度如图 3-23 所示。

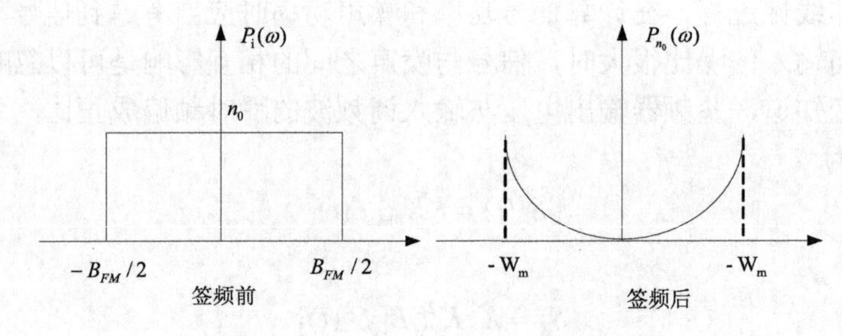

图 3-23 签频器前、后噪声功率谱密度

输出噪声功率为

$$\begin{aligned}N_o&=\frac{1}{2\pi}\int_{-W_m}^{W_m}P_{n_o}(\omega)\mathrm{d}\omega\\&=\left(\frac{K}{A}\right)^2\frac{1}{2\pi}\int_{-W_m}^{W_m}\omega^2[P_{n_i}(\omega+\omega_0)+P_{n_i}(\omega-\omega_0)]\mathrm{d}\omega\\&=K^2n_o\omega_m^3/3\pi A^2\end{aligned} \tag{3-4-24}$$

由式（3-4-14）和式（3-4-24）可得输出信噪比为

$$\frac{S_o}{N_o}=\frac{3\pi A^2K_{FM}^2}{n_0W_m^3}E[f^2(t)] \tag{3-4-25}$$

已知最大频偏 $\Delta\omega_{max}=K_{FM}|f(t)|_{max}$，可得

$$K_{FM}=\frac{\Delta\omega_{max}}{|f(t)|_{max}}$$

将其代入式（3-4-25）得

$$\frac{S_o}{N_o}=\frac{3\pi A^2}{n_0W_m^3}\left[\frac{\Delta\omega_{max}}{|f(t)|_{max}}\right]^2E[f^2(t)] \tag{3-4-26}$$

为简化上式，可假设基带信号为单音频信号，化简过程见【例 3-4】。

由式（3-4-13）和式（3-4-26）则信噪比增益为

$$G = 6\left(\frac{\Delta\omega}{W_{\mathrm{m}}}\right)^3 \frac{E[f^2(t)]}{|f(t)|_{\max}^2}$$

可见，$\Delta\omega$ 越大，信噪比增益越高，实际上信噪比的改善是由增加传输的带宽为代价的。

【例 3-4】 以单音调制为例，试比较调频系统与常规调幅系统的抗燥性能；假设两者接收信号功率 S_{i} 相等，信道噪声功率谱密度 n_0 相同，调制信号频率为 f_{m}，AM 信号为 100%调制。

解 由常规调幅系统和调频系统性能分析可知：

$$\left(\frac{S_{\mathrm{o}}}{N_{\mathrm{o}}}\right)_{\mathrm{AM}} = G_{\mathrm{AM}}\left(\frac{S_{\mathrm{i}}}{N_{\mathrm{i}}}\right)_{\mathrm{AM}} = G_{\mathrm{AM}}\frac{S_{\mathrm{i}}}{n_0 B_{\mathrm{AM}}}$$

$$\left(\frac{S_{\mathrm{o}}}{N_{\mathrm{o}}}\right)_{\mathrm{FM}} = G_{\mathrm{FM}}\left(\frac{S_{\mathrm{i}}}{N_{\mathrm{i}}}\right)_{\mathrm{FM}} = G_{\mathrm{FM}}\frac{S_{\mathrm{i}}}{n_0 B_{\mathrm{FM}}}$$

两者输出信噪比的比值为

$$\frac{(S_{\mathrm{o}}/N_{\mathrm{o}})_{\mathrm{FM}}}{(S_{\mathrm{o}}/N_{\mathrm{o}})_{\mathrm{AM}}} = \frac{G_{\mathrm{FM}}}{G_{\mathrm{AM}}}\frac{B_{\mathrm{AM}}}{B_{\mathrm{FM}}}$$

根据本题假设条件，有

$$G_{\mathrm{AM}} = \frac{2}{3}，\ B_{\mathrm{AM}} = 2f_{\mathrm{m}}$$

$$G_{\mathrm{FM}} = 3m_{\mathrm{f}}^2(m_{\mathrm{f}}+1)，\ B_{\mathrm{FM}} = 2(m_{\mathrm{f}}+1)f_{\mathrm{m}}$$

现在分析 $G_{\mathrm{FM}} = 3m_{\mathrm{f}}^2(m_{\mathrm{f}}+1)$ 的由来：

假设单音频信号为

$$f(t) = \cos\omega_{\mathrm{m}}t$$

此时调频信号为

$$s_{\mathrm{FM}} = A\cos[\omega_{\mathrm{c}}t + K_{\mathrm{FM}}\int f(t)\mathrm{d}t] = A\cos[\omega_{\mathrm{c}}t + m_{\mathrm{f}}\sin\omega_{\mathrm{m}}t]$$

其中，$m_{\mathrm{f}} = \frac{K_{\mathrm{FM}}}{\omega_{\mathrm{m}}} = \frac{\Delta\omega}{\omega_{\mathrm{m}}} = \frac{\Delta f}{f_{\mathrm{m}}}$

将这些关系式带入式(3.4-26)可得

$$\frac{S_{\mathrm{o}}}{N_{\mathrm{o}}} = \frac{3\pi A^2}{n_{\mathrm{o}}W_{\mathrm{m}}^3}\left[\frac{\Delta\omega_{\max}}{|f(t)|_{\max}}\right]^2 E[f^2(t)] = \frac{3}{2}m_{\mathrm{f}}^2\frac{A^2/2}{n_{\mathrm{o}}f_{\mathrm{m}}}$$

则得

$$G_{\mathrm{FM}} = 3m_{\mathrm{f}}^2(m_{\mathrm{f}}+1)$$

将上述关系代入两者输出信噪比的比值式，得

$$\frac{(S_0/N_0)_{\mathrm{FM}}}{(S_0/N_0)_{\mathrm{AM}}} = 4.5m_{\mathrm{f}}^2$$

由此可见，在高调制指数时，调频系统的输出信噪比远大调幅系统。例如，$m_f=5$ 时，调频系统的输出信噪比是常规调幅时的 112.5 倍。这也可以理解成两者输出信噪比相等时，调频信号的发射功率可减小至调幅信号的 1/112.5。

3.5 调频系统的加重技术

由于在调频广播中所传输的话音和音乐信号大部分能量集中在低频端，且 FM 检测器输出端噪声的功率谱密度函数具有抛物线形状，使得高频端的输出信噪比(S/N)下降得很快，这极大地影响了信号的质量。所以 FM 系统的噪声性能可以通过在发射机的入端预加重调制信号的高频分量及在接收机的输出端去加重而得以提高，即调频系统常采用顶加重/去加重网络改善输出信噪比。

所谓预加重网络（pre-emphasis netwoek）是在系统发送端对输入信号高频分量进行提升的网络，而去加重网络（de-emphasis network）则是在解调后对信号和噪声的高频分量进行压缩的网络。为了保证加入预加重和去加重网络后对信号分量没有影响，预加重网络的传递函数应与去加重网络的传递函数互为倒数，并且为使解调后噪声的功率谱密度具有平坦的特性，去加重网络的传递函数在高频端应具有积分特性，所以，预加重网络在高频端应只有微分特性。

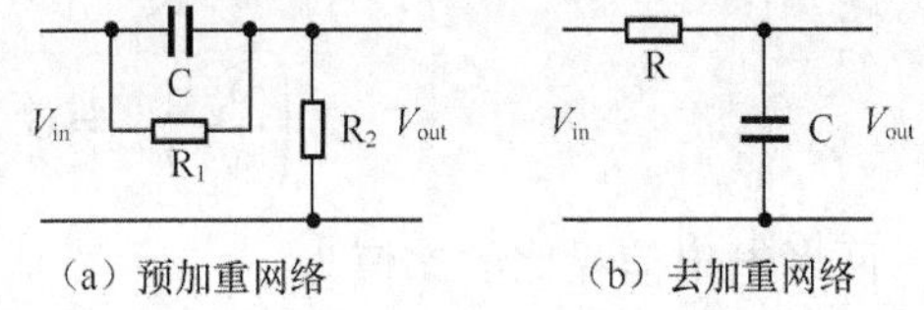

（a）预加重网络　（b）去加重网络

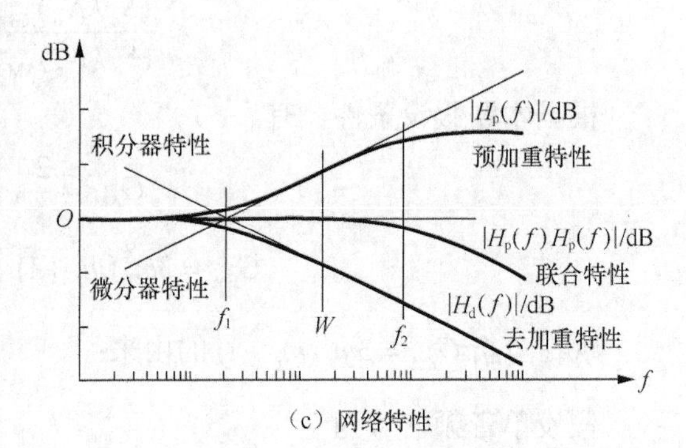

（c）网络特性

图 3-24　预加重和去加重网络

预加重网络如图 3-24（a）图所示，去加重网络如图 3-24（b）图所示，其传输网络特性如图 3-24（c）所示。

图 3-24（a）中预加重网络的传递函数为

$$H_p(f)=\frac{V_{out}}{V_{in}}=\frac{\frac{R_2}{R_1}\left[1+j\left(\frac{f}{f_1}\right)\right]}{1+\frac{R_2}{R_1}+j\left(\frac{f}{f_2}\right)}=\frac{R_2}{R_1}\left[1+j\left(\frac{f}{f_1}\right)\right] \tag{3-5-1}$$

图 3-24（b）中去加重网络的传递函数为

$$H_d(f)=\frac{V_{out}}{V_{in}}=\frac{1}{1+j\left(\frac{f}{f_1}\right)} \tag{3-5-2}$$

式中 $f_1=\frac{1}{2\pi RC}$，$f_2=\frac{1}{2\pi R_2 C}$ 我们最关心的是在消息带宽内（总是 $W>f_1$）传输特性对信号和噪声的影响。

设广义信道的传输函数为 1，则预加重和去加重网络的联合特性为

$$H(f)=H_p(f)H_d(f)=\frac{1}{1+j\cdot f/f_2} \tag{3-5-3}$$

在 $f_2 >> W > f_1$ 的范围内，可以有近似

$$H(f) \approx 1\,(0\text{dB})$$

可见，在 $W>f_1$ 范围内预加重网络和去加重网络的存在不影响消息信号的传输。

本章小结

（1）基带信号的频率较低，往往不适于信道传输。为使信道上同时传输多路基带信号，需要采用调制与解调技术。调制就是用基带信号去控制载波的某个参数（如幅度、频率、相位），使其按照基带（调制）信号的规律而变化。调制后的信号称为已调信号，已调信号还原成调制信号的过程称为解调。连续波调制是以正弦波为载波的调制方式，可分为线性调制和非线性调制。线性调制是指已调信号的频谱为调制信号频谱的平移和线性变化，而非线性调制是指已调信号与调制信号之间不存在这种对应关系，已调信号的频谱中将出现与调制信号无对应线性关系的分量。

（2）线性调制系统的相干解调是从已调波的幅度变化或相位变化中提取调制信号，线性调制系统的非相干解调则是从已调波的幅度变化中提取调制信号。

（3）角度调制与线性调制不同，角度调制的已调信号频谱与调制信号频谱间不存在线性对应关系，而是产生与调制信号频谱不同的新的频率分量。角度调制分为频率调制和相位调制。频率调制是已调波幅度不变，瞬时角频率是调制信号的线性函数。相位调制是已调波幅度和载波频率不变，而瞬时相位偏移是调制信号的线性函数。

思考题与练习题

3-1　简述发送语音信号为什么要进行调制？

3-2　什么是基带信号？什么是调制信号？什么是已调信号？

3-3　调制的目的是什么？什么是上边带？什么是下边带？双边带传输和单边带传输各有何优缺点？

3-4　分析 DSB、SSB 信号的调制效率为多少，为什么？

3-5　常规双边带调幅和抑制载波双边带调幅有何区别？哪个已调波可用包络检波法来解调？为什么？

3-6　什么是线性调制？常见的线性调制有哪些？

3-7　残留边带滤波器的传输特性如何？为什么？

3-8　SSB 的产生方法有哪些？

3-9　线性调制相干解调时，若采用不同频率、不同相位的载波，有什么影响？

3-10　根据 EG3-1 单音频信号的波形原理，画出多音频信号 $f(t)$的时域波形。

3-11　画出相干解调器的模型，输入信号是 AM 信号时，并写出其解调原理。

3-12　根据图 3-25 所示的调制信号波形，试画出 DSB 及 AM 信号的波形图，并比较它们分别通过包络检波器后的波形差别。

3-13　普通调幅波（AM）、抑制载波的双边带调幅（DSB）、单边带调幅（SSB）的表达式并分别画出其频谱。

3-14　试证明图 3-26 所示的方案能够解调 AM 信号。证明此方案中的 LPF 截止频率必须

是 $2\omega_m$，其中 ω_m 是调制信号 $m(t)$的最高频率。

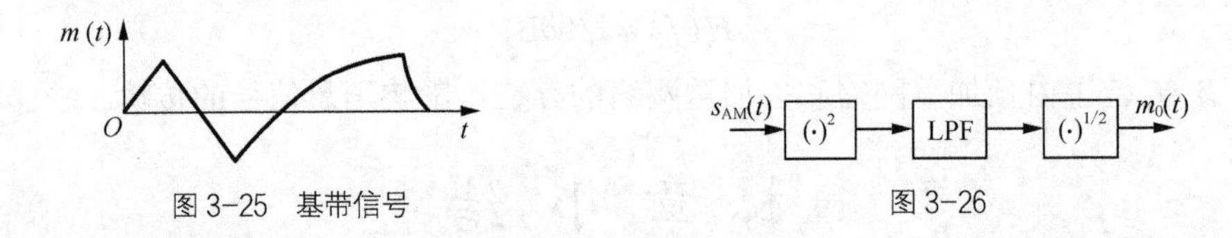

图 3-25 基带信号　　　图 3-26

3-15 已知载波信号 $u_c(t)=U_{cm}\cos(\omega_c t)$，基带信号为 $f(t)=U_m\cos\Omega t$ 的单频信号。

（1）求调幅波表达式。

（2）画出 AM 信号的时间波形。

（3）画出其频谱图。

（4）求出调幅波的功率。

3-16 设模拟基带信号为 $f(t)$，载波信号 $\cos\omega_c t$，请分别画出 DSB 调制和相干解调法的方框，并分析其解调原理。

3-17 若对某一信号用 DSB 进行传输，设加至接收机的调制信号 $f(t)$的功率谱密度为

$$P_m(f)=\begin{cases}\dfrac{n_m}{2}\cdot\dfrac{|f|}{f_m}, |f|\leqslant f_m\\ 0,\ |f|>f_m\end{cases}$$

试求：

（1）接收机的输入信号功率。

（2）接收机的输出信号功率。

（3）若叠加于 DSB 信号的白噪声具有双边功率谱密度为 $n_o/2$，设解调器的输出端皆有截止频率为 f_m 的理想低通滤波器，那么，输出信噪比功率是多少？

3-18 设某信道具有均匀的双边噪声功率谱密度 $p_n(f)=0.5\times10^{-3}$ W/Hz，在该信道中传输抑制载波的双边带信号，并设调制信号 $m(t)$ 的频带限制在 5kHz，而载波为 100kHz，已调信号的功率为 10kW，若接收机的输入信号在加至相干解调器之前，先经过一个带宽为 20kHz 的理想带通滤波器滤波，试问：

（1）该理想带通滤波器中心频率为多大？

（2）解调器输入端的信噪功率比为多少？

（3）解调器输出端的信噪功率比为多少？

（4）求出解调器输出端的噪声功率谱密度？

3-19 设一个频率调制信号的载频等于10kHz，基带调制信号是频率为 2kHz 的单频正弦波，调制频移等于 5kHz。试求其调制指数和已调信号带宽。

3-20 某线性调制系统的输出信噪比为 20dB，输出噪声功率为 10^{-9}W，由发射机输出端到解调器输入端之间总的传输损耗为 100dB，试求：

（1）DSB/SC 时的发射机输出功率。

（2）SSB/SC 时的发射机输出功率。

第4章 数字基带传输系统

在自然界存在大量的原本是数字形式的数据信息，如计算机数据代码，各业务领域涉及的测试、检测开关量数据等。这些信号的频谱通常是位于直流或者低频端，并且带宽有限，所以称之为数字基带信号。若将数字基带信号直接送入信道中传输，则称之为数字信号的基带传输。与之对应的为数字频带传输，其是将数字基带信号经过载波调制，把频谱搬移到高频处在带通型信道（如各种无线信道和光信道）中传输。

目前，虽然在实际应用场合，数字基带传输不如频带传输那样应用广泛，但对于基带传输系统的研究仍是十分有意义的。一是因为在利用对称电缆构成的近程数据通信系统广泛采用了这种传输方式；二是因为数字基带传输中包含频带传输的许多基本问题，也就是说，基带传输系统的许多问题也是频带传输系统必须考虑的问题；三是因为任何一个采用线性调制的频带传输系统都可等效为基带传输系统来研究。因此，上述问题都是本章数字基带传输要讨论的内容。

4.1 数字基带信号

4.1.1 数字基带信号的码型设计原则

数字基带信号是用数字信息的电脉冲表示的，通常把数字信息的电脉冲的表示形式称为码型。不同形式的码型信号具有不同的频谱结构，合理地设计选择数字基带信号码型，使数字信息变换为适合于给定信道传输特性的频谱结构，才方便数字信号在信道内的传输。因此，应合理选择传输码型。

传输码型的选择，主要考虑以下几点。

（1）对直流或低频受限信道，线路编码应不含有直流。

（2）码型变换保证透明传输，唯一可译，可为方便用两端用发送并正确接收原编码序列，而无觉察中间环节的形式转换，即码型选择仅是传输的中间过程。

（3）便于从接收码流中提取定时信号。

（4）所选码型及形成波形，应有较大能量，以提高自身抗噪声抗干扰的能力。

（5）码型具有一定的检错能力。

（6）能减少误码扩散。

（7）频谱收敛——功率谱主瓣窄，且滚降衰减速度快，以节省传输带宽，减少码间干扰。

（8）编解码简单，降低通信延时与成本。

能满足或部分满足以上条件的传输码型有很多种，本章主要介绍几种常用的二元码和三元码。

4.1.2 数字基带信号的常用码型

1. 二元码

二元码是指幅值只用两种电平表示的码型，其编码规则比较简单。

（1）单极性非归零码（NRZ）

编码规则："1"码代表有信号，用正电平表示；"0"码代表无信号，用零电平表示。对应信号波形如图 4-1（a）所示。

码型特点如下。

① 发送能量大，有利于提高接收端信噪比。

② 在信道上占用频带较窄。

③ 有直流分量，将导致信号的失真与畸变，且由于直流分量的存在无法使用一些交流耦合的线路和设备。

④ 不能直接提取位同步信息。

⑤ 抗噪声性能差。接收单极性 NRZ 码的判决电平应取"1"码电平的一半。由于信道衰减或特性随各种因素变化时，接收波形的振幅和宽度容易变化，因而判决门限不能稳定在最佳电平，使抗噪声性能变坏。

⑥ 传输时需一端接地。

由于单极性 NRZ 码的诸多缺点，基带数字信号传输中很少采用这种码型，它只适合极短距离传输。

（2）双极性非归零码

编码规则："1"码代表有信号，用正电平表示；"0"码代表无信号，用负电平表示。对应信号波形如图 4-1（b）所示。

码型特点：其特点除与单极性 NRZ 码特点①、②、④相同外，还具有以下特点：

① 直流分量小，且当二进制符号"1"、"0"等概率出现时，无直流成分。

② 接收端判决门限为 0，容易设置并且稳定，因此抗干扰能力强。

③ 可以在电缆等无接地线上传输。

双极性 NRZ 码常在 CCITT 的 V 系列接口标准或 RS-232 接口标准中使用。

（3）单极性归零码

编码规则：脉冲宽度比码元宽度窄，每个正脉冲都会回到零电位。在传送"1"码时发送 1 个宽度小于码元持续时间的归零脉冲；在传送"0"码时不发送脉冲。脉冲宽度与码元宽度之比称为占空比。

码型特点：单极性 RZ 码与单极性 NRZ 码比较，缺点是发送能量小、占用频带宽，主要优点是可以直接提取同步信息。此优点虽不意味着单极性归零码能广泛应用到信道上传输，但它却是其他码型提取同步信息需采用的一个过渡码型。即对于适合信道传输的，但不能直接提取同步信息的码型，可先变为单极性归零码，再提取同步信息。

（4）差分码

差分码又分为传号差分码和空号差分码。

编码规则："1"和"0"用电平的跳变或不变来表示。例如：传号差分码"1"码元用电平跳变表示，"0"码元用电平不跳变表示；而空号差分码"1"码元用电平不跳变表示，"0"码元用电平跳变表示。波形如图 4-1（d）所示。

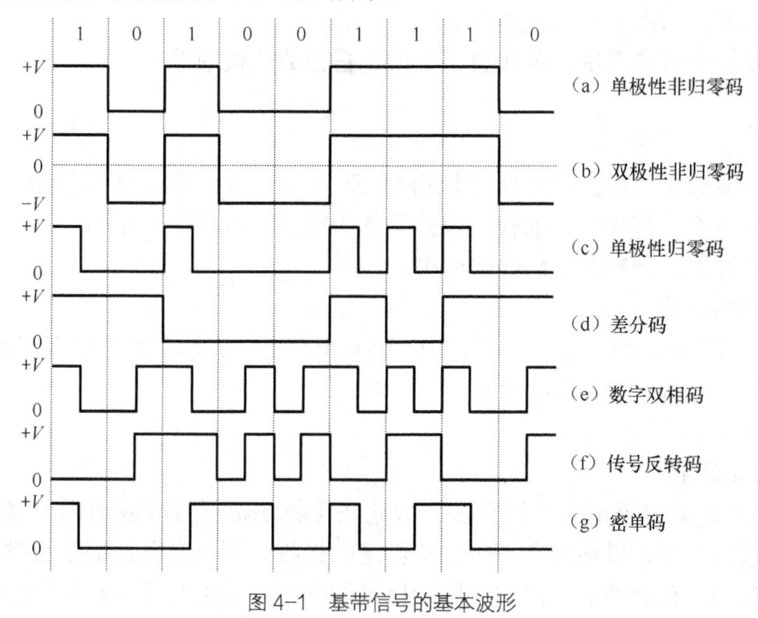

图 4-1 基带信号的基本波形

这种方式的特点是即使接收端收到的码元极性与发送端完全相反，也能正确地进行判决。

（5）数字双相码

数字双相码又称分相码或曼彻斯特码。其编码规则：用一个周期的方波表示"1"，而用它的反相波形表示"0"。例如："1"码元用"10"两位码表示，"0"码元用"01"两位码表示，其波形如图 4-1（e）所示。

优点是无直流分量，最长连"0"、连"1"数为 2，定时信息丰富，编译码电路简单。但其缺点是占用频带加倍，使频带利用率降低。数字双相码适用于数据终端设备在中速短距离上传输。如以太网采用数字双相码作为线路传输码。

数字双相码当极性反转时会引起译码错误，为解决此问题，可以采用差分码的概念，将数字分相码中用绝对电平表示的波形改为用电平相对变化来表示。这种码型称为差分曼彻斯特码。数据通信的令牌网即采用这种码型。

（6）传号反转码（CMI）

编码规则："1"码交替用"11"和"00"表示；"0"码用"01"表示，波形如图 4-1（f）所示。

码型特点如下。

① 有较多的电平跃变，因此含有丰富的定时信息。

② 具有检测错误的能力。

该码已被 CCITT 推荐为 PCM（脉冲编码调制）四次群的接口码型。在光缆传输系统中有时也用作线路传输码型。

（7）密勒码

密勒（Miller）码又称延迟调制码，它可看成是双相码的一种变形。

编码规则如下："1"码用码元持续时间中心点出现跃变来表示，即用"10"或"01"表示1。"0"码分两种情况处理：对于单个"0"时，在码元持续时间内不出现电平跃变，且相邻码元的边界处也不跃变；对于连"0"时，在两个"0"码的边界处出现电平跃变，即"00"与"11"交替，波形如图4-1（g）所示。

密勒码最初用于气象卫星，现在也用于低速基带数传机中。

2．三元码

在三元数字基带信号中，信号幅度取值有三个：+1、0、−1。由于实现时并不是将二进数变为三进制数，而是某种特定取代，因此又称为准三元码或伪三元码。三元码种类很多，被广泛地用作脉冲编码调制的线路传输码型。

（1）双极性归零码

编码规则："1"码元用正电平表示，"0"码元用负电平表示，且脉冲宽度比码元宽度窄，每个脉冲都回到零电位，如图4-2所示。

码型特点如下。

① 没有直流分量。

② 相邻脉冲间必有零电位区域存在，因此在接收端根据接收波形归于零电位便知道1比特的信息已接收完毕，以便准备下一比特信息的接收。所以在发送端不必按一定的周期发送信息。可以认为正负脉冲的前沿起了起动信号的作用，后沿起了终止信号的作用。因此可以经常保持正确的比特同步。即收发之间无需特别的定时，且各符号独立地构成起止方式，此方式也叫做自同步式。

（2）传号交替反转码（AMI）

编码规则："1"码元用正负电平交替出现表示；"0"码元零电平表示。

码元特点如下。

① 在"1"、"0"码不等概率情况下，也无直流成分，且零频附近低频分量小。因此对于变压器或其他交流耦合的传输信道来说，不易受隔直特性影响。

② 若接收端收到的码元极性与发送端完全相反，也能正确判决。

③ 只要进行全波整流就可以变为单极性码。如果交替极性码是归零的，变为单极性归零码后就可提取同步信息。北美系列的一、二、三次群接口码均使用经扰码后的AMI码。波形如图4-3所示。

消息代码：　1　1　1　0　0　1　0　1　0　1　…

AMI码：　+1　−1　+1　0　0　−1　0　+1　0　−1　…

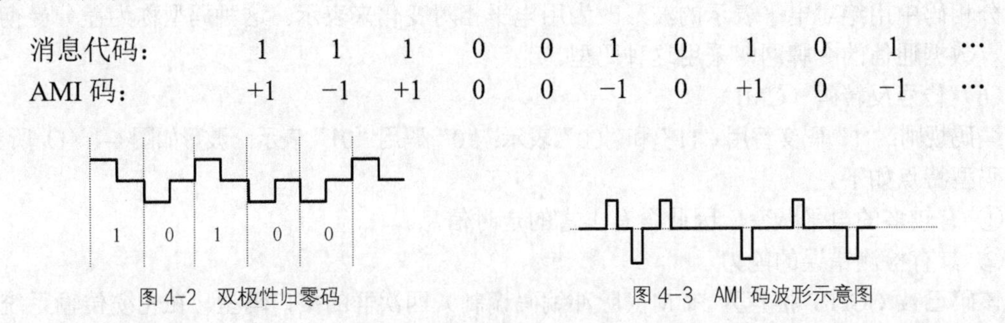

图4-2　双极性归零码　　图4-3　AMI码波形示意图

（3）HDB3码

前述AMI码有一个重要的缺点，即连"0"码过多时提取定时信号困难。这是因为在连"0"时AMI输出均为零电平，连"0"码这段时间内无法提取同步信号，而前面非连"0"码时提取的位同步信号又不能保持足够的时间。为了克服这一弊病可采取几种不同的措施。例如，将发送序列先经过一扰码器，将输入的码序列按一定规律进行扰乱，使得输出码序列不再出现长串的连“0”或连“1”等规律序列，在接收端通过去扰恢复原始的发送码序列。有一种广泛为人们接受的解决办法是采用高密度双极性码。

编码规则如下。

① 先把消息代码变成 AMI 码，然后检查 AMI 码的连“0”串情况，当无 3 个以上连“0”码时，则这时的 AMI 码就是 HDB3 码。

② 当出现 4 个或 4 个以上连“0”码时，则将每 4 个连“0”小段的第 1 个“0”及第 4 个“0”变换成非“0”码。这个由“0”码改变来的非“0”码称为调节码及破坏码，用符号 B 及 V 表示。

调节脉冲 B 与破坏脉冲 V 的正、负必须满足以下两个条件。

（a）B 脉冲和 V 脉冲各自都应始终保持极性交替变化的规律，以便确保编好的码中没有直流成分。

（b）V 脉冲必须与前一非“0”码极性相同，以便和正常的 AMI 码区分开来。如果这个条件得不到满足，那么应该在 4 个连“0”码的第一个“0”码位置上加一个与 V 脉冲同极性的调节脉冲，并做适当调整使满足极性交替变换的规律。

虽然 HDB3 码的编码规则比较复杂，但译码却比较简单。从上述原理可以看出，每一破坏符号总是与前一非“0”符号同极性。据此，从收到的序列中很容易找到破坏点 V，于是断定 V 符号及其前面的 3 个符号必定是连“0”符号，从而恢复 4 个连“0”码，再将所有的+1、−1 变成“1”后便得到原信息代码。

例如：

a	代码：	1011	0000	000	11	0000	001
b	AMI-1 码：	+10-1+1	0000	000	−1+1	0000	00−1
	或 AMI-2 码：	−10+1−1	0000	000	+1−1	0000	00+1
c	加 V：	+10-1+1	000V_+	000	−1+1	000V_-	00+1
d	加 B：	+10-1+1	000V_+	000	−1+1	B_-00V_-	00+1
e	HDB3-1 码：	+10-1+1	000+1	000	−1+1	−100−1	00+1
f	或 HDB3-2 码：	+10-1+1	−100-1	000	+1−1	+100+1	00−1
g	或 HDB3-3 码：	−10+1−1	+100+1	000	−1+1	−100−1	00+1
h	或 HDB3-4 码：	−10+1−1	000−1	000	+1−1	+100+1	00−1

对应波形如图 4-4 所示。

HDB3 的特点是明显的，它除了保持 AMI 码的优点外，还增加了使连“0”串减少至不多于 3 个的优点，而不管信息源的统计特性如何，这对于定时信号的恢复是极为有利的。HDB3 是 CCITT 推荐使用的码型之一。

【例 4-1】 已知信息码为 111001000010，试画出其 AMI 码波形。

解 由 AMI 码的编码规则可画出其波形如图 4-5 所示。

【例 4-2】 已知信息码为 10000100001100001l，试画出其波形。

解 由 HDB_3 码的编码规则可得到其编码及波形如图 4-6 所示。

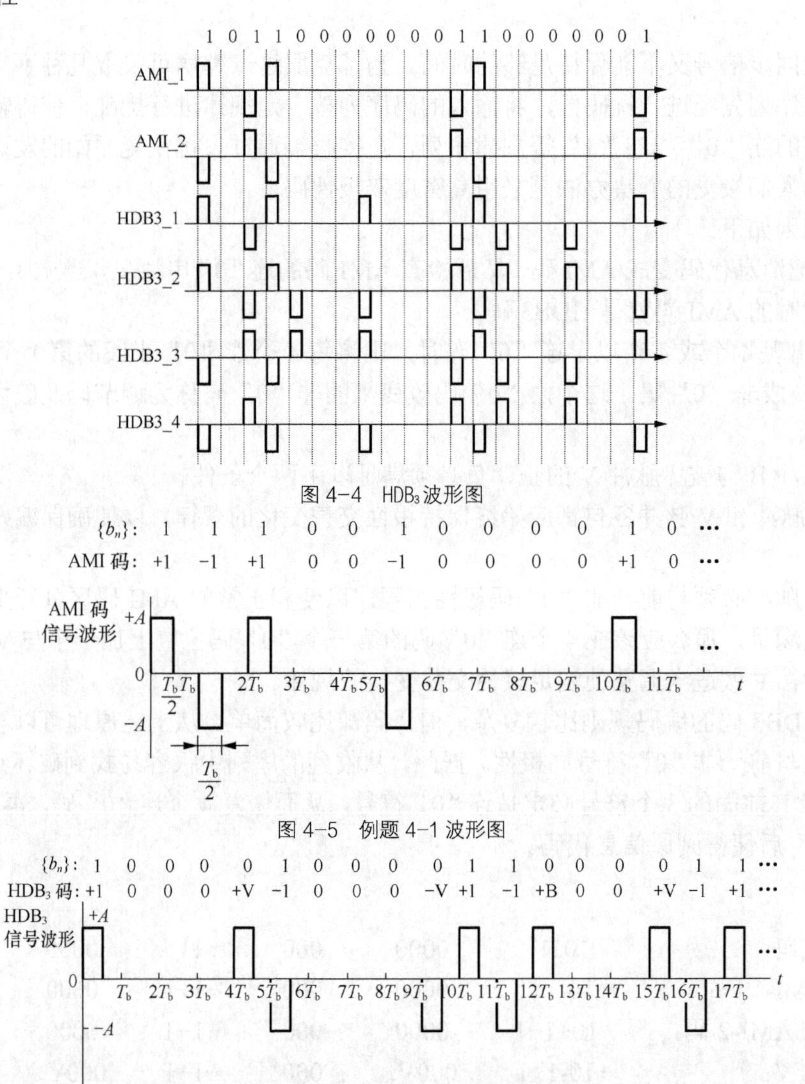

图 4-4　HDB₃ 波形图

图 4-5　例题 4-1 波形图

图 4-6　例题 4-2 波形图

4.1.3　数字基带信号的频谱特性

不同形式的数字基带信号具有不同的频谱结构，分析数字基带信号的频谱特性，以便合理地设计数字基带信号。将消息代码变换为适合于给定信道传输特性的结构，是数字基带传输必须考虑的问题。

在通信中，除特殊情况（如测试信号）外，数字基带信号通常都是随机脉冲序列。因为如果在数字通信系统中所传输的数字序列是确知的，则消息就不携带任何信息，通信也就失去了意义，所以这里要考虑的是一个随机序列的谱分析问题。

考察一个二进制随机脉冲序列。

设脉冲 $g_1(t)$、$g_2(t)$分别表示二进制码“0”和“1”，T_b 为码元的间隔，在任一码元时间 T_b 内，$g_1(t)$和 $g_2(t)$出现的概率分别为 P 和 $1-P$。则随机脉冲序列 $x(t)$可表示为

$$x(t)=\sum_{n=-\infty}^{\infty}x_n(t) \tag{4-1-1}$$

其中，
$$x_n(t)=\begin{cases} g_1(t-nT_s), & \text{以概率}P\text{出现} \\ g_2(t-nT_s), & \text{以概率}1-P\text{出现} \end{cases} \tag{4-1-2}$$

式（4-1-1）与式（4-1-2）所确定的随机脉冲序列的功率谱密度，要用到概率论与随机过程的有关知识。可以证明，随机脉冲序列 $x(t)$的双边功率谱 $P_x(f)$ 为

$$P_x(f)=\lim_{T\to\infty}\frac{E\left[\left|x_T(f)\right|^2\right]}{T} \tag{4-1-3}$$

截取时间
$$T=(2N+1)T_\mathrm{b}$$
式中，N是一个足够大的整数。这时，截取的信号可以表示为

$$x_\mathrm{c}(t)=\sum_{n=-N}^{N}x_n(t) \tag{4-1-4}$$

并且式（4-1-3）可以写成

$$P_x(f)=\lim_{N\to\infty}\frac{E\left|X_c(f)\right|^2}{(2N+1)T_\mathrm{b}} \tag{4-1-5}$$

若求出了截断信号 $x_c(t)$ 的频谱密度 $X_\mathrm{c}(f)$，利用式（4-1-5）就能计算出信号的功率谱密度 $P_x(f)$。首先，计算 $X_c(f)$，将 $x_c(t)$ 看成是由一个稳态波 $v_c(t)$ 和一个交变波 $u_c(t)$ 合成的。稳态波是截断信号 $x_c(t)$ 的统计平均分量，即

$$\begin{aligned} v_c(t)&=P\sum_{n=-N}^{N}g_1(t-nT_\mathrm{b})+(1\text{-P})\sum_{n=-N}^{N}\mathrm{g}_2(t-nT_\mathrm{b}) \\ &=\sum_{n=-N}^{N}\left[Pg_1(t-nT_\mathrm{b})+(1-P)g_2(t-nT_\mathrm{b})\right] \end{aligned} \tag{4-1-6}$$

而交变波 $u_\mathrm{c}(t)$ 就是 $x_\mathrm{c}(t)$ 和 $v_\mathrm{c}(t)$ 之差

$$u_\mathrm{c}(t)=x_\mathrm{c}(t)-v_\mathrm{c}(t) \tag{4-1-7}$$

于是得到
$$u_\mathrm{c}(t)=\sum_{n=-N}^{N}u_n(t) \tag{4-1-8}$$

式中

$$u_n(t)=\begin{cases} g_1(t-nT_\mathrm{b})-Pg_1(t-nT_\mathrm{b})-(1-P)g_2(t-nT_\mathrm{b}) & \\ =(1-P)\left[g_1(t-nT_\mathrm{b})-g_2(t-nT_\mathrm{b})\right] & \text{概率}P \\ g_2(t-nT_\mathrm{b})-Pg_1(t-nT_\mathrm{b})-(1-P)g_2(t-nT_\mathrm{b}) & \\ =-P\left[g_1(t-nT_\mathrm{b})-g_2(t-nT_\mathrm{b})\right] & \text{概率（}1-P\text{）} \end{cases}$$

或写成
$$u_n(t)=a_n\left[g_1(t-nT)-g_2(t-nT_\mathrm{b})\right] \tag{4-1-9}$$

其中

$$a_n=\begin{cases} 1-P & \text{概率}P \\ P & \text{概率（}1-P\text{）} \end{cases}$$

由式（4-1-6）和式（4-1-8）是 $u_\mathrm{c}(t)$ 和 $v_\mathrm{c}(t)$ 的确定表示式，所以能够由此两式分别计算出它们的功率谱密度。然后利用式（4-1-7）的关系，就能计算出功率谱密度。具体的推算过程在数字信号处理理论中讲述，本教材只给出相应的结论。

稳态波 $v_\mathrm{c}(t)$ 的功率谱密度为

$$P_{\mathrm{v}}(f)=\sum_{m=-\infty}^{\infty}\left|f_{\mathrm{b}}\left[PG_1(mf_{\mathrm{b}})+(1-P)G_2(mf_{\mathrm{b}})\right]\right|^2\delta(f-mf_{\mathrm{b}}) \tag{4-1-10}$$

交变波 $u_{\mathrm{c}}(t)$ 的功率谱密度为

$$P_u(f)=P(1-P)\left|G_1(f)-G_2(f)\right|^2\frac{1}{T_{\mathrm{b}}} \tag{4-1-11}$$

由于 $x(t)$ 的功率谱密度 $P_x(f)$ 等于 $u_{\mathrm{c}}(t)$ 的功率谱密度 $P_u(f)$ 和 $v(t)$ 的功率谱密度 $P_v(f)$ 之和。

最后的计算结果可以表示为

$$\begin{aligned}P_x(f)=P_u(f)+P_v(f)=f_{\mathrm{b}}P(1-P)\left|G_1(f)-G_2(f)\right|^2+\\ \sum_{m=-\infty}^{\infty}\left|f_{\mathrm{b}}\left[PG_1(mf_{\mathrm{b}})+(1-P)G_2(mf_{\mathrm{b}})\right]\right|^2\delta(f-mf_{\mathrm{b}})\end{aligned} \tag{4-1-12}$$

上式中 $P_x(f)$ 是双边功率谱密度表示式。由上式写出其单边功率密度表示式为

$$\begin{aligned}P_x(f)=2f_{\mathrm{b}}P(1-P)\left|G_1(f)-G_2(f)\right|^2+f_{\mathrm{b}}^2\left|PG_1(0)+(1-P)G_2(0)\right|^2\delta(f)\\ +2f_{\mathrm{b}}^2\sum_{m=1}^{\infty}\left|PG_1(mf_{\mathrm{b}})+(1-P)G_2(mf_{\mathrm{b}})\right|^2\delta(f-mf_{\mathrm{b}}) \qquad f\geqslant 0\end{aligned} \tag{4-1-13}$$

【例 4-3】 已知矩形脉冲表达式

$$S(t)=\begin{cases}E_{\mathrm{s}} & |t|\leqslant\dfrac{T_{\mathrm{b}}}{2}\\ 0 & |t|\geqslant\dfrac{T_{\mathrm{b}}}{2}\end{cases}$$

试画出其时域波形及频谱图。

解 由题意其时域波形如图 4-7 所示。

由于矩形脉冲为已知信号，则频域求解则是进行傅里叶变换为

$$\begin{aligned}S(\omega)&=\int_{-\infty}^{+\infty}s(t)\mathrm{e}^{-\mathrm{j}\omega t}\mathrm{d}t=\int_{-\frac{T_{\mathrm{b}}}{2}}^{\frac{T_{\mathrm{b}}}{2}}E_{\mathrm{S}}\mathrm{e}^{-\mathrm{j}\omega t}\mathrm{d}t\\ &=E_{\mathrm{S}}\frac{1}{-\mathrm{j}\omega}\left[\mathrm{e}^{-\mathrm{j}\omega t}\right]_{-\frac{T_{\mathrm{b}}}{2}}^{\frac{T_{\mathrm{b}}}{2}}=E_S\frac{1}{-\mathrm{j}\omega}\left(-2\mathrm{j}\sin\left(\frac{\omega T_{\mathrm{b}}}{2}\right)\right)\\ &=\frac{2E_{\mathrm{S}}\sin\left(\dfrac{\omega T_{\mathrm{b}}}{2}\right)}{\omega}=E_{\mathrm{S}}T_{\mathrm{b}}S_{\mathrm{a}}\left(\frac{\omega T_{\mathrm{b}}}{2}\right)\end{aligned}$$

由其频域表达，其频谱图如图 4-8 所示。

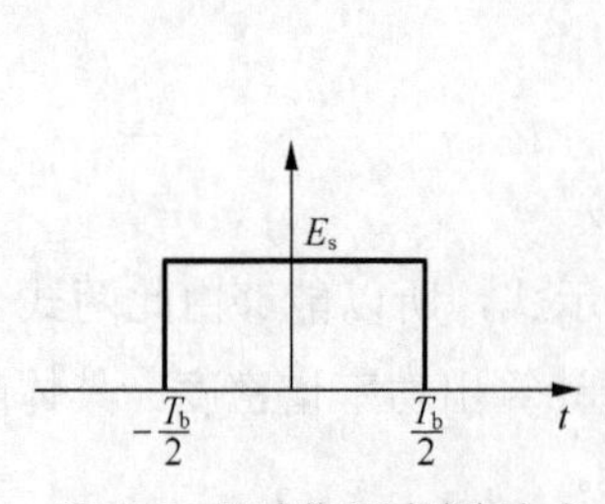

图 4-7 脉冲信号时域表达式

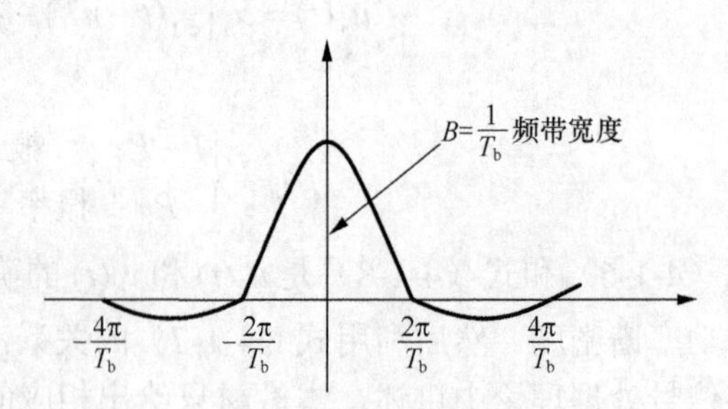

图 4-8 脉冲信号频谱图

【例 4-4】 求双极性 NRZ 和 RZ 矩形脉冲序列的功率谱。

解 对于双极性波形：若设 $g_1(t) = -g_2(t) = g(t)$，则由式(4.1-12)可得

$$\begin{aligned} P_x(f) &= P_u(f) + P_v(f) \\ &= 4 f_b P(1-P)\left|G(f)\right|^2 + \sum_{m=-\infty}^{\infty} \left| f_b \left[(2P-1) G(m f_b) \right] \right|^2 \delta(f - m f_b) \end{aligned}$$

等概（$P = 1/2$）时，上式变为

$$P_x(f) = f_b \left|G(f)\right|^2$$

（1）若 $g(t)$ 是高度为 1 的 NRZ 矩形脉冲，那么上式可写成

$$P_x(f) = T_b Sa^2(\pi f T_b)$$

（2）若 $g(t)$ 是高度为 1 的半占空 RZ 矩形脉冲，则有

$$P_x(f) = \frac{T_b}{4} Sa^2\left(\frac{\pi}{2} f T_b\right)$$

4.2 数字基带信号的传输与码间串扰

4.2.1 数字基带传输系统的组成

前面介绍了数字基带信号的常用码型及频谱，现在我们分析基带传输系统的组成及码间干扰情况。

图 4-9 所示为一个典型的数字基带信号传输系统的原理方框图。

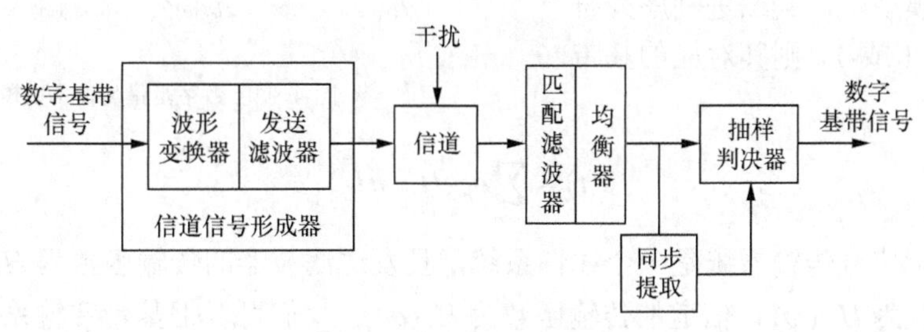

图 4-9 数字基带传输系统

其中，信道信号形成器的作用是把原始基带信号变换成适合于信道传输的基带信号，这种变换主要是通过波形变换和发送滤波器来实现的。波形变换的目的是与信道匹配，进行码型变换及波形变换。码型变换将二进制脉冲序列变为适合于信道传输的序列；波形变换减小码间串扰，利于同步提取和抽样判决；发送滤波器的目的主要是平滑波形。

信道是允许基带信号通过的媒质，通常为有线信道，如市话电缆、架空明线等。在以后章节的分析模型中，噪声都是通过信道引入的。

匹配滤波器用来尽可能排除信道噪声和其他干扰；均衡器对信道特性均衡，消除信道冲

激响应对信号的干扰，使输出的基带波形有利于抽样判决。

抽样判决器在传输特性不理想及噪声背景下，在规定时刻（由位定时脉冲控制）对接收滤波器的输出波形进行抽样判决，以恢复或再生基带信号。

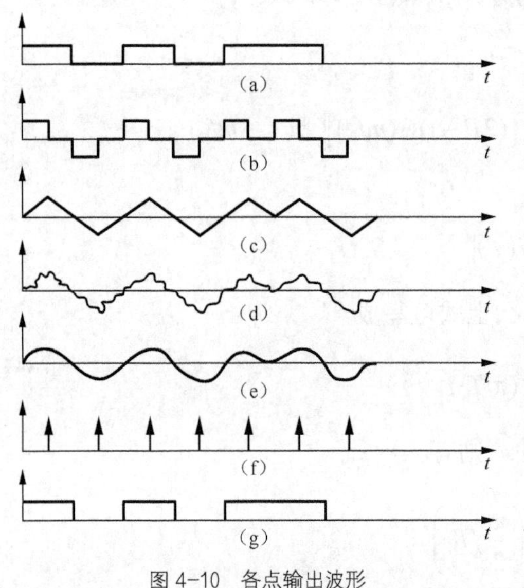

图 4-10　各点输出波形

为直观了解上述原理框图，先将上述原理图各个输出信号波形画出，如图 4-10 所示。

其中：

图（a）为基带信号；

图（b）为码型变换后的波形，即波形变换器输出的信号波形；

图（c）为对图（a）进行了码型及波形的变换，适合在信道中传输的波形；

图（d）为信道输出信号，波形发生失真并叠加了噪声；

图（e）为接收滤波器输出波形，与图（d）相比，发生失真和噪声减弱；

图（f）为位定时同步脉冲；

图（g）为恢复的原始基带信号。

4.2.2　数字基带传输系统的数学分析

上面我们定性分析了数字基带系统的工作原理，下面我们具体分析一下上述基带传输过程的频域特性，即定量分析基带信号的传输过程。由上述基带系统可概括其系统模型如图 4-11 所示。

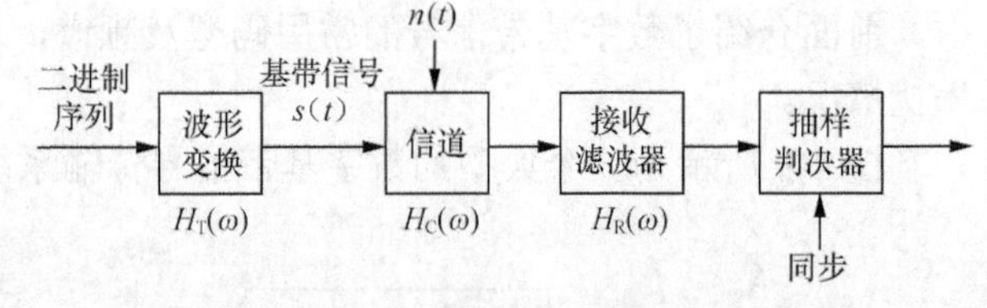

图 4-11　数字基带传输系统模型

上述系统模型中，其二进制序列符号的取值为 0、1 或-1，则其对应的基带信号可表示为

$$s(t)=\sum_{n=\infty}^{\infty}a_n g(t-nT_b) \tag{4-2-1}$$

设基带数字信号传输系统是一个线性系统，且发送滤波器的传输函数为 $H_T(\omega)$，接收滤波器的传输函数为 $H_R(\omega)$，信道的传输函数为 $H_c(\omega)$。我们可以把基带传输系统中采样判决点之前的这三个系统集中用一个基带总传输函数 $H(\omega)$ 表示，噪声等效为作用在这个系统的加性噪声。于是有

$$H(\omega)=H_T(\omega)\ H_R(\omega)\ H_c(\omega) \tag{4-2-2}$$

其总的冲激响应为

$$h(t)=\frac{1}{2\pi}\int_{-\infty}^{\infty}H(\omega)e^{j\omega t}d\omega \tag{4-2-3}$$

则基带脉冲序列串通过系统后，即通过接收滤波器的输出信号为

$$
\begin{aligned}
y(t) &= s(t) * h(t) + n_{\mathrm{R}}(t) \\
&= \sum_{n=-\infty}^{\infty} a_n h(t - nT_{\mathrm{b}}) + n_{\mathrm{R}}(t)
\end{aligned}
\quad (4\text{-}2\text{-}4)
$$

式（4-2-5）经过抽样判决器后为（采样时间为$t = kT_{\mathrm{b}} + t_0$，$t_0$ 为信道和接收滤波器所造成的延迟时间）

$$
\begin{aligned}
y(kT_{\mathrm{b}} + t_0) &= \sum_{n=-\infty}^{\infty} a_n h(kT_{\mathrm{b}} + t_0 - nT_{\mathrm{b}}) + n_{\mathrm{R}}(kT_{\mathrm{b}} + t_0) \\
&= a_{\mathrm{k}} h(t_0) + \sum_{n=-\infty}^{\infty} a_n h[(k-n)T_{\mathrm{b}} + t_0] + n_{\mathrm{R}}(kT_{\mathrm{b}} + t_0)
\end{aligned}
\quad (4\text{-}2\text{-}5)
$$

上式第一项代表了第 k 个码元的在接收端 t_k 时刻的输出值，第二项则表示 a_n 前后码元对它的影响，它等于前后码元延伸部分在 kT_{b} 时刻的抽样值之和。它的存在将影响判决器根据 $y(kT_{\mathrm{b}})$对 a_n 的判决，这是一种干扰，称作码间干扰（ISI：Intersymbol Interference）。第三项表示信道中随机噪声在$t = t_k$ 时刻对 a_k 的干扰值。

4.2.3 码间串扰的消除

上述分析中，若想得到准确的 k 时刻的抽样值，即 $y(kT_{\mathrm{b}} + t_0) = a_k$，则需满足：

$$
\sum_{n=-\infty}^{\infty} a_n h[(k-n)T_{\mathrm{b}} + t_0] = 0
$$

即$t = kT_{\mathrm{b}} + t_0$时刻没有码间干扰，也就是传递函数 $h(t)$除了在 t=K 时刻有值外，其他点均为零。同时系统设计时尽量减少噪声的干扰。

下面章节将分析满足上述消除码间干扰思想的时域及频域条件。

4.3 无码间串扰的基带传输系统

上节定量分析了码间串扰的形成以及消除的思想，同时分析了噪声对码元判决的随机干扰。本李将在不考虑噪声的条件下分别分析消除码间干扰的时域条件和频域条件，以及怎样设计一个理想及实用的无码间干扰的系统。

4.3.1 无码间串扰的时域条件

为了最好地传输数字信号，应该保证接收时没有码间串扰，这就要求传输系统总的冲激响应 $h(t)$满足

$$
h(nT_{\mathrm{B}}) = \delta(n) = \begin{cases} 1, & n = 0 \\ 0, & n \neq 0 \end{cases} \quad (4\text{-}3\text{-}1)
$$

上式即是满足无码间串扰的时域条件 $h(t)$的抽样序列是数字冲激序列$\delta(n)$ （这里不妨考虑归一化后的 $h(t)$)。由于$h(t) = g_{\mathrm{T}}(t) \times c(t) \times g_{\mathrm{R}}(t)$，其中，信道特性不是人为可控的，因此，该要求只有通过控制发送滤波器$g_{\mathrm{T}}(t)$与接收滤波器$g_{\mathrm{R}}(t)$来实现。满足上述时域条件的信号波形如图 4-12 所示。

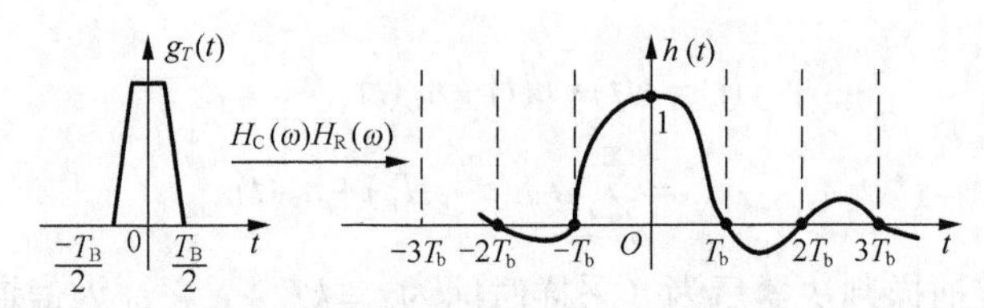

图 4-12　码间串扰时域波形

4.3.2　无码间串扰的频域条件

根据前一小节的分析，这一结论的时域部分是明显的，而频域部分可以如下说明。将式（4-3-1）表现为冲激串形式，显然

$$h(t)\sum_{n=-\infty}^{+\infty}\delta\left(t-nT_b\right)=\sum_{n=-\infty}^{+\infty}h\left(nT_b\right)\delta\left(t-nT_b\right)=h(0)\delta(t) \tag{4-3-2}$$

两边进行傅里叶变换，注意到

$$F\left[\sum_{k=-\infty}^{+\infty}\delta(t-kT_b)\right]=\frac{1}{T_b}\sum_{k=-\infty}^{+\infty}\delta\left(f-\frac{k}{T_b}\right)\text{与}F[\delta(t)]=1 \tag{4-3-3}$$

于是

$$H(f)*\left[\frac{1}{T_b}\sum_{k=-\infty}^{+\infty}\delta\left(f-\frac{k}{T_b}\right)\right]=\frac{1}{T_b}\sum_{k=-\infty}^{+\infty}H\left(f-\frac{k}{T_b}\right)=h(0) \tag{4-3-4}$$

数字基带传输系统无码间干扰的充要条件是式（4-3-1）。其频域形式为（此处为分析方便频域变量用 f 表示，下同）

$$\sum_{k=-\infty}^{+\infty}H\left(f-\frac{k}{T_b}\right)=C' \quad (\text{常数}) \tag{4-3-5}$$

该频域形式称为奈奎斯特第一准则。只要基带系统的总特性满足上式条件即可消除码间干扰。

对于任何 H（f），$\sum_{k=-\infty}^{+\infty}H(f-k/T_b)$ 是 $H(f)$ 按 $1/T_b$ 周期重复的结果，它一定是周期为 $1/T_b$ 的函数，因此，只需观察它在$(-1/2T_b,\ 1/2T_b)$上是否为常数就可以判断 $H(f)$ 是否满足无码间串扰的条件。（因此如何设计或选择满足式（4-3-5）的 $H(f)$是我们接下来要讨论的内容。）

4.3.3　理想基带传输系统

根据上节对码间串扰的讨论，我们对无码间串扰的基带传输系统提出以下要求。

（1）基带信号经过传输后在抽样点上无码间串扰，即瞬时抽样值应满足：

$$h[(j-k)T_b+t_0]=\begin{cases}1(\text{或其他常数}) & j=k\\0 & j\neq k\end{cases} \tag{4-3-6}$$

令 $k'=j-k$，并考虑到 k'也为整数，可用 k 表示，式（4-3-6）可写成

$$h(kT_b+t_0)=\begin{cases}1 & k=0\\0 & k\neq 0\end{cases} \tag{4-3-7}$$

（2）$h(t)$尾部衰减快。从理论上讲，以上两条可以通过合理地选择信号的波形和信道的特性达到，下面研究理想基带传输系统。

理想基带传输系统的传输特性具有理想低通特性，其传输函数为

$$H(\omega)=\begin{cases}1(\text{或其他常数}) & |\omega|\leqslant\dfrac{\omega_b}{2}\\ 0 & |\omega|>\dfrac{\omega_b}{2}\end{cases} \tag{4-3-8}$$

如图 4-13（a）所示，其带宽 $B=(\omega_b/2)/2\pi=f_b/2(\text{Hz})$，对其进行傅氏反变换得

$$\begin{aligned}h(t)&=\frac{1}{2\pi}\int_{-\infty}^{\infty}H(\omega)e^{j\omega t}d\omega\\ &=\int_{-2\pi B}^{2\pi B}\frac{1}{2\pi}e^{j\omega t}d\omega\\ &=2BS_a(2\pi Bt)\end{aligned} \tag{4-3-9}$$

它是个抽样函数，如图 4-13（b）所示。从图中可以看到，$h(t)$在 $t=0$ 时有最大值 $2B$，而在 $t=k/(2B)$(k 为非零整数)的瞬间均为零，因此，只有令 $T_b=1/(2B)$，也就是码元宽度为 $1/(2B)$，就可以满足式（4-3-7）的要求，在接收端于 $k/(2B)$时刻（忽略 $H(\omega)$造成时间延迟）抽样值中无串扰值积累，从而消除码间串扰。

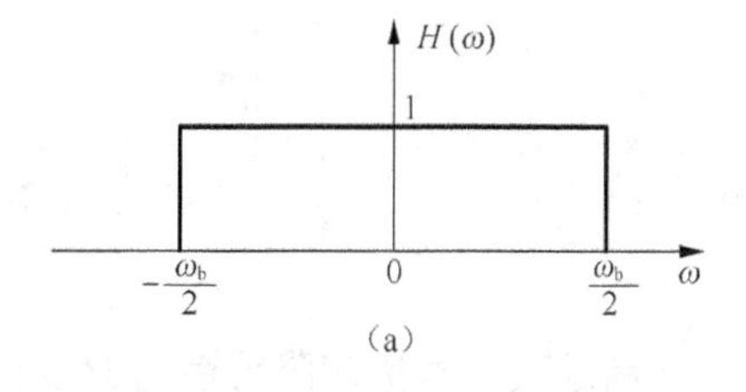

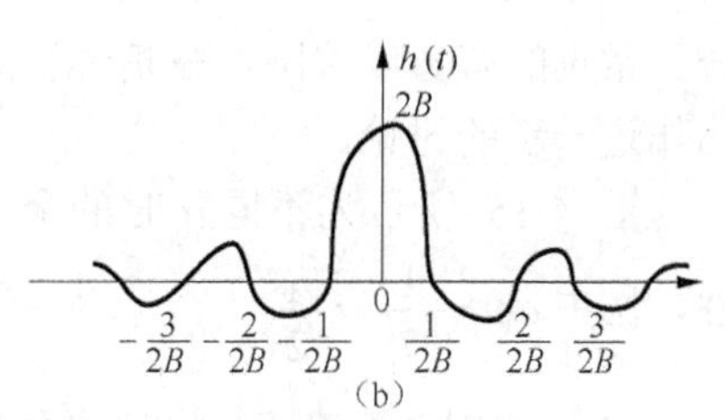

图 4-13　理想基带传输系统的 $H(\omega)$和 $h(t)$

从上述可见，如果信号经传输后整个波形发生变化，但只要其特定点的抽样值保持不变，那么用再次抽样的方法（这在抽样判决电路中完成），仍然可以准确无误地恢复原始信码，这就是奈奎斯特第一准则（又称为第一无失真条件）的本质。在图 4-13 所表示的理想基带传输系统中，各码元之间的间隔 $T_b=1/(2B)$称为奈奎斯特间隔，码元的传输速率 $R_B=1/T_b=2B$ 称为奈奎斯特速率。

下面再来看看频带利用率的问题。所谓频带利用率是指码元速率 R_B 和带宽 B 的比值，即单位频带所能传输的码元速率，其表示式为

$$\text{频带利用率}\ \eta=R_B/B\quad(\text{Baud/Hz}) \tag{4-3-10}$$

显然理想低通传输函数的频带利用率为 2Baud/Hz。这是最大约频带利用率，因为如果系统用高于 $1/T_b$ 的码元速率传送信码时，将存在码间串扰。若降低传码率，即增加码元宽度 T_b，当保持 T_b 为 $1/2B$ 的 2、3、4…大于 1 的整数倍时，在抽样点上也不会出现码间串扰。但是，这意味着频带利用率要降低到按 $T_b=1/(2B)$时的 1/2、1/3、1/4…。

从前面讨论的结果可知，理想低通传输函数具有最大传码率和频带利用率，但这种理想基带传输系统实际并未得到应用。首先是因为这种理想低通特性在物理上是不能实现的；其次，即使能设法实现接近于理想特性，由于这种理想特性冲激响应 $h(t)$的尾巴(即衰减型振荡起伏)很大，它引起接收滤波器的过零点较大的移变，如果抽样定时发生某些偏差，或外界条件对传输特性稍加影响，信号频率发生漂移等都会导致码间串扰明显增加。

下面，进一步讨论满足（4-3-7）式无码间串扰条件的等效传输特性。

4.3.4　实用的无码间串扰基带传输特性

考虑到理想冲激响应 $h(t)$的尾巴衰减很慢的原因是系统的频率特性截止过于陡峭，受此

启发，如果按图 4-14 所示的构造思想去设计 $H(\omega)$ 的特性，即把 $H(\omega)$ 视为对截止频率为 ω_1 的理想低通特性 $H_0(\omega)$ 按 $H_1(\omega)$ 的特性进行“圆滑”而得到的，即

$$H(\omega)=H_0(\omega)+H_1(\omega)$$

根据式（4-3-5）无码间串扰基带传输系统的频域条件，不难看出，只要 $H_1(\omega)$ 对于 ω 具有奇对称的幅度特性，则 $H(\omega)$ 即无码间串扰。这里，$\omega_1=\dfrac{1}{2T_b}=\dfrac{f_b}{2}$，相当于角频率为 $\dfrac{\pi}{T_b}$，ω_2 为超出奈奎斯特带宽的扩展量。

上述的“圆滑”，通常被称为“滚降”（见图 4-14）。滚降特性 $H(\omega)$ 的上、下截止频率分别为 $\omega_1+\omega_2$、$\omega_1-\omega_2$。定义滚降系数为

$$\alpha=\frac{\omega_2}{\omega_1}$$

显然，$0\leqslant\alpha\leqslant1$。

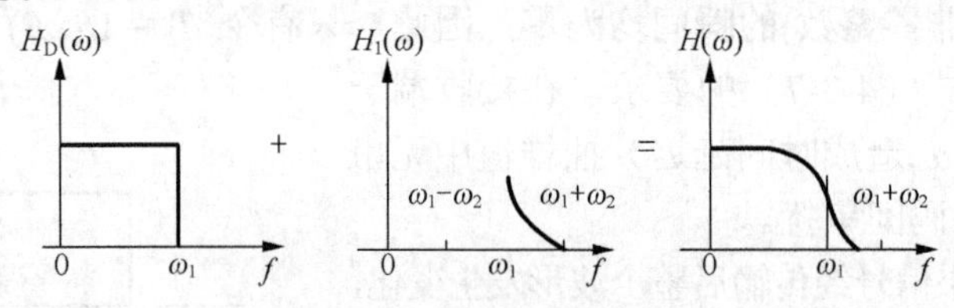

图 4-14 滚降特性的构成

满足互补对称滚降特性的 $H(\omega)$ 很多，可根据实际需要进行选择，以构成不同的实际系统。常见的有直线滚降、三角形波滚降、升余弦滚降等。下面以用得最多的余弦滚降特性为例作进一步的讨论。

图 4-15 所示为不同 α 时的余弦滚降特性，图中 $\omega_1=\dfrac{1}{2T_b}=\dfrac{f_b}{2}$。

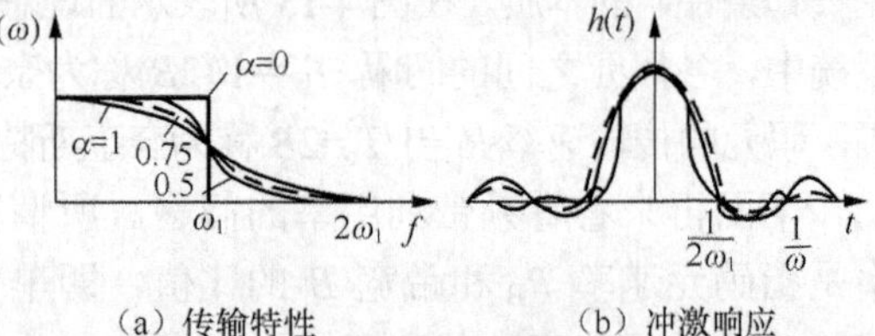

图 4-15 余弦滚降传输特性

$\alpha=0$ 时，无滚降，此时的余弦滚降传输特性 $H(\omega)$ 就是截止频率为 ω_1 的理想低通特 $H_0(\omega)$。

$\alpha=1$ 时，$H(\omega)$ 就是实际中常采用的升余弦滚降传输特性，可用下式表示。

$$H(\omega)=\begin{cases}\dfrac{T_b}{2}\left(1+\cos\dfrac{\omega T_b}{2}\right),|\omega|<\dfrac{2\pi}{T_b}\\ 0\qquad\qquad\qquad\quad\text{，其他}\end{cases}\tag{4-3-11}$$

相应的，$h(t)$为

$$h(t)=\frac{\sin(\pi t/T_b)}{\pi t/T_b}.\frac{\cos(\pi t/T_b)}{1-\left(2t/T_b\right)^2}\tag{4-3-12}$$

应该注意，此时所形成的 $h(t)$波形，除在 $t=\pm1T_b$、$t=\pm2T_b\cdots$时刻上幅度为零外，在 $t=\pm3T_b$、$t=\pm5T_b\cdots$这些时刻上幅度也是零。

下面分析一下滚降特性的频带利用问题，由图 4-15 可知，α 越大，$h(t)$的拖尾衰减越快，对位定时精度要求越低，但是，滚降带增大为 $B=W_1+W_2=(1+a)W_1$，所以频带利用率降低。

因此，余弦滚降系统的最高频带利用率为

$$\eta=\frac{R_{\text{B}}}{B}=\frac{2W_1}{(1+a)W_1}=\frac{2}{1+a}(\text{B/Hz})$$

【例 4-5】 某基带传输系统的频响特性在 5MHz 内是平坦的。试求：（1）无码间干扰的最大传输码率；（2）采用 $\alpha=0.3$ 的升余弦滤波器时的最大传输码率；（3）采用 $\alpha=0.3$ 的升余弦滤波器实现 10Mbit/s 传输时如何利用信道?

解 （1）根据余奈奎斯特准则，由于带宽 B=5MHz，因此，$R_{\text{B}}(\max)=2\text{B}=10(\text{Mbaud})$；

（2）应用 $\alpha=0.3$ 的升余弦滤波器时，由于 $B=(1+\alpha)f_{\text{B}}$，最大传输码率为 $R_{\text{s}}=2f_{\text{b}}$；于是

$$R_{\text{B}}(\max)=\frac{2B}{1+\alpha}=\frac{10}{1+0.3}=7.69\text{Mbaud}$$

（3）对于 10Mbit/s，如果采用二元传输，由于 $R_{\text{B}}=10(\text{Mbaud})>7.69(\text{Mbaud})$，因此，无法进行无误码传输。如果改用四元传输，$R_{\text{B}}=5(\text{Mbaud})$。利用升余弦滤波器时，令 $f_{\text{b}}=R_s/2=2.5(\text{MHz})$，可得，$\alpha=(B-f_{\text{b}})/f_{\text{b}}=(5-2.5)/2.5=1$。

当然，α 也可以小于 1，比如 0.3．则传输信号最高频率为

$$(1+\alpha)f_{\text{b}}=1.3\times2.5=3.25(\text{MHz})$$

即，它实际上只利用了部分信道。

4.4　部分响应系统

在基带无码间串扰的系统分析中，我们学习了理想低通基带系统和滚降型的基带系统，它们各有特点。对于理想低通特性的系统而言，其冲激响应为 $\sin x/x$ 波形。这个波形的特点是频谱窄，而且能达到理论上的极限频带利用率 2Baud/Hz。但其缺点是系统形成的波形第一个零点以后的尾巴振荡幅度大、收敛慢，所以对位定时要求十分严格。若定时稍有偏差，则极易引起严重的码间干扰。与理想低通信号相比较，升余弦信号除了可实现以外，还具有其他的优点，如拖尾的振荡幅度减小，对定时误差的要求放宽等，因此得到了广泛的应用。但是这种波形的传输带宽却加宽了，也就是频带利用率降低了，因此不能适应高速传输的发展。那么，能否找到频带利用率既高，又使“尾巴”衰减大、收敛快的传输波形呢?奈奎斯特第二准则回答了这个问题。该准则告诉我们：有控制地在某些码元的采样时刻引入规律的码间干扰，而在其余码元的采样时刻无码间干扰，就能使频带利用率提高到理论上的最大值，同时又可以降低对定时精度的要求。通常把这种波形称为部分响应波形。能够形成部分响应波形的基带传输系统称为部分响应系统。

4.4.1　部分响应系统的基本原理

为了阐明部分响应系统的基本原理，这里用一个实例加以说明。

让两个时间上相隔一个码元 T_{b} 的波形相加，如图 4-16 所示，相加后的波形 $\sin x/x$ 为

$$g(t)=\frac{\sin 2\pi W\left(t+\dfrac{T_{\text{b}}}{2}\right)}{2\pi W\left(t+\dfrac{T_{\text{b}}}{2}\right)}+\frac{\sin 2\pi W\left(t-\dfrac{T_{\text{b}}}{2}\right)}{2\pi W\left(t-\dfrac{T_{\text{b}}}{2}\right)} \tag{4-4-1}$$

式中，W 为奈奎斯特频率间隔，即 $W=1/(2T_b)$。

不难求出 $g(t)$的频谱函数 $G(\omega)$为

$$G(\omega)=\begin{cases}2T_b\cos\dfrac{\omega T_b}{2} & |\omega|\leqslant\dfrac{\pi}{T_b}\\ 0 & |\omega|>\dfrac{\pi}{T_b}\end{cases}\tag{4-4-2}$$

显见，这个 $G(\omega)$ 是呈余弦型的，如图 4-16（b）所示（只画正频率部分）。

从（4-1-1)式可得

$$g(t)=\frac{4}{\pi}\left[\frac{\cos(\pi t/T_b)}{1-(4t^2/T_b^2)}\right]\tag{4-4-3}$$

当 t=0、$\pm T_b/2$、$kT_b/2$ (k=±3、±5⋯)时，

$$\begin{aligned}&g(0)=\frac{4}{\pi}\\&g(\pm T_b/2)=1\\&g(kT_b/2)=0\quad k=\pm3、\pm5\cdots\end{aligned}\tag{4-4-4}$$

由此看出：第一，$g(t)$的尾巴幅度随 t 按 $1/t_2$ 变化，即 $g(t)$的尾巴幅度与 t_2 成反比，这说明它比由理想低通形成的 $h(t)$衰减大，收敛也快；第二，若用 $g(t)$作为传送波形，且传送码元间隔为 T_b，则在抽样时刻上仅发生发送码元与其前后码元相互干扰，而与其他码元不发生干扰，如图 4-17 所示。表面上看，由于前后码元的干扰很大，故似乎无法按 $1/T_b$ 的速率进行传送。但进一步分析表明，由于这时的干扰是确定的，故仍可按 $1/T_b$ 传输速率传送码元。

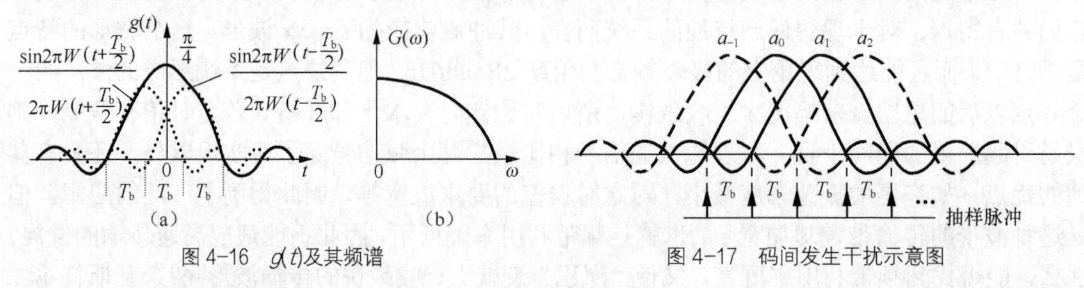

图 4-16 $g(t)$及其频谱

图 4-17 码间发生干扰示意图

设输入二进制码元序列$\{a_k\}$，并设 a_k 在抽样点上取值为+1 和−1。当发送 a_k 时，接收波形 $g(t)$在抽样时刻取值为 c_k，则

$$c_k=a_k+a_{k-1}\tag{4-4-5}$$

因此 c_k 将可能有−2，0 及+2 三种取值，如表 4-1 所示，因而成为一种伪三元序列。如果 a_{k-1} 已经判定，则可从下式确定发送码元。

$$a_k=c_k-a_{k-1}\tag{4-4-6}$$

表 4-1 **c_k 的取值**

a_{k-1}	a_k	c_k	a_{k-1}	a_k	c_k
+1	+1	+2	+1	−1	0
−1	+1	0	−1	−1	−2

上述判决方法虽然在原理上是可行的，但若有一个码元发生错误，则以后的码元都会发生错误检测，一直到再次出现传输错误时才能纠正过来，这种现象叫做差错传播。

4.4.2 一种实用的部分响应系统

下面介绍一种比较实用的部分响应系统。在这种系统里，接收端无需预先已知前一码元的判定值，而且也不存在误码传播现象。我们仍然以上面的例子来说明。

为了消除差错传播现象，通常将绝对码变换为相对码，而后再进行部分响应编码。也就是说，将 a_k 先变为 b_k，其规则为

$$b_k = a_k \oplus b_{k-1} \tag{4-4-7}$$

然后，把 $\{b_k\}$ 送给发送滤波器形成由式（4-4-8）决定的部分响应波形 $\{g_k\}$ 序列。于是，参照式（4-4-5）可得

$$c_k = b_k + b_{k-1} \tag{4-4-8}$$

显然，若对 c_k 进行模 2（mod2）处理，便可直接得到 a_k，即

$$[c_k]_{\text{mod}2} = [b_k + b_{k-1}]_{\text{mod}2} = b_k \oplus b_{k-1} = a_k$$

或

$$a_k = [c_k]_{\text{mod}2} \tag{4-4-9}$$

上述整个过程不需要预先知道 a_{k-1}，故不存在错误传播现象。通常，把 a_k 变成 b_k 的过程叫做“预编码”，而把 $c_k = b_k + b_{k-1}$ (或 $c_k = a_k + a_{k-1}$)关系称为相关编码。

上述部分响应系统框图如图 4-18 所示，其中图 4-18（a）为原理框图，图 4-18（b）为实际组成框图。

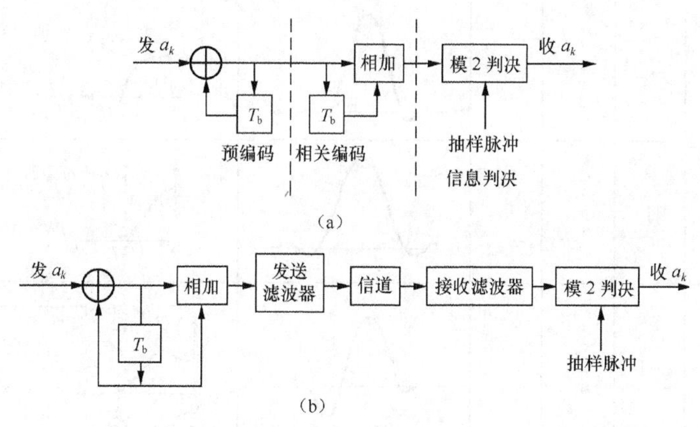

图 4-18 部分响应系统框图

4.4.3 一般形式的部分响应系统

上述讨论可以推广到一般的部分响应系统中去。

部分响应波形的一般形式可以是 N 个 $S_a(x)$ 波形之和，其表达式为

$$g(t) = R_1 S_a\left(\frac{t}{T_b}t\right) + R_2 S_a\left[\frac{\pi}{T_b}(t-T_b)\right] + \cdots + R_N S_a\left\{\frac{\pi}{T_b}[t-(N-1)T_b]\right\} \tag{4-4-10}$$

式中 R_1、$R_2 \cdots R_N$” 为 N 个 $S_a(x)$ 波形的加权系数。其取值为正、负整数（包括取 0 值）。

式（4-4-10）所示部分响应波形频谱函数为

$$G(\omega)=\begin{cases} T_b\sum_{m=1}^{N}R_m e^{-j\omega(m-1)T_b} & |\omega|\leqslant \dfrac{\pi}{T_b} \\ 0 & |\omega|>\dfrac{\pi}{T_b} \end{cases} \tag{4-4-11}$$

显然，$G(\omega)$ 在频域 $\left[-\dfrac{\pi}{T_b},\dfrac{\pi}{T_b}\right]$ 内才有非零值。

表 4-2 所示为五类部分响应波形、频域及加权系数 R_N，分别命名为Ⅰ、Ⅱ、Ⅲ、Ⅳ、Ⅴ类部分响应信号，为了便于比较，将 $S_a(x)$ 的理想抽样函数也列入表内，称其为 0 类。可见，前面讨论的例子属于Ⅰ类。各类部分响应波形的频谱均不超过理想低通信号的频谱宽度，但它们的频谱结构和对邻近码元抽样时刻的串扰不同。目前应用最多的是第Ⅰ类和第Ⅳ类。第Ⅰ类频谱主要集中在低频段，适于信道频带高频严重受限的场合。第Ⅳ类无直流成分，且低频分量很小。由表 4-2 还可以看出，第Ⅰ、Ⅳ类的抽样电平数比其他几类均少。这也是它们得到广泛应用的原因之一。

表 4-2　　常见的部分响应波形

类别	R_1	R_2	R_3	R_4	R_5	$g(t)$	$\lvert G(\omega)\rvert,\lvert\omega\rvert\leqslant\dfrac{\pi}{T_b}$	二进制输入时 c_k 的电平数
0								2
Ⅰ	1	1					$2T_b\cos(\omega T_b/2)$	3
Ⅱ	1	2	1				$4T_b\cos^2(\omega T_b/2)$	5
Ⅲ	2	1	−1				$2T_b\cos\dfrac{\omega T_b}{2}\sqrt{5-4\cos\omega T_b}$	5
Ⅳ	1	0	−1				$2T_b\sin\omega T_b$	3
Ⅴ	−1	0	2	0	−1		$4T_b\sin^2\omega T_b$	5

与前述相似，为了避免“差错传播”现象，可在发端进行编码。

$$a_k = R_1 b_k + R_2 b_{k-1} + \cdots + R_N b_{k-(N-1)} \quad (4\text{-}4\text{-}12)$$

这里，设$\{a_k\}$是 L 进制序列，$\{b_k\}$为预编码后的新序列。

$$c_k = R_1 b_k + R_2 b_{k-1} + \cdots + R_N b_{k-(N-1)} \quad (4\text{-}4\text{-}13)$$

由式（4-1-12）和（4-1-13）可得

$$a_k = [c_k]_{\text{mod}\,L} \quad (4\text{-}1\text{-}14)$$

这就是所希望的结果。此时不存在差错传播问题，且收端译码十分简单，只需对c_k进行模 L 上判决即可得a_k。

4.5 眼图

通过前面的学习可以知道在基带传输系统中，如果接收端的采样判决时刻出现偏差，得到的采样值就存在码间串扰；同时信道中又往往存在噪声的干扰，从而影响采样值的准确性。这两种情况都会影响信号码元的正确接收，产生误码。虽然在设计传输系统时可以采用许多办法克服这两者对于信号正确接收的影响，但是由于系统的一些参数不能准确设计和实现，以及噪声总是或多或少地存在着，特别是信道的特性常常不能准确知道，所以实际传输系统的性能不会完全符合理想情况，有时会相距甚远。故为了得知实际传输系统的特性，以及调试系统，通常需用实验手段估计系统的性能。本节介绍的眼图就是通过实验的手段估算系统性能方法之一。

4.5.1 眼图的概念

眼图是用示波器实际观察接收信号质量的方法。眼图可以显示传输系统性能缺陷对于基带数字信号传输的影响。在示波器的垂直 y 轴加上接收码元序列的电压信号，然后调整示波器的水平扫描周期（或扫描频率），使其与接收码元的周期同步，即扫描频率等于信号码元传输速率，也就是示波器水平时间轴的长度等于信号码元的持续时间。这样，在示波器屏幕上将显示出许多接收信号码元叠加在一起的波形。对于二进制双极性信号，在无噪声和码间串扰的理想情况下，示波器屏幕上的显示如同一只睁开的眼睛。因此，称它为眼图。

4.5.2 眼图形成原理及模型

现在我们来解释这种观察方法。当示波器的 y 轴输入抽样前的接收信号波形 $y(t)$（见图 4-19），并且当水平扫描周期和码元同步（等于 T_b 秒）时，示波器显示的眼图如图 4-19（c）所示。由图可见，在无失真时，它很像人的一只眼睛。眼图是由各段码元波形叠加而成的，眼图中央的垂直线表示最佳抽样时刻，位于两峰值中间的水平线是判决门限电平。在无码间串扰和噪声的理想情况下，波形无失真，“眼”开启得最大。当有码间串扰时，波形失真（图 4-19（b）），引起“眼”部分闭合。若再加上噪声的影响，则眼图的线条变得模糊，“眼”开启得小了。因此“眼”张开的大小表示了失真的程度。

对比图 4-19（c）和图 4-19（d）可知，眼图的“眼睛”张开的大小反映码间串扰的强弱。“眼睛”张得越大，且眼图越端正，表示码间串扰越小；反之表示码间串扰越大。信号叠加噪声时，原来清晰端正的细线迹，变成了比较模糊的带状线，而且不很端正，若噪声越大，线迹越宽，越模糊。

由此可知，眼图能直观地表明码间串扰和噪声的影响，可评价一个基带传输系统性能的优劣。另外也可以用此图形对接收滤波器的特性加以调整，以减小码间串扰和改善系统的传输性能。因此人们常将眼图理想化，为说明眼图各部分的含义，将眼图画成一个模型，如图4-20所示。由此图可以看出以下几点。

①“眼睛”张开最大的时刻是最佳采样时刻。

② 中间水平横线表示最佳判决门限电平。

③ 阴影区的垂直高度表示接收信号振幅失真范围。

④“眼睛”斜边的斜率表示采样时刻对定时误差的灵敏度；敏度越高，即要求采样时刻越准确。

⑤ 在无噪声情况下，“眼睛”张开的程度，即在采样时刻的上、下两阴影区间的距离之半为噪声容限，若在采样时刻的噪声值超过这个容限，就可能发生错误判决。

⑥ 图中倾斜阴影带与横轴相交的区间表示了接收波形零点位置的变化范围，即过零点畸变，它对于利用信号零交点的平均位置来提取定时信息的接收系统有很大影响。

以上是扫描频率等于信号码元传输速率的二进制眼图波形，若码元传输速率是扫描频率的整数倍，则在示波器上就会显示出多个眼图波形。

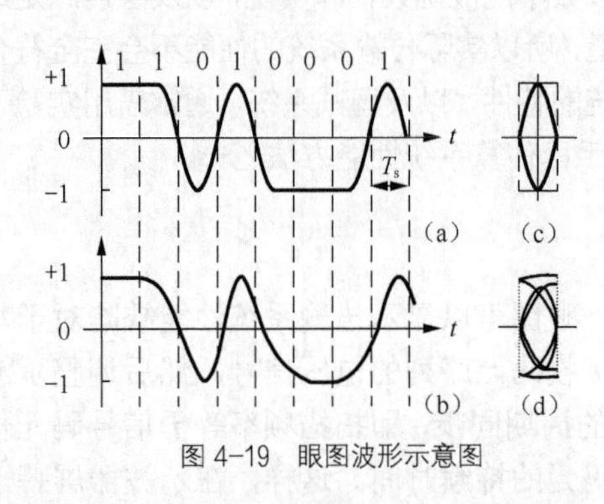

图4-19　眼图波形示意图

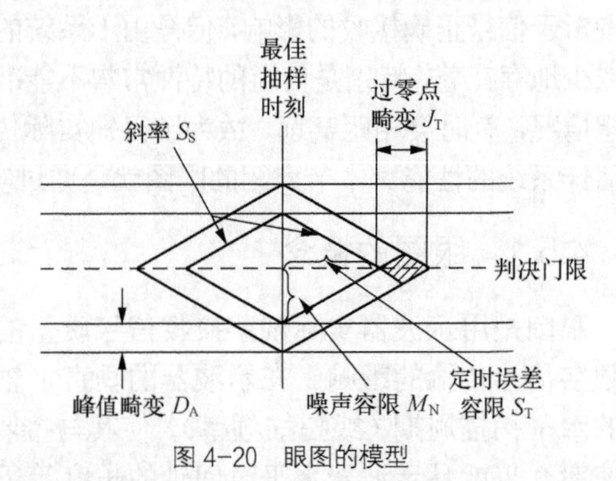

图4-20　眼图的模型

本 章 小 结

（1）数字基带信号在传输前往往需要经过一些处理（码型变换）才能送入信道传输。处理的目的主要是使信号的特性和信道特性相匹配，以及在接收端提取定时信号等。

（2）码元波形的变换有多种形式：常用数字基带信号有单、双极性波形及归零、不归零波形，传输线路码型由AMI码、HDB_3码、CMI码、数字双相码和5B6B等。

（3）通过对他们的功率谱密度分析，了解各种信号频率分量及信号带宽，适合不同特性的信号选用。影响数字基带信号传输系统误码率的主要因素是码间串扰和信道噪声，奈奎斯特第一准则给出了无码间串扰的条件。使用最多的符合奈奎斯特第一准则的系统特性为升余弦特性，但它的频带利用率低于2Baud/Hz的理想极限利用率。

（4）基带传输系统设计中需考虑的最重要的问题之一是如何消除或降低码间串扰。为了减小信道的加性噪声对传输误码率的影响，要在接收端的抽样判决时注意选择最佳判决门限和最佳判决时间。由于实际信道特性很难预先知道，故码间串扰不可能完全消除。为了实现最佳化传输效果，常用眼图检测并调整系统性能。为了改善传输系统特性，可以在接收端加信道均衡器，也可以采用部分响应系统。

思考题与练习题

4-1　什么是数字基带信号，数字基带信号有哪些常用码型?它们各有什么特点?

4-2　构成AMI码和HDB3码的规则是什么?

4-3　研究数字基带信号功率谱的目的是什么?信号带宽怎么确定?

4-4　什么是码间串扰?它是怎样产生的?对通信质量是什么影响?

4-5　为了消除码间串扰，基带传输系统的传输函数应满足什么条件?

4-6　什么是奈奎斯特间隔和奈奎斯特速率?

4-7　眼图是怎么样形成的，具有什么样的作用?

4-8　部分响应技术解决了什么问题?

4-9　设二进制符号序列为110010001110，试以矩形脉冲为例，分别画出相应的单极性NRZ码、双极性NRZ码、单极性RZ码、双极性RZ码。

4-10　已知信息代码为110000010000110000，求相应的AMI码和HDB3码，并画出对应的波形。

4-11　已知信息代码为100000000011，试确定相应的AMI码及HDB3码。并分别画出它们的波形图。

4-12　已知HDB3码为0+100−1000−1+1000+1−1+1−100−1+100−1，试译出原信息代码。

4-13　设随机二进制序列中的0和1分别由$g(t)$和$-g(t)$组成，它们的出现概率分别为P及$1-P$：

（1）求其功率谱密度及功率；

（2）若$g(t)$如图4-21所示波形，T_b为码元宽度，问该序列是否存在离散分量$f_B=\dfrac{1}{T_b}$？

（3）若$g(t)$改为图4-21（b），回答题（2）所问。

4-14　设某二进制数字基带信号的基本脉冲为三角形脉冲．如图4-22所示。图中T_b为码元间隔，数字信息“1”“0”分别用$g(t)$的有无表示，且“1”和“0”出现的概率相等。

（1）求该数字基带信号的功率谱密度。

（2）能否从该数字基带信号中提取码元同步所需的频率$f_b=1/T_b$的分量?若能，试计算该分量的功率。

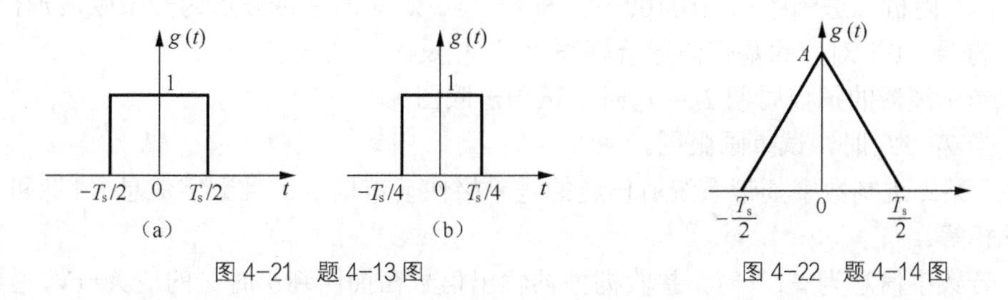

图4-21　题4-13图　　图4-22　题4-14图

4-15　某基带传输系统接收滤波器输出信号的基本脉冲为如图4-23所示的三角形脉冲。

（1）求该基带传输系统的传输函数。

（2）假设信道的传输函数 $C(\omega)=1$，发送滤波器和接收滤波器具有相同的传输函数。即 $G_T(\omega)=G_R(\omega)$，试求这时 $G_T(\omega)$或 $G_R(\omega)$的表示式。

4-16　设某基带传输系统具有图 4-24 所示的三角形传输函数：

（1）求该系统接收滤波器输出基本脉冲的时间表示式；

（2）当数字基带信号的传码率 $R_B=\omega_0/\pi$时，用奈奎斯特准则验证该系统能否实现元码间干扰传输？

4-17　为了传送码元速率 $R_B=10^3$(baud)的数字基带信号，试问系统采用图 4-25 中所画的哪一种传输特性较好?简要说明其理由。

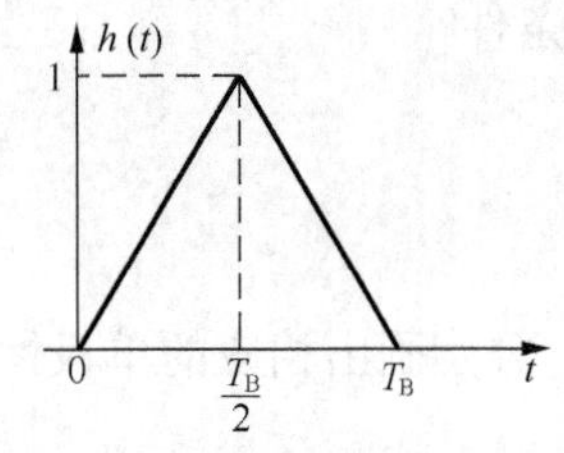

图 4-23　题 4-15 图

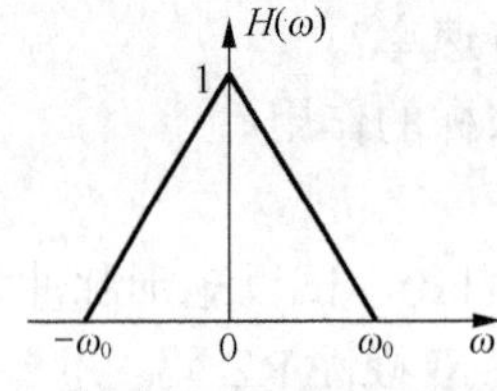

图 4-24　题 4-16 图

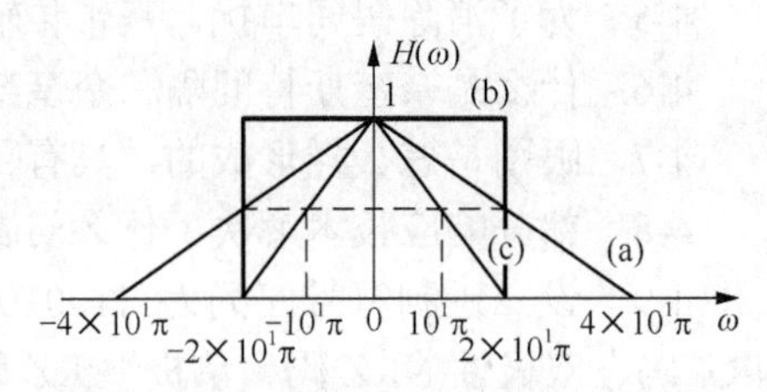

图 4-25　题 4-19 图

4-18　设一相关编码系统如图 4-26 所示。图中，理想低通滤波器的截止频率为 $1/2T_s$，通带增益为 T_s。试求该系统的单位冲激响应和频率特性。

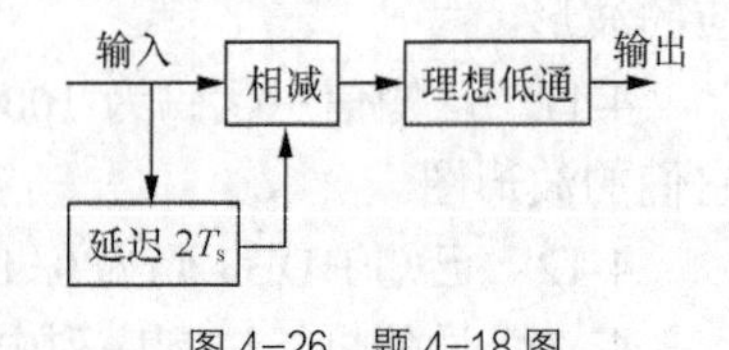

图 4-26　题 4-18 图

4-19　二进制数字基带传输系统如图 4-25 所示，设

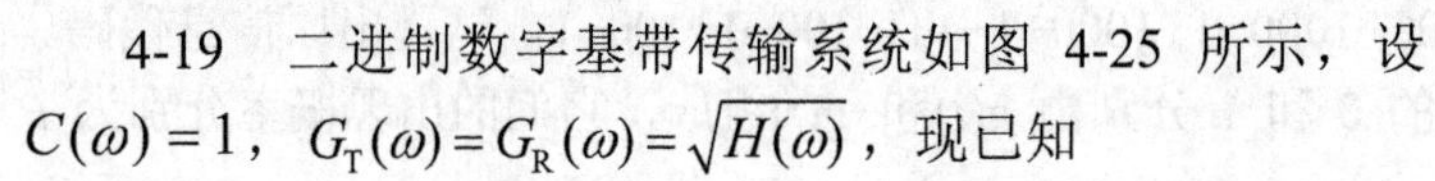

$C(\omega)=1$，$G_T(\omega)=G_R(\omega)=\sqrt{H(\omega)}$，现已知

$$H(\omega)=\begin{cases}\tau_0(1+\cos\omega\tau_0), & |\omega|\leqslant\dfrac{\pi}{\tau_0}\\ 0\qquad, & 其他\end{cases}$$

（1）若噪声的双边功率谱密度为 $n_0/2$(W/Hz)，试确定 $G_R(\omega)$的输出噪声功率；

（2）若在抽样时刻 kT（k 为任意正整数）上，接收滤波器的输出信号以相同概率取 0、A 电平，而输出噪声取值 V 服从下述概率密度分布的随机变量

$$f(V)=\frac{1}{2\lambda}\mathrm{e}^{-\frac{|V|}{\lambda}},\lambda>0$$

试求系统最小误码率 P_e。

4-20　一随机二进制序列 101100…，符号“1”对应的基带波形为升余弦波形，持续时间为 T_b，符号“0”对应的基带波形恰好与“1”相反。

（1）当示波器的扫描周期 $T_0=T_b$ 时．试画出眼图。

（2）当 $T_0=2T_b$ 时，试重画眼图。

4-21　某二进制数字基带系统所传送的是单极性基带信号，且数字信息“1”和“0”的出现概率相等。

（1）若数字信息为“1”时，接收滤波器输出信号在抽样判决时刻的值 A=1V，且接收滤波器输出噪声是均值为 0、均方根值为 0.2V 的高斯噪声，试求这时的误码率 P_e。

（2）若要求误码率 P_e 不大干 10^{-5}，试确定 A 至少应该是多少？

第5章 数字频带传输系统

数字通信系统有两种信号传输方式，一种是前面学习的数字基带信号传输方式，另一种是本章将介绍的数字调制信号传输方式，也叫数字频带（带通）传输方式。数字基带信号的功率谱从零频开始而且集中在低频段，不利于提高通信系统传输信息的效率。对于带通型信道，通过信号的频率能在较高的范围之内，例如，光纤信道的频率范围则高达10^{13}Hz～10^{15}Hz，它们的带宽很宽。为了便于信号的发射、多路信号的频分复用、抑制噪声和干扰，就必须使基带信号能够通过带通型信道进行传输。

在带通信道上传输数字信号的方法统称为数字频带传输技术，也称为数字调制技术。广义地讲，调制包括基带调制与带通调制，但在大多数场合中，调制只做狭义的理解，主要指带通调制。带通调制的基本思想在第3章的模拟频带传输中已经讨论过了，大都是利用正弦载波的振幅、频率和相位把基带信号频谱搬移到信道的通带内。具体的方法有三类：调幅（AM）、调频（FM）与调相（PM）。在数字调制中，它们又分别称为幅移键控（ASK）、频移键控（FSK）与相移键控（PSK）。

数字调制有二进制及M进制($M>2$)之分。二进制数字调制是将每个二进制符号映射为相应的信号波形之一，如：将二进制符号“1”映射为信号波形$s_1(t)$，将二进制符号“0”，映射为信号波形$s_2(t)$，这两个信号波形以正弦载波的振幅不同，称为2ASK；以载波的频率不同，称为2FSK；以载波的相位不同．称为2PSK（或称BPSK）。在M进制数字调制（$M>2$）中，将二进制数字序列中每K个比特构成一组，对应于M进制符号之一($M=2^K$)，每个M进制数字符号映射为M个信号波形$\{s_i(t)$，$i=1$，2，…，$M\}$ 6之一，称此为M进制数字调制。如，在8PSK中，每三个二进制比特对应于一个八进制符号，每个八进制符号映射为有8个可能的离散相位状态之一的正弦载波信号波形。

数字调制还以线性调制及非线性调制来分类。线性调制器要求从数字序列映射为相应的信号波形符合叠加原理。反之，凡是不符合叠加原理的调制则称为非线性调制。

本章介绍各二进制数字调制方式的信号表达式及其功率谱密度，在加性噪声干扰下的相干解调和非相干解调原理以及其误比特率计算，并简单地介绍了多进制调制系统原理。

5.1 二进制幅移键控

二进制幅移键控（2ASK）是最简单的一种数字频带调制方式，也是最早的一种调制方式，它曾经应用于 Morse 码的无线电传输中，比各种模拟调制方式出现得还早。2ASK 实现简单，但性能不如其他调制方式，这种方式在光纤通信中有着广泛的应用。

5.1.1 基本原理

2ASK 是二进制幅移键控（binary amplitude shift keying）的简称。这种制式通过键控（改变)正弦载波的振幅来传输 0 或 1 符号，传输信号的波形表现为正弦波的有（开启）与无（关闭），因此 2ASK 也称为二进制通断开关键控信号，即 OOK 信号。

1. 2ASK 信号及其调制原理

仿模拟调制原理，2ASK 信号可由单极性二元基带信号与载波相乘得到，如图 5-1 所示。设二进制序列为$\{a_n\}$，则$\{a_n\}$取 0 或 1，单极性二元基带信号可以表示为

$$s(t)=\sum_n a_n g_{\mathrm{T}}(t-nT_{\mathrm{b}}) \tag{5-1-1}$$

其中，$g_{\mathrm{T}}(t)$为幅度为1的单极性不归零（NRZ）方波，T_{b}为传输时的码元间隔。假定载波为$\cos 2\pi f_{\mathrm{c}}t$，则 2ASK 信号为

$$s_{2\mathrm{ASK}}(t)=s(t)\cos 2\pi f_{\mathrm{c}}t=A\sum_n a_n g_{\mathrm{T}}(t-nT_{\mathrm{b}})\cos 2\pi f_{\mathrm{c}}t \tag{5-1-2}$$

由图 5-1 的波形可见，2ASK 信号也可以逐时隙地简单表述为

$$s_{2\mathrm{ASK}}(t)=\begin{cases}\cos 2\pi f_{\mathrm{c}}t\ , & \text{“传号”}\\ 0\ , & \text{“空号”}\end{cases}\quad (n-1)T_{\mathrm{b}}\leqslant t\leqslant nT_{\mathrm{b}} \tag{5-1-3}$$

“传号”指码元 1，“空号”指码元 0，它们是电报术语。从 2ASK 信号波形可见，“传号”与“空号”直观地反映出这种传输方式的“通断”特点。

显然，2ASK 信号的调制方框图有如图 5-2 所示的两种，表达式对应于式（5-1-3）。

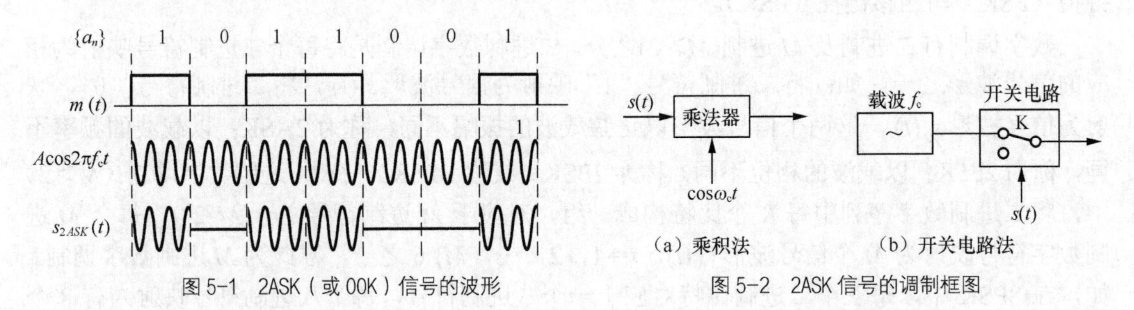

图 5-1 2ASK（或 OOK）信号的波形

图 5-2 2ASK 信号的调制框图

2. 2ASK 解调原理

类似所学过的模拟幅度调制信号的解调方法一样，2ASK 信号也有两种基本的解调方法，即非相干解调（包络检波法）及相干解调（同步检测法）。相应的接收系统组成方框图如图 5-3 所示。

在包络检波中，已调$s_{2\mathrm{ASK}}(t)$信号在接收端通过带通滤波器后送到整流电路，得到如图 5-4（b）所示的整流波形；再通过低通滤波器滤除高频分量后便得到基带信号的包络，如图 5-4（c）所示；该包络波形送到采样保持电路，就恢复出原始的基带信号，如图 5-4（d）所示。在相干解调中$s_{2\mathrm{ASK}}(t)$信号与同频同相的载波相乘的结果也是图 5-4（a）所示的波形，再经过低通和采样

判决电路同样恢复出基带信号 $s(t)$。相干解调需要在接收端产生一个本地的相干载波，与前面学习的模拟相干解调相似，接收端将已调信号与同频同相的载波相乘，再经过低通滤波处理得到数字基带信号。但是相干解调的设备复杂，所以在 ASK 系统中很少使用。

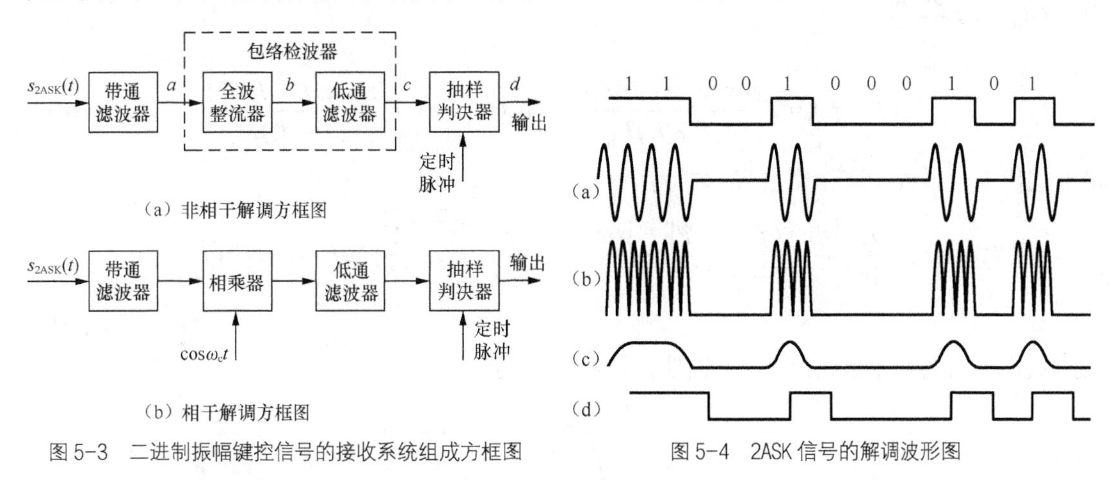

图 5-3　二进制振幅键控信号的接收系统组成方框图

图 5-4　2ASK 信号的解调波形图

5.1.2　功率谱密度及带宽

设 $s(t)$ 的功率谱密度为 $P_s(f)$，二进制的振幅键控信号 $s_{2ASK}(t)$ 的功率谱密度为 $P_{2ASK}(f)$，则由式（5-1-2）可得

$$P_{2ASK}(f)=\frac{1}{4}P_s(f-f_c)+\frac{1}{4}P_s(f+f_c) \tag{5-1-4}$$

只要知道 $P_s(f)$，则 $P_{2ASK}(f)$ 也就可以确定。

因为 $s(t)$ 是单极性的随机矩形脉冲序列，用 $g(t)$ 表示“1”码在码元时间 T_b 的矩形波，“0”码的波形在码元间隔 T_b 内为零电平。按照求基带信号功率谱密度中介绍的方法，可以求出 $s(t)$ 的功率谱密度 $P_s(f)$，即

$$P_s(f)=f_bP(1-P)\left|G_1(f)-G_2(f)\right|^2+\sum_{m=-\infty}^{\infty}\left|f_c\left[PG_1(mf_b)+(1-P)G_2(mf_b)\right]\right|^2\delta(f-mf_b) \tag{5-1-5}$$

式中（5-1-5），$G_1(f)$和$G_2(f)$是基带信号码元 $g_1(t)$和$g_2(t)$ 的频谱。现在的 $g_1(t)=0$，所以上式变为

$$P_s(f)=f_bP\left(1-P\right)\left|G(f)\right|^2+f_b^2(1-P)^2\sum_{n=-\infty}^{\infty}\left|G(mf_b)\right|^2\delta(f-mf_b) \tag{5-1-6}$$

基带信号码元波形是矩形脉冲，$m\neq0$ 时，$G(mf_c)=0$。所以 5-1-6 式变为

$$P_s(f)=f_bP(1-P)\left|G(f)\right|^2+f_b^2(1-P)^2\left|G(0)\right|^2\delta(f) \tag{5-1-7}$$

将（5-1-7）式代入式（5-1-4），得到 2ASK 信号的功率谱密度：

$$P_{2ASK}(f)=\frac{1}{4}f_bP(1-P)\left[\left|G(f+f_c)\right|^2+\left|G(f-f_c)\right|^2\right]+\frac{1}{4}f_b^2(1-P)^2\left|G(0)^2\right|\left[\delta(f+f_c)+\delta(f-f_c)\right] \tag{5-1-8}$$

当 $P=\dfrac{1}{2}$ 时，则变为

$$P_{2\mathrm{ASK}}(f)=\frac{1}{16}f_{\mathrm{b}}\left[\left|G(f+f_{\mathrm{c}})\right|^{2}+\left|G(f-f_{\mathrm{c}})\right|^{2}\right]+\frac{1}{16}f_{\mathrm{b}}^{2}\left|G(0)^{2}\right|\left[\delta(f+f_{\mathrm{c}})+\delta(f-f_{\mathrm{c}})\right] \tag{5-1-9}$$

由于 $G(f)=T\dfrac{\sin\pi fT_{\mathrm{b}}}{\pi fT_{\mathrm{b}}}$，所以有

$$\left|G(f+f_{\mathrm{c}})\right|=T\left|\frac{\sin\pi(f+f_{\mathrm{c}})T_{\mathrm{b}}}{\pi(f+f_{\mathrm{c}})T_{\mathrm{b}}}\right|，\ \left|G(f-f_{\mathrm{c}})\right|=T\left|\frac{\sin\pi(f-f_{\mathrm{c}})T_{\mathrm{b}}}{\pi(f-f_{\mathrm{c}})T_{\mathrm{b}}}\right| \tag{5-1-10}$$

将上式代入，最终功率谱密度表达式为

$$P_{2\mathrm{ASK}}(f)=\frac{T_{\mathrm{b}}}{16}\left[\left|\frac{\sin\pi(f+f_{\mathrm{c}})T}{\pi(f+f_{\mathrm{c}})T}\right|^{2}+\left|\frac{\sin\pi(f-f_{\mathrm{c}})T}{\pi(f-f_{\mathrm{c}})T}\right|^{2}\right]+\frac{1}{16}\left[\delta(f+f_{\mathrm{c}})+\delta(f-f_{\mathrm{c}})\right] \tag{5-1-11}$$

按照上式，画出功率谱密度 $P_s(f)$ 曲线，如图5-5所示。

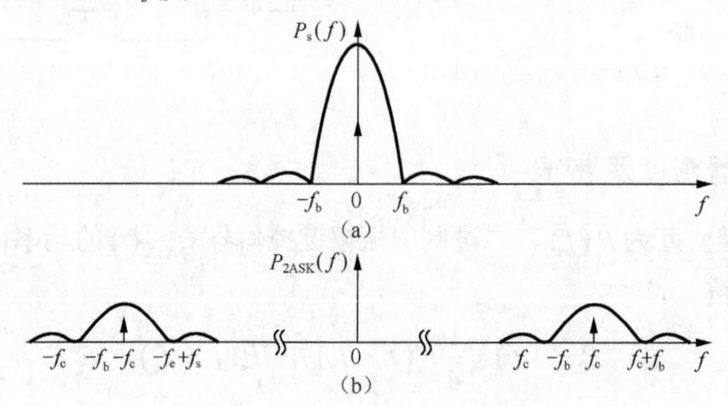

图 5-5　2ASK 信号的功率谱示意图

由式（5-1-8）可知，幅度键控信号的功率谱是基带信号功率谱的线性搬移，图 5-5 给出幅度键控信号的功率谱示意图，由于基带信号是矩形波，所以从理论上来说这种信号的频谱宽度为无穷大。但是 $s_{2ASK}(t)$ 信号的功率主要集中在以载波 f_{c} 为中心频率的第一对过零点之间，因此通常取第一对过零点的带宽作为传输带宽，称之为谱零点带宽。所以幅度键控信号的谱零点带宽为 $B=2f_{\mathrm{b}}$，f_{b} 为基带信号的谱零点带宽，在数量上与基带信号的码元速率 R_{b} 相同。这说明 2ASK(OOK)信号的传输带宽是原码速率的 2 倍。进一步进行总结如下。

第一，2ASK 信号的功率谱是由连续谱和离散谱组成，连续谱是由基带调制信号谱，离散谱取决于载波频率。

第二，2ASK 信号的带宽等于基带信号带宽的两倍。

5.1.3　二进制幅移键控抗噪声性能

二进制振幅键控的应用虽然不像频率键控和相移键控那样广泛，但它的抗噪声性能分析方法具有普遍的意义，因此，我们有必要对二进制振幅键控系统的抗噪声性能进行分析。由于信道加性噪声被认为只对信号的接收产生影响，故分析系统的抗噪声性能也只考虑接收的部分。同时，认为这里的信道加性噪声，既包括实际信道中的噪声，也包括接收设备噪声折算到信道中的等效噪声。

对于二进制振幅键控系统，在一个码元持续时间内，其发送端输出的波形可表示为

$$s_{\mathrm{T}}(t)=\begin{cases}\cos\omega_{\mathrm{c}}t+n_{\mathrm{i}}(t) & \text{发送“1”码}\\ 0 & \text{发送“0”码}\end{cases} \quad (5\text{-}1\text{-}12)$$

在每一段时间(0，T_{b})内，接收端的输入波形 $y_{\mathrm{i}}(t)$ 可表示如下。

$$y_{\mathrm{i}}(t)=\begin{cases}\cos\omega_{\mathrm{c}}t+n_{\mathrm{i}}(t) & \text{发送“1”码}\\ n_{\mathrm{i}}(t) & \text{发送“0”码}\end{cases} \quad (5\text{-}1\text{-}13)$$

式中，$n_{\mathrm{i}}(t)$ 为加性高斯白色噪声。

对于振幅键控信号，通常用包络检波法或同步检测法进行解调，如图 5-3 所示。假设图中的带通滤波器恰好完整地将基带信号通过，则它的输出波形 $y(t)$ 由式（5-1-13）改变为

$$y(t)=\begin{cases}\cos\omega_{\mathrm{c}}t+n(t) & \text{发送“1”码}\\ n(t) & \text{发送“0”码}\end{cases} \quad (5\text{-}1\text{-}14)$$

式中 $n(t)$ 为高斯白色噪声通过带通滤波器后的噪声，$n(t)$ 是一个窄带高斯过程，且可以表示为

$$n(t)=n_{\mathrm{c}}(t)\cos\omega_{\mathrm{c}}t-n_{\mathrm{s}}(t)\sin\omega_{\mathrm{c}}t \quad (5\text{-}1\text{-}15)$$

于是

$$\begin{aligned}y(t)&=\begin{cases}\cos\omega_{\mathrm{c}}t+n_{\mathrm{c}}(t)\cos\omega_{\mathrm{c}}t-n_{\mathrm{s}}(t)\sin\omega_{\mathrm{c}}t\\ n_{\mathrm{c}}(t)\cos\omega_{\mathrm{c}}t-n_{\mathrm{s}}\sin\omega_{\mathrm{c}}t\end{cases}\\ &=\begin{cases}[1+n_{\mathrm{c}}(t)]\cos\omega_{\mathrm{c}}t-n_{\mathrm{s}}(t)\sin\omega_{\mathrm{c}}t & \text{发“1”码}\\ n_{\mathrm{c}}(t)\cos\omega_{\mathrm{c}}t-n_{\mathrm{s}}\sin\omega_{\mathrm{c}}t & \text{发“0”码}\end{cases}\end{aligned} \quad (5\text{-}1\text{-}16)$$

以下将分别讨论包络检波法和同步检测法的系统性能。

1．包络检波法的系统性能

由线性系统非相干解调的分析可知，若发送“1”码，则在(0，T_{b})内，带通滤波器输出的包络为

$$V(t)=\sqrt{[1+n_{\mathrm{c}}(t)]^2+n_{\mathrm{s}}^2(t)} \quad (5\text{-}1\text{-}17)$$

若发送“0”码，则带通滤波器的输出包络为

$$V(t)=\sqrt{n_{\mathrm{c}}(t)^2+n_{\mathrm{s}}^2(t)} \quad (5\text{-}1\text{-}18)$$

其概率的密度可分别表示为

$$f_1(V)=\frac{V}{\sigma_n^2}I_0\left(\frac{V}{\sigma_n^2}\right)\mathrm{e}^{-(V^2+1)/(2\sigma_N^2)} \quad (5\text{-}1\text{-}19)$$

$$f_0(V)=\frac{V}{\sigma_n^2}\mathrm{e}^{-V^2/(2\sigma_N^2)} \quad (5\text{-}1\text{-}20)$$

式中，σ_n^2 为 $n(t)$ 的方差。

显然，波形 $y(t)$ 经包络检波器及低通滤波器后的输出由式（5-1-17）与式（5-1-18）决定。因此，经抽样判决器后即可确定接收码元是“1”还是“0”。可规定：若 $V(t)$ 的抽样值 $V(t)>b$（门限电压)，则判为“1”，若 $V(t)\leqslant b$，则判为“0”。在这里选择什么样的 b 与判决的正确程度密切相关。具体分析如下。

（1）发送的码元为“1”时，错误接收的概率即是包络值 V 小于或等于 b 的概率，即

$$P_{\mathrm{e1}} = P(V \leqslant b) = \int_0^b f_1(V)\mathrm{d}V = 1 - \int_0^\infty f_1(V)\mathrm{d}V$$
$$= 1 - \int_b^\infty \frac{V}{\sigma_n^2} I_0\left(\frac{V}{\sigma_n^2}\right)\mathrm{e}^{-(V^2+1/2)}\mathrm{d}V \tag{5-1-21}$$

上式中的积分值可以用 Q 函数（MmumQ 函数）计算，该函数定义为

$$Q(\alpha,\beta) = \int_\beta^\infty tI_0(\alpha t)\mathrm{e}^{-(t^2+\alpha^2)/2}\mathrm{d}t \tag{5-1-22}$$

令上式中

$$\alpha = \frac{a}{\sigma_n}, \beta = \frac{b}{\sigma_n}, t = \frac{V}{\sigma_n}$$

则式（5-1-21）可以写成：$P_{\mathrm{e1}} = 1 - Q(\sqrt{2r}, b_0)$

式中，$b_0 = b/\sigma_n, r = a^2/(2\sigma_n^2)$（信噪比）。

（2）同理，当发送的码元为“0”时，错误接收的概率即是噪声电压的包络抽样值超过门限 b 的概率，即

$$P_{\mathrm{e2}} = P(V > b) = \int_b^\infty f_0(V)\mathrm{d}V = \int_b^\infty \frac{V}{\sigma_n^2}\mathrm{e}^{-V^2/(2\sigma_n^2)}\mathrm{d}V$$
$$= \mathrm{e}^{-b^2/(2\sigma_n^2)} = \mathrm{e}^{-b_0^2/2} \tag{5-1-23}$$

假设发送“1”码的概率为 P（1），发送“0”码的概率为 $P(0)$，则系统的总误码率 P_{e} 为

$$P_{\mathrm{e}} = P(1)P_{\mathrm{e1}} + P(0)P_{\mathrm{e2}} = P(1)[1 - Q(\sqrt{2r}, b_0)] + P(0)\mathrm{e}^{-b_0^2/2} \tag{5-1-24}$$

如果 P（1）$=P(0)$，则上式可变为

$$P_{\mathrm{e}} = \frac{1}{2}[1 - Q(\sqrt{2r}, b_0)] + \frac{1}{2}\mathrm{e}^{-b_0^2/2} \tag{5-1-25}$$

由此可见，包络检波法的系统误码率取决于系统输入信噪比和归一化门限值。最佳门限值 V_{T} 可以由下列方程式决定：

$$f_1(V_{\mathrm{T}}) = f_0(V_{\mathrm{T}}) \tag{5-1-26}$$

其中，V_{T} 为最佳门限值，可得信噪比为

$$r = \frac{1}{2\sigma_n^2} = \mathrm{Ln}I_0\left(\frac{V_{\mathrm{T}}}{\sigma_n^2}\right) \tag{5-1-27}$$

当大信噪比（$r >> 1$）时，上式变为

$$\frac{1}{2\sigma_n^2} = \frac{V_{\mathrm{T}}}{\sigma_n^2} \tag{5-1-28}$$

当小信噪比（$r << 1$）时，上式可变为

$$\frac{1}{2\sigma_n^2} = \frac{1}{4}\left(\frac{V_{\mathrm{T}}}{\sigma_n^2}\right)^2 \tag{5-1-29}$$

从以上分析可知，对于任意的 r 值，$b_{0\mathrm{T}}$ 的取值将介于 $\sqrt{2}$ 和 $\sqrt{r/2}$ 之间。

实际上，采用包络检波法的接收系统通常总是工作在大信噪比的情况下。因而最佳门限取 $\sqrt{r/2}$，即最佳非归一化的门限值 $V_{\mathrm{T}} = 1/2$。此时门限恰好是接收信号包络的1/2。当发送“1”码的概率与发送“0”码的概率相等，即 $P(1)=P(0)$ 时，可求得 OOK 相干接收时的误码率为

$$P_e = \frac{1}{4}\mathrm{erfc}\left(\frac{\sqrt{r}}{2}\right) + \frac{1}{2}\mathrm{e}^{-r/4} \qquad (5\text{-}1\text{-}30)$$

式中，$\mathrm{erfc}(x) = 1 - \mathrm{erfc}(x)$，当 $x \to \infty$ 时，$\mathrm{erfc}(x) \to 0$，故当 $r \to \infty$ 时，上式的下界为

$$P_e = \frac{1}{2}\mathrm{e}^{-r/4} \qquad (5\text{-}1\text{-}31)$$

【例 5-1】 假定 2ASK 系统的传输率为 5Mbit/s，接收带通滤波器的输出信号幅度为 223.6mV，高斯噪声的功率谱密度分别为 $N_0=1\times10^{-10}$ 和 $N_0=3\times10^{-9}$。求两种情况中包络检波器输出的最佳误码率。

解 $B=R_b=5\mathrm{MHz}$，可得，$\sigma_n^2 = N_0 B_{\mathrm{BPF}} = 2N_0 R_b$，于是

$$\gamma = \frac{A^2}{2\sigma_n^2} = \frac{0.2236^2}{4N_0 \times 5\times10^6} = \frac{2.5\times10^{-9}}{N_0}$$

（1）当 $N_0=1\times10^{-10}$，$\gamma = 25$，由式（5-1-31）得，$P_e \approx \frac{1}{2}\mathrm{e}^{-\frac{25}{4}} = 9.65\times10^{-4}$。

（2）当 $N_0=1\times10^{-9}$，$\gamma = 0.83$，由于 $\gamma < 1$，系统误码率不能用式（5-1-31）计算。检波器具有门限效应，可以估计到这时系统的误码性能很差，无法正常工作。

2．同步检测法的系统性能

在图 5-3（b）中，当式（5-1-13）所示的波形经过相乘器和低通滤波器之后，在抽样判决器输出端的波形 $x(t)$ 为

$$x(t) = \begin{cases} \frac{1}{2}[1+n_c(t)] & \text{发送“1”码} \\ \frac{1}{2}n_c(t) & \text{发送“0”码} \end{cases} \qquad (5\text{-}1\text{-}32)$$

由于 $n_c(t)$ 是高斯过程，因此，当发送“1”时，$1+n_c(t)$ 的一维概率密度为

$$f_1(x) = \frac{1}{\sigma_n\sqrt{2\pi}}\exp[-(x-1)^2/(2\sigma_n^2)] \qquad (5\text{-}1\text{-}33)$$

而当发送“0”时，$n_c(t)$ 的一维概率密度为

$$f_0(x) = \frac{1}{\sigma_n\sqrt{2\pi}}\exp[-x^2/(2\sigma_n^2)] \qquad (5\text{-}1\text{-}34)$$

若仍令判决门限为 b，则将“1”错误判决为“0”的概率 P_{e1} 及将“0”错判为“1”的概率 P_{e2}，可以分别求得为

$$P_{e1} = \int_{-\infty}^{b} f_1(x)\mathrm{d}x = 1 - \frac{1}{2}\left[1 - \mathrm{erf}\left(\frac{b-1}{\sqrt{2\sigma_n^2}}\right)\right] \qquad (5\text{-}1\text{-}35)$$

其中

$$\mathrm{erfc}(x) = \frac{2}{\sqrt{\pi}}\int_0^x \mathrm{e}^{-u^2}\mathrm{d}u \qquad (5\text{-}1\text{-}36)$$

$$P_{e2} = \int_b^{\infty} f_0(x)\mathrm{d}x = \frac{1}{2}\left[1 - \mathrm{erf}\left(\frac{b}{\sqrt{2\sigma_n^2}}\right)\right] \qquad (5\text{-}1\text{-}37)$$

因此，假设 $P(1)=P(0)$，则可得到系统的总误码率 P_e 为

$$P_e=\frac{1}{2}P_{e1}+\frac{1}{2}P_{e2}=\frac{1}{4}\left[1+\operatorname{erf}\left(\frac{b-1}{\sqrt{2\sigma_n^2}}\right)\right]+\frac{1}{4}\left[1-\operatorname{erf}\left(\frac{b}{\sqrt{2\sigma_n^2}}\right)\right] \tag{5-1-38}$$

这时的最佳门限同样可以仿照前面的方法来确定。此时有

$$f_1(x_T)=f_0(x_T) \tag{5-1-39}$$

将式（5-1-33）及式（5-1-34）代入式（5-1-39），即

$$x_T=\frac{1}{2} \tag{5-1-40}$$

而最佳归一化门限值 $b_{0T}=x^T/\sigma_n=\sqrt{r/2}$。将这个结果代入式（5-1-38），则最后得到下式：

$$P_e=\frac{1}{2}\operatorname{erfc}(\sqrt{r/2}) \tag{5-1-41}$$

当大信噪比（$r\gg1$）时，上式变为

$$P_e=\frac{1}{\sqrt{\pi r}}e^{-r/4},\ r=\frac{1}{\sigma_n^2} \tag{5-1-42}$$

比较式（5-1-38）和式（5-1-39）可以看出，在相同的大信器噪比（$r\gg1$）情况下，2ASK信号同步检测时的误码率总是低于包络检波时的误码率，但二者误码率相差并不大。然而，前者不需要稳定的本地相干载波信号，故在电路上要比后者简单很多。

5.2 二进制频移键控

数字频率调制又称频移键控（FSK），二进制频移键控记作 2FSK(binary frequency shift keying)。数字频移键控是用载波的频率来传送数字消息，即用所传送的数字消息控制载波的频率。

5.2.1 基本原理

频移键控是利用两个不同频率 f_1 和 f_2 的振荡源来代表信号 1 和 0。用数字信号的 1 和 0 去控制两个独立的振荡源交替输出，而且 f_1 与 f_2 之间的改变是瞬时完成的一种频移键控技术。它是数字传输中应用较广的一种方式。

1．2FSK 信号及其调制原理

从原理上讲，数字调频可用模拟调频法来实现，也可用键控法来实现。模拟调频法是利用一个矩形脉冲序列对一个载波进行调频，是频移键控通信方式早期采用的实现方法。2FSK 键控法则是利用受矩形脉冲序列控制的开关电路对两个不同的独立频率源进行选通。键控法的特点是转换速度快、波形好、稳定度高且易于实现，故应用广泛。2FSK 信号的产生方法如图 5-6 所示，其产生的波形如图 5-7 所示。

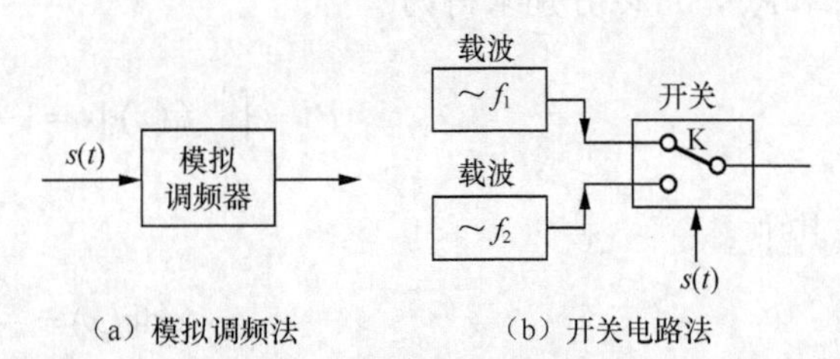

图 5-6 2FSK 信号产生方框图

根据 2FSK 信号产生方框图，进一步推导 2FSK 的表达式。在二进制情况下，“1”码对应于载波频率 f_1，“0”码对应于载波频率 f_2。若 $g(t)$ 代表二进制信息一个“1”码或“0”码的

波形，那么二进制信息序列可表示为$s(t)=\sum_{n} a_n g_T(t-nT_b)$。则以$s(t)$为基带信号的移频键控式，当瞬时值$a_n$为高电平 1（低电平 0）时，对载波$\cos\omega_1 t$进行调制；当$a_n$瞬时值为低电平 0（高电平 1）时，$a_n$的反码$\overline{a_n}$对载波$\cos\omega_2 t$进行调制。若前者出现的概率为 P，那么后者的概率为 1−P。$s(t)$对两个载波的调制在时间上是连续的，这样就得到二进制信息序列控制两个不同频率的载波交替发送，从而形成的 2FSK 信号。由此可见 2FSK（实质是两个连续 2ASK 的合成。因此二进制移频键控信号的时域表达式为

$$s_{2\mathrm{FSK}}(t)=[\sum_{n} a_n g_{\mathrm{T}}(t-nT_{\mathrm{b}})]\cos\omega_1 t+[\sum_{n}\overline{a_n} g_{\mathrm{T}}(t-nT_{\mathrm{b}})]\cos\omega_2 t \tag{5-2-1}$$

这里，$\omega_1=2\pi f_1$，$\omega_2=2\pi f_2$，$\overline{a_n}$是a_n的反码，$\overline{a_n}$和a_n可表示为

$$a_n=\begin{cases}0\ ,\ \ 概率为P\\1\ ,\ 概率为1-P\end{cases}\qquad \overline{a}_n=\begin{cases}0\ ,\ \ 概率为P\\1\ ,\ 概率为1-P\end{cases} \tag{5-2-2}$$

一般情况下，$g(t)$取矩形脉冲。从图 5-7 中以看出，图 5-7（e）是矩形序列$\sum_{n} a_n g_{\mathrm{T}}(t-nT_{\mathrm{b}})$对$\cos\omega_1 t$载波的 2ASK 调制，图 5-7（f）是矩形序列$\sum_{n}\overline{a_n} g_{\mathrm{T}}(t-nT_{\mathrm{b}})$对$\cos\omega_2 t$载波的 2ASK 调制，二者的合成是 2FSK 信号的波形。这里要特别注意a_n和$\overline{a_n}$在时间上是连续存在的，不能同时存在。

2．2FSK 解调原理

二进制 FSK 信号的常用解调方法是采用如图 5-8 所示的非相干解调法和相干解调法。这两种检波方法对信号处理后送到采样判决器。若载波f_1存在表示“1”码，若载波f_2存在表示“0”码。因为“1”和“0”不能同时存在，所以载波f_1和载波f_2不能同时存在，即上下通道的电平就不能同时为高（或低）电平，因此采样判决器根据上下通道信号样值的比较即可判定“1”码还是“0”码。如果上通道信号样值大于下通道信号样值，则判决为“1”码，反之为“0”码，其上下通道解调示意图如图 5-9 所示。这样判决电路可以不用专门设置门限电平。

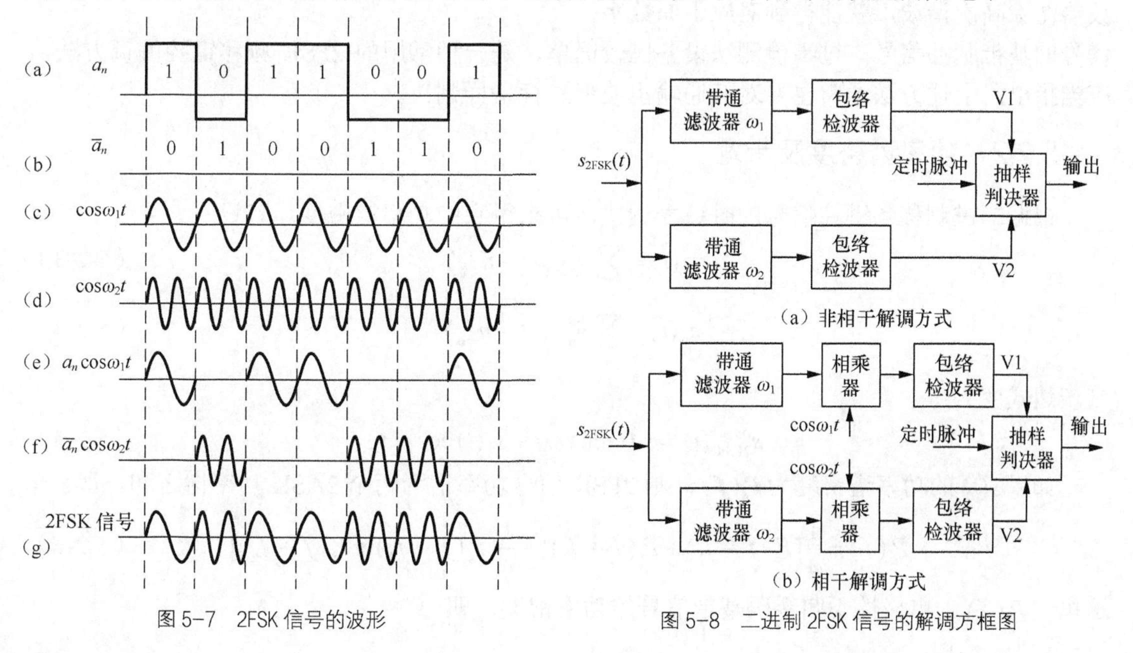

图 5-7　2FSK 信号的波形

图 5-8　二进制 2FSK 信号的解调方框图

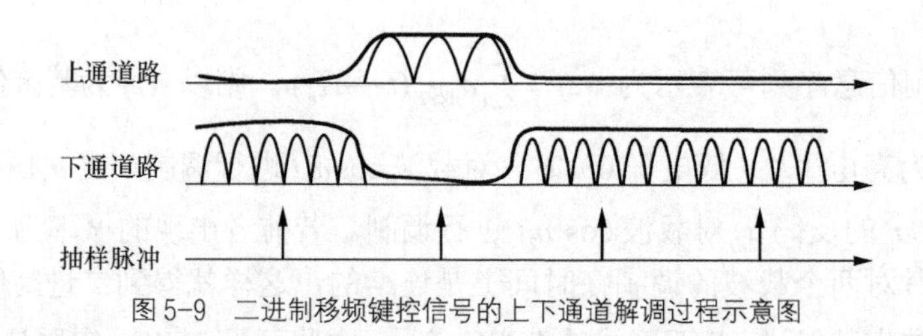

图 5-9　二进制移频键控信号的上下通道解调过程示意图

二进制移频键控（2FSK）信号还有其他解调方法，比如鉴频法、过零检测法及差分检波法等。鉴频法的原理已在前面模拟信号的调频章节介绍过，此处略掉。因为在数字通信系统中过零检测法使用较多，下面简单介绍这种检波法。过零检测法是通过计算 2FSK 信号经过零点的数目的多少来解调出基带数字信号。通过学习 2FSK 信号的调制过程，我们知道 2FSK 信号是由两种不同频率的载波信号组成的，在基带数字信号的一个周期内，两种载波由于频率不一样，通过零点的次数是不同的，过零检测法就是利用这个原理对 2FSK 信号进行解调的。过零检测法的原理框图和各点波形如图 5-10 所示。输入信号 $s_{2FSK}(t)$ 经带通滤波器后，得到 a 点信号，a 与 $s_{2FSK}(t)$ 的形状基本相同。a 经限幅后产生矩形波序列，经微分整流形成与频率变化相应的单极性尖脉冲序列，单极性尖脉冲的疏密反映了输入载波信号频率的高低，脉冲的个数就是载波信号过零点的个数。单极性尖脉冲信号通过脉冲形成器生成矩形归零脉冲序列。矩形脉冲序列越密，所对应的载波频率就越高，该矩形脉冲序列的直流分量就越大；矩形脉冲序列越疏，所对应的载波频率就越低，该矩形脉冲序列的直流分量就越小。最后将矩形脉冲经低通滤波器滤除高次谐波，就能得到对应于原数字信号的基带脉冲信号。过零检测法设备比较简单，是一种常用的 2FSK 频移键控解调方法。应当指出，上述方法通常也要对低通输出波形进行采样判决。

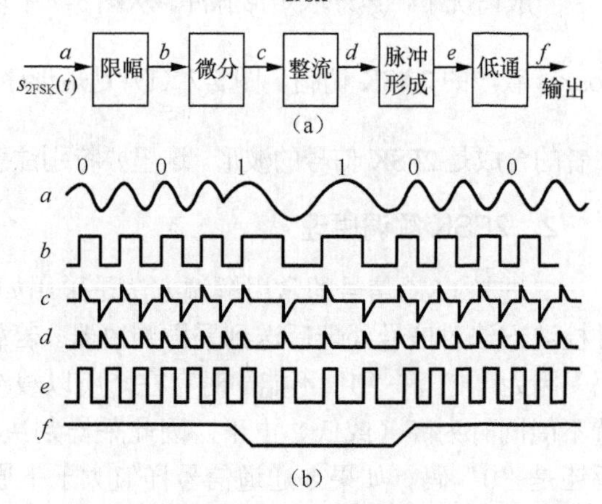

图 5-10　二进制移频键控信号的过零检测法解调示意图

5.2.2　功率谱密度及带宽

根据二进制移频键控信号的时域表达式，可求得它的功率谱密度。若设

$$s_1(t)=\sum_n a_n g_T(t-nT_b) \tag{5-2-3}$$

$$s_2(t)=\sum_n \bar{a}_n g_T(t-nT_b) \tag{5-2-4}$$

则表达式变为

$$s_{2FSK}(t)=s_1(t)\cos\omega_1 t+s_2(t)\cos\omega_2 t \tag{5-2-5}$$

如果 $s(t)$ 的功率谱密度为 $P_s(f)$，则 2FSK 信号功率谱为两个 2ASK 功率谱之和，即

$$P_e(f)=\frac{1}{4}[P_s(f-f_1)+P_s(f+f_1)]+\frac{1}{4}[P_s(f-f_2)+P_s(f+f_2)] \tag{5-2-6}$$

这里，$P_s(f)$ 为单极性不归零码基带信号的功率密度，即

$$P_s(f) = f_b P(1-P)\left|G(f)\right|^2 + f_b^2(1-P)^2\left|G(0)\right|^2\delta(f) = \frac{T_b}{4}\left|Sa(\pi f T_b)\right|^2 + \frac{1}{4}\delta(f) \tag{5-2-7}$$

其频谱如图 5-11（a）所示。

将式子（5-2-7）代入（5-2-6）得到：

$$\begin{aligned}P_e(f) = &\frac{1}{4}f_b P(1-P)\left[\left|G(f+f_1)\right|^2 + \left|G(f-f_1)\right|^2\right] + \frac{1}{4}f_b P(1-P)\left[\left|G(f+f_2)\right|^2 + \left|G(f-f_2)\right|^2\right] \\ &+ \frac{1}{4}f_b^2(1-P)^2\left|G(0)\right|^2\left[\delta(f+f_1)+\delta(f-f_1)\right] + \frac{1}{4}f_b^2P^2\left|G(0)\right|^2\left[\delta(f+f_2)+\delta(f-f_2)\right]\end{aligned} \tag{5-2-8}$$

当发送“1”和发送“0”的概率相等时，概率 P=1/2，上式可简化为

$$\begin{aligned}P_e(f) = &\frac{1}{16}f_b\left[\left|G(f+f_1)\right|^2 + \left|G(f-f_1)\right|^2 + \left|G(f+f_2)\right|^2 + \left|G(f-f_2)\right|^2\right] \\ &+ \frac{1}{16}f_b^2\left|G(0)\right|^2\left[\delta(f+f_1)+\delta(f-f_1)+\delta(f+f_2)+\delta(f-f_2)\right]\end{aligned} \tag{5-2-9}$$

将 $P_s(f)$ 带入 $P_{2FSK}(f)$ 得

$$\begin{aligned}P_e(f) = &\frac{T_b}{16}\left[\left|\frac{\sin\pi(f+f_1)T_b}{\pi(f+f_1)T_b}\right|^2 + \left|\frac{\sin\pi(f-f_1)T_b}{\pi(f-f_1)T_b}\right|^2 + \left|\frac{\sin\pi(f+f_2)T_b}{\pi(f+f_2)T_b}\right|^2 + \left|\frac{\sin\pi(f-f_2)T_b}{\pi(f-f_2)T_b}\right|^2\right] \\ &+ \frac{1}{16}\left[\delta(f+f_1)+\delta(f-f_1)+\delta(f+f_2)+\delta(f-f_2)\right]\end{aligned} \tag{5-2-10}$$

2FSK 功率谱密度的示意图如图 5-11（b）与图 5-11（c）所示。

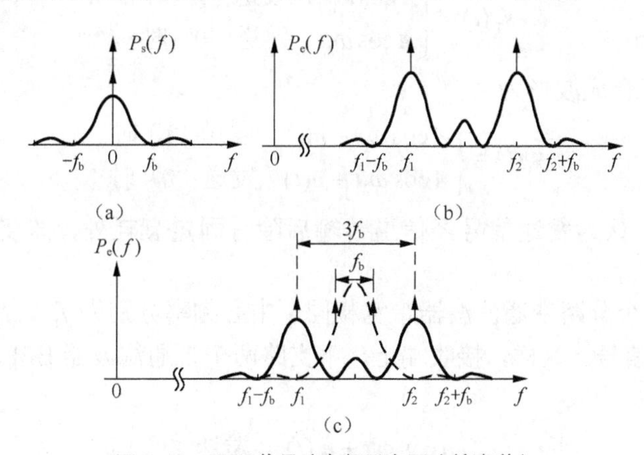

图 5-11　2FSK 信号功率频示意图（单边谱）

从以上分析可以看到：第一，2FSK 信号的功率谱同样由连续谱和离散谱组成，其中，连续谱由两个双边谱叠加而成，而离散谱出现在两个载频位置上；第二，若两个载频之差较小时，比如小于 f_b 时，则连续谱出现单峰，若载频之差逐步增大时，即 f_1 与 f_2 的距离增加，则连续谱将出现双峰，这一点从图 5-11 中可以看出；第三，由上面两个特点看到，传输 2FSK 信号所需的第一零点带宽 B_{2FSK} 约为

$$B_{2FSK} = \left|f_1 - f_2\right| + 2f_b \tag{5-2-11}$$

在 FSK 信号中，当载波频率发生变化时，载波的相位一般是不连续的，这种数字调频成为不连续的 FSK 调制。

5.2.3 二进制频移键控抗噪声性能

与 2ASK 的情形相对应，下面分别以同步检测法和包络检波法两种情况来讨论 2FSK 系统的抗噪声性能，给出误码率，并比较其特点。

1. 同步检测法的系统性能

2FSK 信号采用同步检测法性能分析模型如图 5-12 所示。

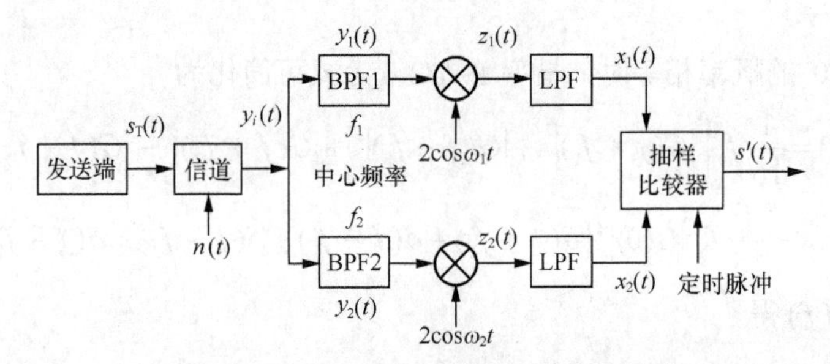

图 5-12 2FSK 信号采用同步检测法性能分析模型

假设信道噪声 $n(t)$为加性高斯白噪声，其均值为 0，双边噪声功率谱密度为$\frac{n_0}{2}$。在一个码元持续时间(0，T_b)内，发送端产生的 2FSK 信号可表示为

$$s_T(t)=\begin{cases}A\cos\omega_1 t, & 发送“1”时\\ A\cos\omega_2 t & 发送“0”时\end{cases} \tag{5-2-12}$$

则接收机输入端合成波形为

$$y_i(t)=\begin{cases}A\cos\omega_1 t+n(t) & 发送“1”时\\ A\cos\omega_2 t+n(t) & 发送“0”时\end{cases} \tag{5-2-13}$$

其中，为简单起见，认为发送信号经信道传输后除有固定衰耗外，未受到畸变，信号幅度 $A\to a$。

图 5-12 中，两个分路带通滤波器带宽相同，中心频率分别为 f_1、f_2，用以分开两路分别相应于 ω_1、ω_2 的信号。这样，接收端上、下支路两个带通滤波器 BPF_1、BPF_2 的输出波形分别为

$$y_1(t)=\begin{cases}a\cos\omega_1 t+n_1(t), & 发送“1”时\\ n_1(t) & 发送“0”时\end{cases} \tag{5-2-14}$$

$$y_2(t)=\begin{cases}a\cos\omega_2 t+n_2(t), & 发送“1”时\\ n_2(t) & 发送“0”时\end{cases} \tag{5-2-15}$$

其中，$n_1(t)$、$n_2(t)$ 皆为窄带高斯噪声，两者统计规律相同（输入同一噪声源、BPF 带宽相同），数字特征均同于 $n(t)$，均值为 0，方差为 σ_n^2。依据第 3 章的分析，$n_1(t)$、$n_2(t)$ 进一步可分别表示为

$$n_1(t)=n_{1c}(t)\cos\omega_1 t-n_{1s}(t)\sin\omega_1 t \tag{5-2-16}$$

$$n_2(t)=n_{2c}(t)\cos\omega_2 t-n_{2s}(t)\sin\omega_2 t \tag{5-2-17}$$

式中，$n_{1c}(t)$、$n_{1s}(t)$分别为$n_1(t)$的同相分量和正交分量；$n_{2c}(t)$、$n_{2s}(t)$分别为$n_2(t)$的同相分量和正交分量。四者皆为低通型高斯噪声，统计特性分别同于$n_1(t)$和$n_2(t)$，即均值都为0，方差都为σ_n^2。则进一步得到

$$y_1(t)=\begin{cases}[a+n_{1c}(t)]\cos\omega_1 t-n_{1s}(t)\sin\omega_1 t, & 发“1”\\ n_{1c}(t)\cos\omega_1 t-n_{1s}(t)\sin\omega_1 t, & 发“0”\end{cases} \tag{5-2-18}$$

$$y_2(t)=\begin{cases}n_{2c}(t)\cos\omega_2 t-n_{2s}(t)\sin\omega_2 t, & 发“1”\\ [a+n_{2c}(t)]\cos\omega_2 t-n_{2s}(t)\sin\omega_2 t, & 发“0”\end{cases} \tag{5-2-19}$$

假设在(0，T_b)区间发送“1”符号，则上下支路带通滤波器输出信号分别为

$$y_1(t)=[a+n_{1c}(t)]\cos\omega_1 t-n_{1s}(t)\sin\omega_1 t \tag{5-2-20}$$

$$y_2(t)=n_{2c}(t)\cos\omega_2 t-n_{2s}(t)\sin\omega_2 t \tag{5-2-21}$$

与各自的相干载波相乘后，得

$$z_1(t)=2y_1(t)\cos\omega_1 t=[a+n_{1c}(t)]+[a+n_{1c}(t)]\cos 2\omega_1 t-n_{1s}(t)\sin 2\omega_1 t \tag{5-2-22}$$

$$z_2(t)=2y_2(t)\cos\omega_2 t=n_{2c}(t)+n_{2c}(t)\cos 2\omega_2 t-n_{2s}(t)\sin 2\omega_2 t \tag{5-2-23}$$

分别通过上、下支路低通滤波器，输出

$$\begin{cases}x_1(t)=a+n_{1c}(t)\\ x_2(t)=n_{2c}(t)\end{cases} \tag{5-2-24}$$

因为$n_{1c}(t)$和$n_{2c}(t)$均为高斯型噪声，故$x_1(t)$的抽样值$x_1=a+n_{1c}$，是均值为a，方差为σ_n^2的高斯变量；$x_2(t)$抽样值$x_2=n_{2c}$，是均值为0，方差为σ_n^2的高斯变量。抽样判决器对两路信号的判决只需比较它们抽样值的大小，若抽样值$x_1>x_2$，则判为“1”码，则错误概率$P(0/1)$为

$$P(0/1)=P(x_1<x_2)=P(x_1-x_2<0)=P(z<0) \tag{5-2-25}$$

式中，$z=x_1-x_2$。显然，z也是高斯随机变量，且均值为a，方差为σ_n^2（可以证明，$\sigma_z^2=2\sigma_z^2$），其一维概率密度函数可表示为

$$f(z)=\frac{1}{\sqrt{2\pi}\sigma_z}\exp\left[-\frac{(z-a)^2}{2\sigma_z^2}\right] \tag{5-2-26}$$

$f(z)$的曲线如图5-13所示。$P(z<0)$即为图中阴影部分的面积。于是

$$\begin{aligned}P(0/1)=P(z<0)&=\int_{-\infty}^{0}f(z)\mathrm{d}z=\frac{1}{\sqrt{2\pi}\sigma_z}\int_{-\infty}^{0}\exp\left\{-\frac{(x_1-a)^2}{2\sigma_z^2}\right\}\mathrm{d}z\\ &=\frac{1}{2\sqrt{\pi}\sigma_z}\int_{-\infty}^{0}\exp\left\{-\frac{(x_1-a)^2}{4\sigma_z^2}\right\}\mathrm{d}z\end{aligned} \tag{5-2-27}$$

式中，$r=\dfrac{a^2}{2\sigma_z^2}$为图5-12中分路滤波器输出端信噪功率比。

同理可得，发送“0”码而错判为“1”码的概率$P(1/0)$为

$$P(1/0)=P(x_1>x_2)=\frac{1}{2}\mathrm{erfc}\sqrt{\frac{r}{2}} \tag{5-2-28}$$

于是可得2FSK信号采用同步检测法解调时系统的误码率为

$$P_{\mathrm{e}}=P(1)P(0/1)+P(0)P(1/0)=\frac{1}{2}\operatorname{erfc}\sqrt{\frac{r}{2}}[P(1)+P(0)]$$
$$=\frac{1}{2}\operatorname{erfc}\sqrt{\frac{r}{2}} \tag{5-2-29}$$

在大信噪比条件下，即 $r\gg1$ 时，式（5-2-29）可近似表示为

$$P_{\mathrm{e}}\approx\frac{1}{\sqrt{2\pi r}}\mathrm{e}^{-\frac{r}{2}} \tag{5-2-30}$$

2．包络检波法的系统性能

由于一路 2FSK 信号可视为两路 2ASK 信号，所以，2FSK 信号也可以采用包络检波法解调。性能分析模型如图 5-14 所示。

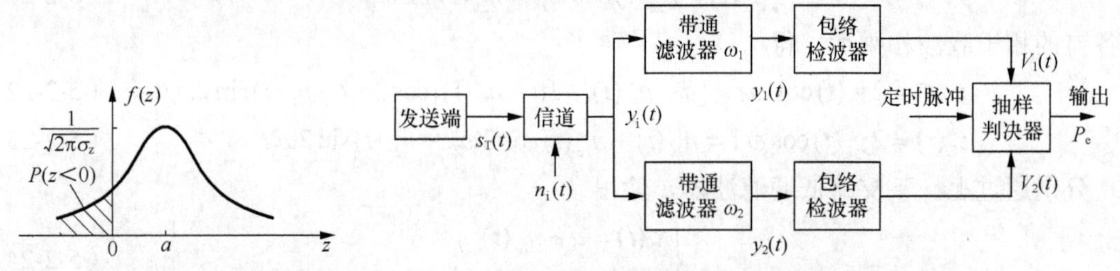

图 5-13　正态随机变量 z 的一维分布　　　图 5-14　2FSK 信号采用包络检测法性能分析模型

与同步检测法解调相同，接收端上下支路两个带通滤波器的输出波形 $y_1(t)$ 和 $y_2(t)$ 分别表示为式（5-2-20）和式（5-2-21）。

若在$(0,\ T_{\mathrm{b}})$发送“1”码，则 $y_1(t)$ 和 $y_2(t)$ 分别为

$$\begin{aligned}y_1(t)&=\left[a+n_{1\mathrm{c}}(t)\right]\cos\omega_1 t-n_{1\mathrm{s}}(t)\sin\omega_1 t\\&=\sqrt{\left[a+n_{1\mathrm{c}}(t)\right]^2+n_{1\mathrm{s}}^2(t)}\cos\left[\omega_1 t+\varphi_1(t)\right]\\&=\upsilon_1(t)\cos[\omega_1 t+\varphi_1(t)]\end{aligned} \tag{5-2-31}$$

$$\begin{aligned}y_2(t)&=\left[a+n_{2\mathrm{c}}(t)\right]\cos\omega_2 t-n_{2\mathrm{s}}(t)\sin\omega_1 t\\&=\sqrt{\left[a+n_{2\mathrm{c}}(t)\right]^2+n_{2\mathrm{s}}^2(t)}\cos\left[\omega_2 t+\varphi_2(t)\right]\\&=\upsilon_2(t)\cos[\omega_2 t+\varphi_2(t)]\end{aligned} \tag{5-2-32}$$

由于 $y_1(t)$ 具有正弦波加窄带噪声形式，故其包络 $\upsilon_1(t)$ 的抽样值 υ_1 的一维概率密度函数呈广义瑞利分布；$y_2(t)$ 为窄带噪声，故其包络 $\upsilon_2(t)$ 的抽样值 υ_2 的一维概率密度函数呈瑞利分布。显然，当 $\upsilon_1<\upsilon_2$ 时，会发生将“1”码判决为“0”码的错误。该错误的概率 $P(0/1)$ 就是发“1”时 $\upsilon_1<\upsilon_2$ 的概率。经过计算，得

$$P(0/1)=P(\upsilon_1<\upsilon_2)=\frac{1}{2}\mathrm{e}^{-r/2} \tag{5-2-33}$$

式中，$r=\dfrac{a^2}{2\sigma_{\mathrm{z}}^2}$ 为图 5-14 中分路滤波器输出端信噪功率比。

同理可得，发送“0”码而错判为“1”码的概率 $P(1/0)$ 为 $\upsilon_1>\upsilon_2$ 的概率。经计算得

$$P(1/0) = P(\upsilon_1 > \upsilon_2) = \frac{1}{2}\mathrm{e}^{-r/2} \tag{5-2-34}$$

于是可得 2FSK 信号采用包络检波法解调时系统的误码率为

$$P_\mathrm{e} = P(1)P(1/0) + P(0)P(0/1) = \frac{1}{2}\mathrm{e}^{-r/2} \tag{5-2-35}$$

由式（5-2-35）可见，包络检波法解调时 2FSK 系统的误码率将随输入信噪比的增加而成指数规律下降。

将相干解调与包络（非相干）解调系统误码率进行比较，可以发现以下两点。

（1）输入信号信噪比 r 一定时，相干解调的误码率小于非相干解调的误码率；当系统的误码率一定时，相干解调比非相干解调对输入信号的信噪比要求低。所以相干解调 2FSK 系统的抗噪声性能优于非相干的包络检测。但当输入信号的信噪比 r 很大时，两者的相对差别不很明显。

（2）相干解调时，需要插入两个相干载波，电路较为复杂。包络检测无需相干载波，因而电路较为简单。一般而言，大信噪比时常用包络检测法，小信噪比时常用相干解调法，这与 2ASK 的情况相同。

【例 5-2】 采用二进制频移键控方式在有效带宽为 2400Hz 信道上传送二进制数字信息。已知 2FSK 信号的两个频率，$f_1 = 2025\text{Hz}, f_2 = 2225\text{Hz}$, 码元速率 $R_\mathrm{B} = 300\text{Baud}$，信道输出端的信噪比为 6dB。试求：

（1）2FSK 信号的第一零点带宽；

（2）采用包络检波法解调时系统的误码率；

（3）采用相干解调法时系统的误码率。

解 （1）根据式（5-2-11），该 2FSK 信号的带宽为

$$\Delta f \approx |f_1 - f_2| + 2f_\mathrm{s} = 800\text{Hz}$$

（2）因码元速率为 300Baud，上下支路的带宽近似为

$$B \approx 2f_\mathrm{s} = 600\text{Hz}$$

又因为已知信道有效带宽为 2400Hz，它是支路带通滤波器带宽的 4 倍，所以输出信噪比 r 比输入信噪比提高了 4 倍。又由于输入信噪比为 6dB（$10^{0.6} \approx 4$，即 4 倍），故带通滤波器输出信噪比应为

$$r = 4 \times 4 = 16$$

可得包络检波法解调时系统的误码率为

$$P_\mathrm{e} = \frac{1}{2}\mathrm{e}^{-r/2} = \frac{1}{2}\mathrm{e}^{-8} = 1.68 \times 10^{-4}$$

（3）同理，可得相干解调时系统的误码率为

$$P_\mathrm{e} = \frac{1}{\sqrt{2\pi r}}\mathrm{e}^{-r/2} = 3.17 \times 10^{-5}$$

5.3 二进制相移键控

数字相位调制又称相移键控，记作 PSK(Phase Shift Keying)。它们是利用载波振荡相位的

变化来传送数字信息，通常又把它们分为绝对相移（PSK）和相对相移（DPSK：Differential PSK）两种。

5.3.1 基本原理

本节将对二进制绝对相移（2PSK）和二进制相对相移（2DPSK）的调制、解调原理、频谱、带宽特性以及抗噪声性能加以分析，并将两种调制的特点进行比较。

1．绝对相移基本原理及实现方法

绝对相移是利用载波的相位（指初相）直接表示数字信号的相移方式：二进制相移键控中通常用相位 0 和 π 来分别表示“0”或“1”。2PSK 已调信号的时域表达式为

$$s_{2\mathrm{PSK}}(t)=s(t)\cos\omega_{\mathrm{c}}t \tag{5-3-1}$$

这里 $s(t)$ 与 2ASK 及 2FSK 式不同，为双极性数字基带信号，即

$$s(t)=\sum_n a_n g_{\mathrm{T}}(t-nT_{\mathrm{b}}) \tag{5-3-2}$$

式中，$g(t)$是高度为1，宽度为 T_{b} 的门函数。

$$a_n=\begin{cases}+1, & \text{概率为}P, \quad \text{发送“0”}\\ -1, & \text{概率为}1-P, \quad \text{发送“1”}\end{cases} \tag{5-3-3}$$

因此，在某一个码元持续时间 T_{b} 内观察时，有

$$s_{2\mathrm{PSK}}(t)=\pm\cos\omega_{\mathrm{c}}t=\cos(\omega_{\mathrm{c}}t+\varphi_{\mathrm{i}}) \quad ,\varphi_{\mathrm{i}}=0\text{或}\pi \tag{5-3-4}$$

当码元宽度为 T_{b}，载波周期为 T_{c} 的整数倍时，2PSK 信号的典型波形如图 5-15 所示。

2PSK 信号的调制方框图如图 5-16 所示。图 5-16（a）是产生 2PSK 信号的模拟调制法框图，图 5-16（b）是产生 2PSK 信号的键控法框图。

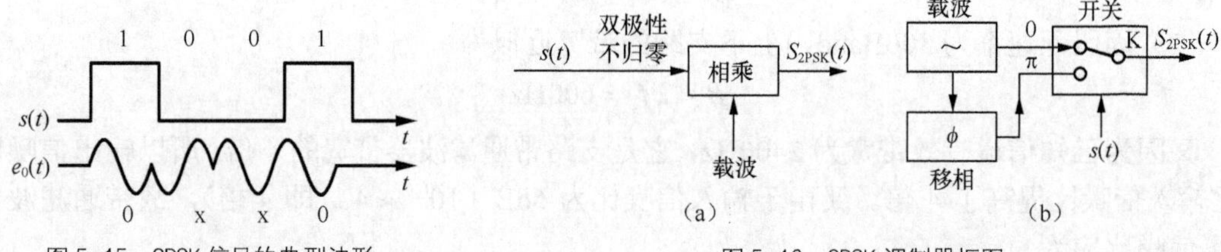

图 5-15 2PSK 信号的典型波形　　图 5-16 2PSK 调制器框图

就模拟调制法而言，与产生 2ASK 信号的方法比较，只是对 $s(t)$ 要求不同，因此 2PSK 信号可看作两个相位相反的 2ASK 信号之和。而就键控法来说，用数字基带信号 $s(t)$ 控制开关电路，选择不同相位的载波输出，这时 $s(t)$ 为单极性 NRZ 或双极性脉冲序列信号均可。

2．绝对相移解调原理

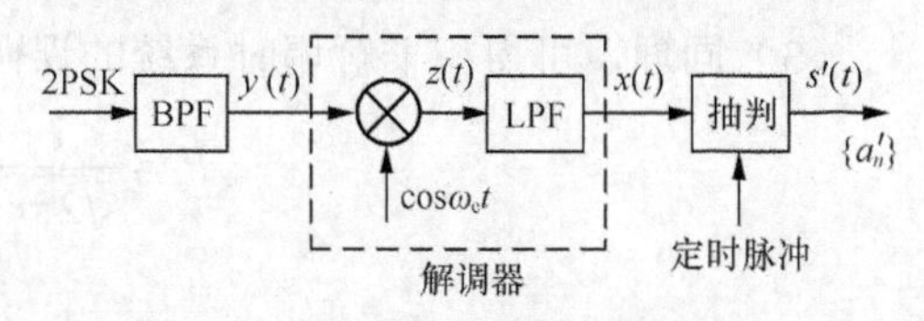

图 5-17 2PSK 信号相干解调方框图

2PSK 信号的解调，不能采用包络检测的方法，只能进行相干解调，其方框图如图 5-17 所示，工作原理简要分析如下。

不考虑噪声时，带通滤波器输出可表示为

$$y(t)=\cos(\omega_{\mathrm{c}}t+\varphi_n) \tag{5-3-5}$$

式中，φ_n 为 2PSK 信号某一码元的初相。$\varphi_n = 0$ 时，代表数字“0”；$\varphi_n = \pi$ 时，代表数字“1”。与同步载波 $\cos\omega_c t$ 相乘后，输出为

$$z(t) = \cos(\omega_c t + \varphi_n)\cos\omega_c t = \frac{1}{2}\cos\varphi_n + \frac{1}{2}\cos(2\omega_c t + \varphi_n) \tag{5-3-6}$$

经低通滤波器滤除高频分量，得解调器输出为

$$x(t) = \frac{1}{2}\cos\varphi_n = \begin{cases} 1/2, & \varphi_n = 0\text{时} \\ -1/2, & \varphi_n = \pi\text{时} \end{cases} \tag{5-3-7}$$

根据发端产生 2PSK 信号时 φ_n (0 或 π)代表数字信息(“0”或“1”)的规定，以及收端 $x(t)$ 与 φ_n 的关系的特性，则抽样判决器的判决准则为

$$\begin{cases} x \geqslant 0, & \text{判为“0”} \\ x < 0, & \text{判为“1”} \end{cases} \tag{5-3-8}$$

其中 x 为 $x(t)$ 在抽样时刻的值。

2PSK 接收系统各点波形如图 5-18 所示。

可以看出，2PSK 信号相干解调的过程实际上是输入已调信号与本地载波信号进行极性比较的过程，故常称为极性比较法解调。

由于 2PSK 信号实际上是以一个固定初相的载波为参考，因此解调时必须有与此同频同相的同步载波。如果同步载波的相位发生变化，如 0 相位变为 π 相位或 π 相位变为 0 相位，则恢复的数字信息就会发生“0”变“1”或“1”变“0”，从而造成错误的恢复。这种因为本地参考载波倒相，而在接收端发生错误恢复的现象称为“倒 π”现象或“反向工作”现象。绝对相移的主要缺点是容易产生相位模糊，造成反向工作，这也是它实际应用较少的主要原因。

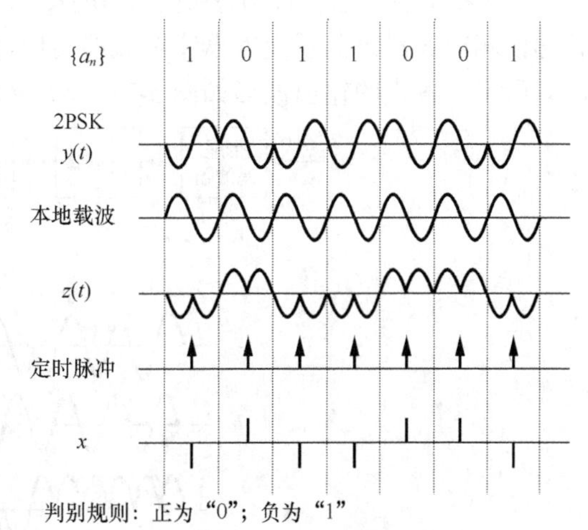

图 5-18　2PSK 接收系统各点波形

3. 相对相移调制原理

二进制相对（差分）相移键控（2DPSK）方式，它是先将绝对码序列（信源码流）$\{a_n\}$ 换为相对码（差分码）之后，再进行如上的 2PSK 调制过程。差分码的编码规则及产生方法在第 4 章作过详细介绍。设 a_n 为绝对码，b_n 为差分码，则传号差分码的编码规则为

$$b_n = a_n \oplus b_{n-1} \tag{5-3-9}$$

2DPSK 信号的波形如图 5-19 所示。

2DPSK 信号的产生有两种方法，如图 5-20 所示。

其中：$g'(t)$ 和 $g''(t)$ 分别为与绝对码 a_n 和差分码 b_n 相对应的双极性数字基带信号波形。

可以看出，只要 2DPSK 信号前后码元的相对相位关系不被破坏，接收端就可正确解调，避免发生相位模糊现象。

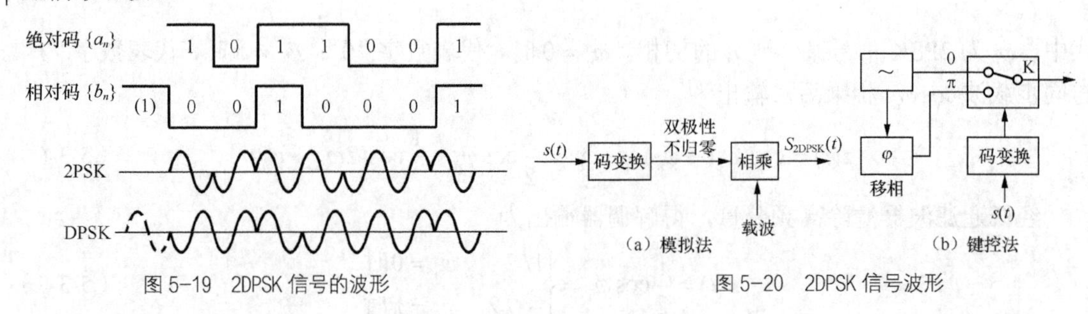

图 5-19　2DPSK 信号的波形　　　图 5-20　2DPSK 信号波形

4．相对相移解调原理

2DPSK 信号的解调，主要有两种方法：第一种方法是相干解调法，又称极性比较法或码反变换法；第二种方法是差分相干解调法。

（1）相干解调法　此方法是把 2DPSK 信号看成是 2PSK 信号进行相干解调，然后把解调输出的相对码经过码反变换器变换成绝对码，即为解调器的输出，相干解调的方框图如图 5-21（a）所示，各点的输出波形如图 5-21（b）所示。

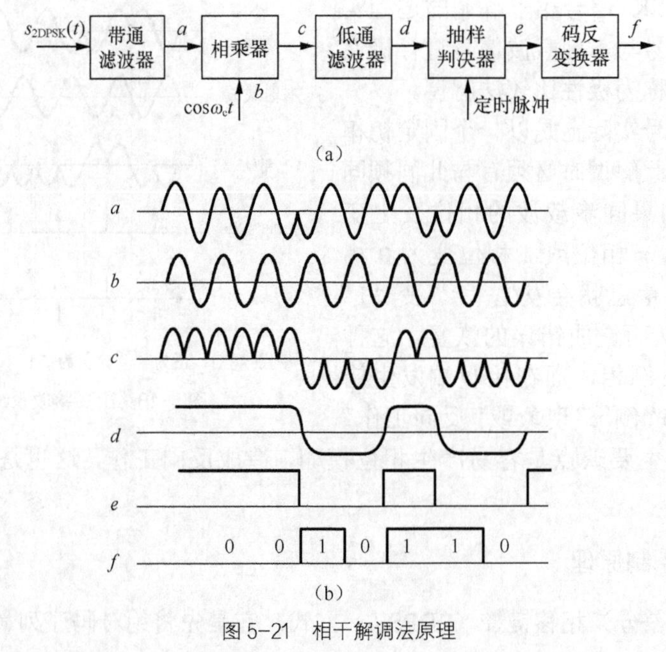

图 5-21　相干解调法原理

由相对码变换为绝对码时，需要进行差分译码（即码反变换），由式（5-3-9）可知传号差分译码规则为

$$\tilde{a}_n = \tilde{b}_n \oplus \tilde{b}_{n-1} \tag{5-3-10}$$

【例 5-3】　试将二进制码序列 101110110（相对码变为绝对码）。

解　相对码序列　$\{\tilde{b}_n\}$　(0)　1　0　1　1　1　0　1　1　0

$\{\tilde{b}_{n-1}\}$　0　1　0　1　1　1　0　1　1

绝对码序列　$\{\tilde{a}_n\}$　1　1　1　0　0　1　1　0　1

码反变换还可以用图 5-22（a）来所示的方框图实现，它包括微分整流电路和脉冲展宽电路。脉冲展宽电路将微分整流电路输出的每个窄脉冲扩展为一个不归零的展宽脉冲。其工作过程如图 5-22（b）所示。

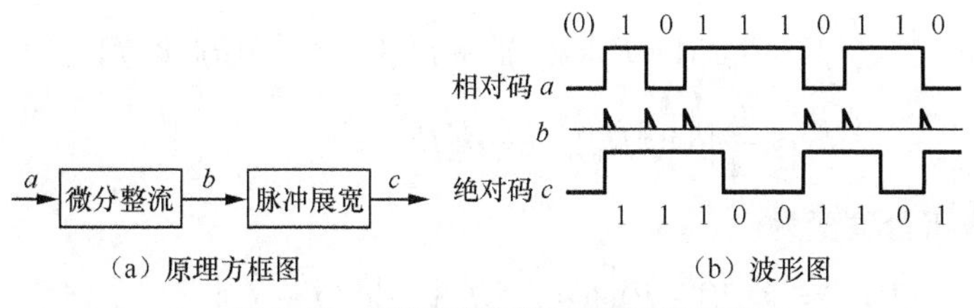

图 5-22 码反变换原理方框图和波形图

（2）差分相干解调法 差分相干解调是一种变相的相干解调，是把 2DPSK 信号延迟一个码元间隔 T_b 后作为本地参考载波进行相干解调，差分相干解调的方框图如图 5-23（a）所示，其各点的波形图如图 5-23（b）所示。

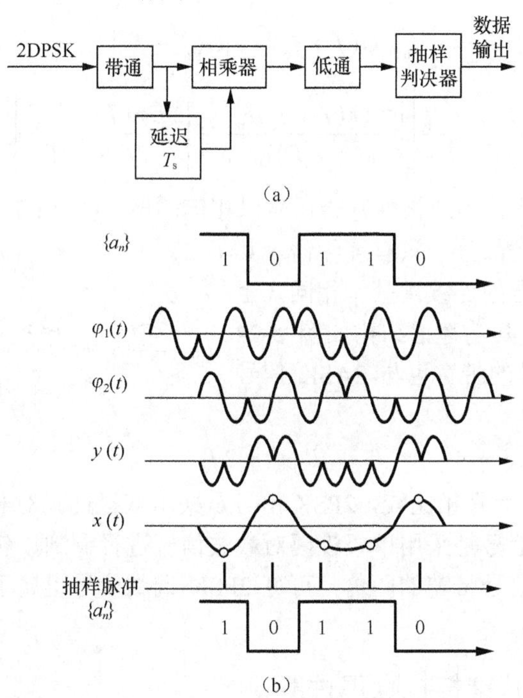

图 5-23 2DPSK 差分相干解调方框图及波形图

这种方法的特点是：解调的同时完成码反变换，且不需要本地参考载波，但需要一个延迟为 T_b 的精确延迟电路。

5.3.2 功率谱密度及带宽

2DPSK 信号与 2PSK 信号只相差一个码变换及码反变换，而不影响其频谱结构，因此，2DPSK 信号与 2PSK 信号的频谱完全相同，故这里主要以 2PSK 为例讨论频谱密度及带宽。

根据 2PSK 信号的表达式与 2ASK 信号的表达式比较可知，它们的形式完全相同，只是 a_n 的取值不同，因此在求 2PSK 信号的功率谱密度时，也可以采用求 2ASK 信号功率谱密度相同的方法，但没有离散的载波谱线。2PSK 信号功率谱密度可写成

$$p_{\mathrm{e}}(f)=\frac{1}{4}\left[p_{\mathrm{s}}(f+f_{\mathrm{c}})+p_{\mathrm{s}}(f-f_{\mathrm{c}})\right] \tag{5-3-11}$$

这里，$P_{\mathrm{s}}(f)$ 为双极性不归零码基带信号的功率密度，即

$$\begin{aligned}P_{\mathrm{s}}(f)&=f_{\mathrm{b}}P(1-P)\left|G(f)\right|^2+f_{\mathrm{b}}^2(1-P)^2\left|G(0)\right|^2\delta(f)\\&=\frac{T_b}{4}\left|Sa(\pi fT_{\mathrm{b}})\right|^2+\frac{1}{4}\delta(f)\end{aligned} \tag{5-3-12}$$

则 2PSK 信号功率谱密度变为

$$\begin{aligned}P_{\mathrm{e}}(f)=&f_{\mathrm{b}}P(1-P)\left[\left|G(f+f_{\mathrm{c}})\right|^2+\left|G(f-f_{\mathrm{c}})\right|^2\right]\\&+\frac{1}{4}f_{\mathrm{b}}^2(1-2P)^2\left|G(0)\right|^2\left[\delta(f+f_{\mathrm{c}})+\delta(f-f_{\mathrm{c}})\right]\end{aligned} \tag{5-3-13}$$

当概率相等时，$P=\frac{1}{2}$，上式又变为

$$\begin{aligned}P_{\mathrm{e}}(f)&=\frac{1}{4}f_{\mathrm{b}}\left[\left|G(f+f_{\mathrm{c}})\right|^2+\left|G(f-f_{\mathrm{c}})\right|^2\right]\\&=\frac{T_{\mathrm{b}}}{4}\left[\left|\frac{\sin\pi(f+f_{\mathrm{c}})T_{\mathrm{b}}}{\pi(f+f_{\mathrm{c}})T_{\mathrm{b}}}\right|^2+\left|\frac{\sin\pi(f-f_{\mathrm{c}})T_{\mathrm{b}}}{\pi(f-f_{\mathrm{c}})T_{\mathrm{b}}}\right|^2\right]\end{aligned} \tag{5-3-14}$$

由以上分析可以看出，当双极性基带信号以相等的概率($P=1/2$)出现时，2PSK 信号的功率谱密度将不存在离散谱部分，只有连续谱。其连续谱部分与 2ASK 信号的连续谱基本相同（至多相差一个常数因子），其功率谱结构如图 5-24 所示。因此，2PSK 信号的带宽也与 2ASK 信号的相同，即

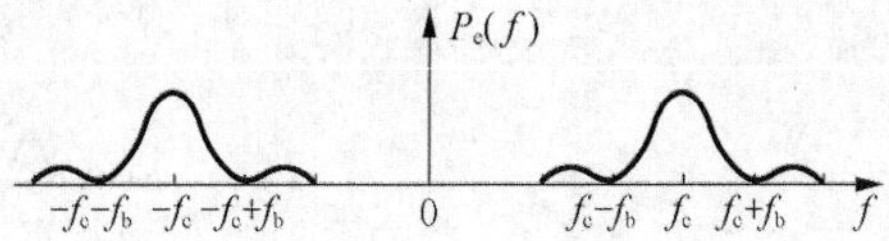

图 5-24　2PSK 信号的功率谱密度

$$B_{\mathrm{2PSK}}=2f_{\mathrm{b}} \tag{5-3-15}$$

2PSK 信号与 2ASK 信号相比较，2PSK 信号是采用双极性码对载波信号进行调制，不包含有直流分量。2ASK 信号是采用单极性码对载波信号进行调制，包含有直流分量。它们的带宽是一样的，是基带信号带宽的两倍，可见 2PSK 调制信号也属于线性调制，这一点与模拟调相信号是不同的。

5.3.3　二进制相移键控抗噪声性能

前面讨论过 2PSK 信号和 2DPSK 信号解调过程，对于 2PSK 信号通常用极性比较法，即同步检测法。对于 2DPSK 信号则采用相位比较法，即差分相干检测法。

1. 2PSK 系统同步检测法抗噪声性能

其系统噪声分析模型如图 5-25 所示。

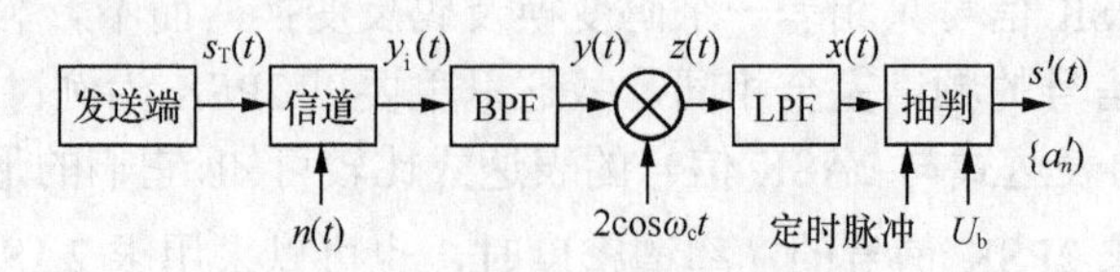

图 5-25　2PSK 系统噪声分析模型

从 2PSK 同步检测系统可以看出，在一个信号码元的持续时间内带通滤波器的输出波形为

$$y_1(t)=\begin{cases}[a+n_c(t)]\cos\omega_c t-n_s(t)\sin\omega_c t, & 发“1”时\\ [-a+n_c(t)]\cos\omega_c t-n_s(t)\sin\omega_c t, & 发“0”时\end{cases} \tag{5-3-16}$$

经过乘法器和低通滤波器的输出波形可表示为

$$x(t)=\begin{cases}a+n_c(t) \quad , & 发送“1”时\\ -a+n_c(t) \quad , & 发送“0”时\end{cases} \tag{5-3-17}$$

所以发送“1”码时，送到采样判决器的样值概率分布为

$$f_1(x)=\frac{1}{\sqrt{2\pi}\sigma_n}\exp\left[-\frac{(x-a)^2}{2\sigma_n^2}\right], 发送“1”时 \tag{5-3-18}$$

发送“0”码时，送到采样判决器的样值概率分布为

$$f_0(x)=\frac{1}{\sqrt{2\pi}\sigma_n}\exp\left[-\frac{(x+a)^2}{2\sigma_n^2}\right], 发送“0”时 \tag{5-3-19}$$

这里应当注意，采样判决电平为零，即当发送“1”时，只有由于噪声 $n_c(t)$ 叠加结果使 $x(t)$ 在采样判决时刻变为小于 0 值时，才发生将“1”判为“0”的错误，于是将“1”判为“0”的错误概率 P_{e1} 为

$$P_{e1}=\int_{-\infty}^{0}f_1(x)\mathrm{d}x=\frac{1}{\sqrt{2\pi}\sigma_z}\int_{-\infty}^{0}\exp\left\{-\frac{(x-a)^2}{2\sigma_z^2}\right\}\mathrm{d}x=\frac{1}{2}\mathrm{erfc}(\sqrt{r}) \tag{5-3-20}$$

同理，将“0”判为“1”的错误概率 P_{e0} 为

$$P_{e0}=\int_{0}^{\infty}f_0(x)\mathrm{d}x=\frac{1}{\sqrt{2\pi}\sigma_z}\int_{0}^{\infty}\exp\left\{-\frac{(x+a)^2}{2\sigma_z^2}\right\}\mathrm{d}x=\frac{1}{2}\mathrm{erfc}(\sqrt{r}) \tag{5-3-21}$$

式中，$r=\dfrac{a^2}{2\sigma_z^2}$。

所以发送端“0”、“1”等概时，2PSK 系统同步检波的总误码率为

$$P_e=\frac{1}{2}\mathrm{erfc}(\sqrt{r}) \tag{5-3-22}$$

在大信噪比情况下

$$P_e\approx\frac{1}{2\sqrt{\pi r}}\mathrm{e}^{-r} \tag{5-3-23}$$

2. 2DPSK 系统差分相干解调法性能

对于 2DPSK 信号的解调方式可采用极性比较法解调，即对差分移相信号先用相干检测法解调，然后将所得的相对码转换成所需的绝对码。因此 2DPSK 采用相干检测法解调，其误码率主要由两个环节决定：一个是采用 2PSK 相干检测法造成的误码，另一个是码变换器将差分码转换成绝对码的过程中产生的误码。经过理论推导可得，在大信噪比的情况下相干解调的 2DPSK 误码率近似为 2PSK 相干检测法造成的误码的 2 倍，即

$$P_e\approx\frac{1}{\sqrt{\pi r}}\mathrm{e}^{-r} \tag{5-3-24}$$

对于 2DPSK 信号的解调方式也可采用相位比较解调的方法（差分相干解调法），其系统噪声分析模型如图 5-26 所示。发送端发送“0”、“1”等概时，2DPSK 相位比较解调方法的系统总误码率为

$$P_e = \frac{1}{2}e^{-r} \tag{5-3-25}$$

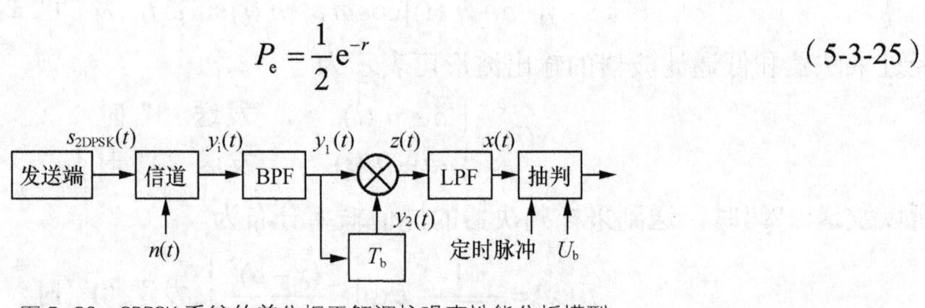

图 5-26　2DPSK 系统的差分相干解调抗噪声性能分析模型

【例 5-4】 用 2DPSK 在某微波线路上传送二进制数字信息，已知传码率为 10^6 波特，接收机输入端的高斯白噪声的双边功率谱密度为 $n_0/2=10^{-10}$W/Hz，若要求误码率 $P_e \leqslant 10^{-4}$，求：

（1）采用相干解调-码变换法接收时，接收机输入端的最小信号功率；

（2）采用差分法接收时，接收机输入端的最小信号功率。

解 （1）相干解调-码变换法

$$P_e = \mathrm{erfc}(\sqrt{r}) = 1 - \mathrm{erf}\sqrt{r}$$

有

$$\mathrm{erf}(\sqrt{r}) = 1 - P_e \geqslant 0.9999$$

查 $erfc(x)$ 函数表，得 $\sqrt{r} = 2.75$，所以 r=7.5625。

因为
$$\sigma_n^2 = n_0 B = n_0 \times 2R_B = 2\times10^{-10}\times2\times10^6 = 4\times10^{-4}$$

$$r = \frac{a^2}{2\sigma_z^2} \geqslant 7.5625$$

所以
$$p = \frac{a^2}{2} \geqslant r\sigma_n^2 = 7.5625\times4\times10^{-4} = 3.025\times10^{-3}\,\mathrm{W}$$

（2）采用差分法接收时

$$P_e = \frac{1}{2}e^{-r} \leqslant 10^{-4}$$

有

$$r = \frac{a^2}{2\sigma_z^2} \geqslant 8.5172$$

所以
$$p = \frac{a^2}{2} \geqslant r\sigma_n^2 = 8.5172\times4\times10^{-4} = 3.407\times10^{-3}\,\mathrm{W}$$

5.4　二进制数字调制系统的性能比较

我们已经分别研究了二进制数字调制系统的几种主要的性能，比如系统的频带宽度、调

制与解调方法以及误码率等。下面就针对这几方面的性能作一下简要比较。

1．频带宽度

当码元宽度为 T_b 时，2ASK 系统和 2PSK 的第一零点带宽为 $\frac{2}{T_b}$，2FSK 系统的第一零点带宽为 $|f_1-f_2|+\frac{2}{T_b}$。因此从频带利用率的角度看，2FSK 系统频带利用率不如前两者高。

2．误码率

对于 2ASK、2FSK、2PSK 系统相干解调时，在相同误码率条件下，在信噪比要求上 2PSK 比 2FSK 小 3dB，2FSK 比 2ASK 小 3dB，因此在抗加性高斯白噪声方面，相干解调 2PSK 性能最好，2FSK 性能次之，2ASK 性能最差。2PSK 系统抗噪声性能优于 2DPSK 系统，但它有反向工作现象，故在实际工程中广泛应用 2DPSK 系统。图 5-27 所示为按表 5-1 画出的误码率曲线。

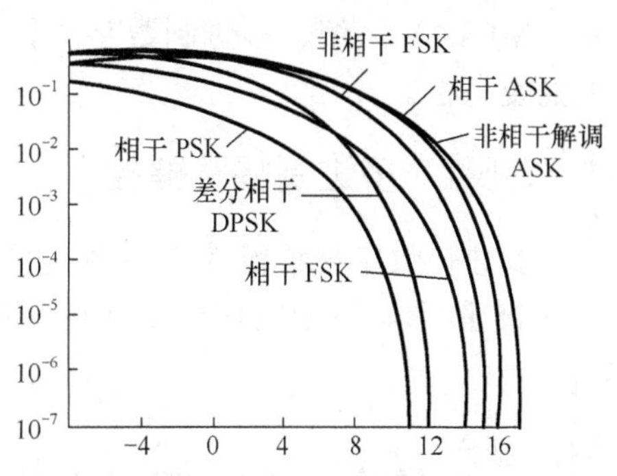

图 5-27　三种数字调制系统的 $p_e \sim r$ 曲线

表 5-1　二进制系统误码率公式一览表

调制方式	相干解调 P_e–r 关系	非相干解调 P_e–r 关系
2ASK	$P_e=\frac{1}{2}\mathrm{erfc}(\sqrt{r/2})$	$P_e=\frac{1}{2}e^{-r/4}$
2FSK	$P_e=\frac{1}{2}\mathrm{erfc}\sqrt{\frac{r}{2}}$	$P_e=\frac{1}{2}e^{-r/2}$
2PSK	$P_e=\frac{1}{2}\mathrm{erfc}(\sqrt{r})$	
2DPSK	$P_e=\mathrm{erfc}(\sqrt{r})$	$P_e=\frac{1}{2}e^{-r}$

3．设备的复杂程度

对于二进制振幅键控、移频键控及移相键控这三种方式来说，发送端设备的复杂程度相差不多，而接收端的复杂程度则与所选用的调制和解调方式有关。对于同一种调制方式，相干解调的设备要比非相干解调时复杂；而同为非相干解调时，2DPSK 的设备最复杂，2FSK 次之，2ASK 最简单。不言而喻，设备越复杂，其造价就越高。

除了以上三种性能比较之外，在抗多径时延特性方面，2PSK 信号最为敏感，而 2FSK 信号性能较为优越。因此 2FSK 广泛应用于多径时延较严重的短波信道中。综上所述，要选择一种数字调制和解调方式时，既要全面考虑各种因素，又要抓住最主要的要求，才能做出最佳的选择。目前用得最多的数字调制方式是相干 2DPSK 和非相干 2FSK，相干 2DPSK 主要用于高速数据传输，而非相干 2FSK 则用于中、低速数据传输。

5.5 多进制数字调制原理

二进制数字调制系统是数字通信系统最基本的方式，具有较好的抗干扰能力。由于二进制数字调制系统频带利用率较低，使其在实际应用中受到一些限制。在信道频带受限时为了提高频带利用率，通常采用多进制数字振幅调制（MASK）系统、多进制数字频率调制（MFSK）系统、多进制数字相位调制（MPSK）系统。其代价是增加信号功率和实现上的复杂性。

5.5.1 多进制幅移键控

多进制数字幅移键控又称多电平调制，是用这种多电平信号去键控载波信号输出。如图 5-28 所示。图中的信号是四进制信号，即 M=4，每个码元含有 2bit 的信息。和 2ASK 相比，这种调制的优点在于信息传输速率高。在上一章节中讨论的奈奎斯特准则曾指出，在二进制条件下，对于基带信号，信道频带利用率最高可达 2bit/(s.Hz)，即每 Hz 带宽每秒 2bit。按照这一准则，由于 2ASK 信号的带宽是基带信号的两倍，故其频带利用率最高为 1bit/(s.Hz)。由于 MASK 信号的带宽和 2ASK 信号的带宽相同，故在多进制条件下，MASK 信号的频带利用率可以超过 1bit/(s.Hz)。下面我们将简单地用波形分解来证明 MASK 信号的带宽和 2ASK 信号的带宽相同。

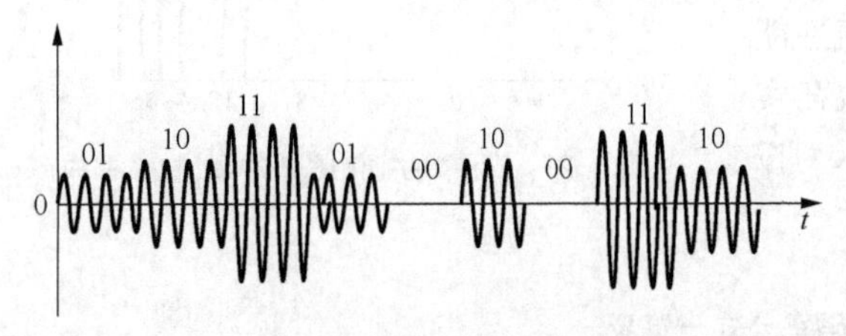

图 5-28 MASK 信号波形

在图 5-29 中给出将一个 4ASK 信号波形分解为 3 个 2ASK 信号波形的叠加。其中每个 2ASK 信号的码元速率是相同的，都等于原来的 4ASK 信号的码元速率。因此这 3 个 2ASK 信号具有相同的带宽，并且这 3 个 2ASK 信号波形线性叠加后的频谱是其 3 个频谱的线性叠加，故仍然占用原来的带宽。所以，这个 4ASK 信号的带宽等于分解后的任一 2ASK 信号的带宽，即

$$B_{\text{MASK}} = 2f_{\text{b}} = \frac{2}{T_{\text{b}}} \qquad (5\text{-}5\text{-}1)$$

式中，T_{b} 为码元宽度，f_{b} 为码元速率。

但需要注意的是，此时的 T_{b} 为 M 进制码元的宽度。通常用二进制来表示信息，因此，将 M 进制码元的宽度 T_{b} 转换为二进制的码元宽度 T，如在 4ASK 中 $T_{\text{b}} = 2T$，带宽为 $\frac{2}{T_{\text{b}}} = 2/2T = \frac{1}{T}$，其中 T 为基带二进制码的码元宽度。

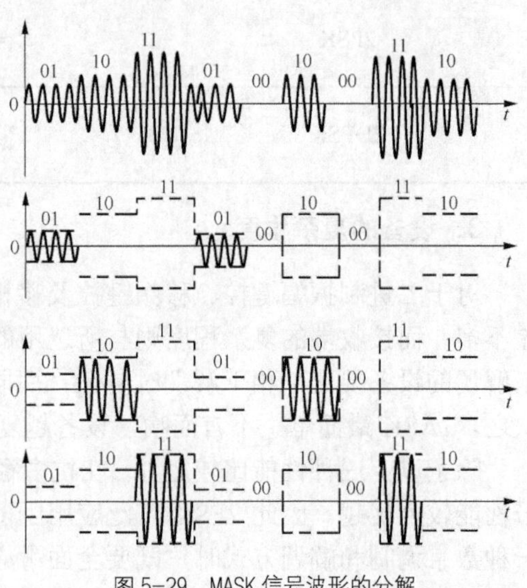

图 5-29 MASK 信号波形的分解

结论：实际上 MASK 的传输带宽比 2ASK 的带宽窄，有效性高。

MASK 系统相干解调时的平均误码率为

$$P_e = \left(1 - \frac{1}{M}\right) \text{erfc}\left(\frac{3r}{M^2 - 1}\right)^{1/2} \tag{5-5-2}$$

式中，$r = S/\sigma^2$ 为系统输入端的广义信噪比，M 为进制数，或振幅数。

当 M=2 时，上式变为

$$P_e = \frac{1}{2} \text{erfc}(\sqrt{r}) \tag{5-5-3}$$

从上式中可以看出，当电平数 M 增加时，误码率 P_e 将会增加。因此，MASK 系统虽然传输效率较高，但抗干扰能力较差。多进制幅度键控方式仅适合于在频带利用率较高的恒参信道（如有线信道）中采用。

5.5.2 多进制频移键控

多进制数字频率调制（MFSK）又称多进制数字调频或多频制。在 M 进制的移频键控信号中，有 M 个不同的载波频率与 M 种不同的符号相对应。多进制数字频率调制的时间表达式为

$$e_{\text{MFSK}} = \sum_{i=1}^{M} s_i(t) \cos \omega_i t \tag{5-5-4}$$

MFSK 系统实现的模型如图 5-30 所示。图中，串/并变换电路和逻辑电路将一组（$\log_2 M$ 位）输入的二进制码转换为 M 进制码，控制相应的 M 种不同频率的载波振荡器后面所接的门电路，每一组二进制码对应一个门电路打开。因此，信道上每次只传送 M 种频率中的一种频率的载波信号。接收端的解调部分由多个带通滤波器、包络检波器、一个采样判决电路和逻辑电路组成。各带通滤波器的中心频率就是各载波的频率。因此，当接收到某个载波时，只有一个带通滤波器有信号及噪声输出，而其他的带通滤波器只有噪声输出，采样判决电路和逻辑电路的任务就是在给定时刻上比较各包络检波器的输出电压，选出最大的输出并恢复为二进制码元信息。

下面以四进制数字频率调制（4FSK）为例，说明 4FSK 信号波形图。

在四进制频移键控中采用 4 个不同的频率分别表示四进制的码元，每个码元含有 2bit 的信息，4FSK 信号波形图如图 5-31 所示。要求每个载频之间的距离足够大，使不同频率的码元频谱能够用滤波器分离开。

多频制系统提高了信息传输速率，但多频制占据了较宽的频带，所以信道利用率很低，且抗噪声性能低于 2FSK。多频制信号的带宽 B_{MASK} 一般定义为

$$B_{\text{MFSK}} = |f_M - f_L| + \frac{2}{T_b} = |f_M - f_L| + 2f_b \tag{5-5-5}$$

其中，f_M 为最高载波频率，f_L 为最低载波频率，$f_b = \frac{1}{T_b}$ 为码元速率。

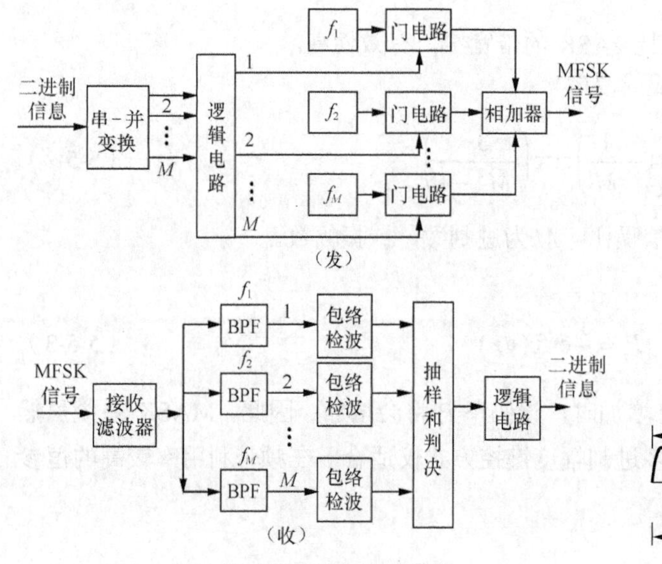

图 5-30　MFSK 系统实现的模型

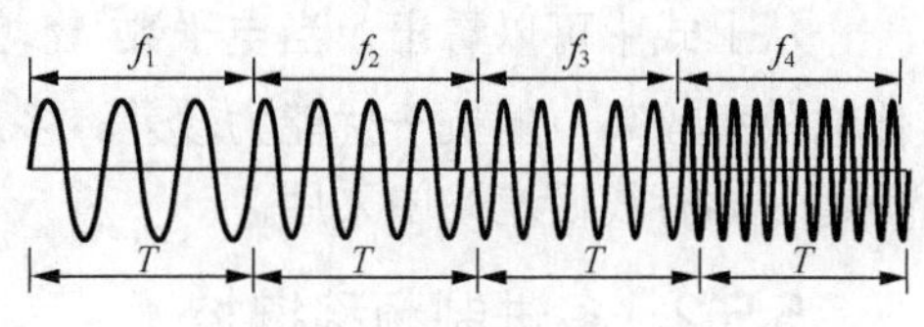

图 5-31　MFSK 信号波形示意图

可以证明，多进制调频非相干解调系统的误码率公式为

$$P_{\mathrm{e}} = \frac{M-1}{2}\mathrm{e}^{-\frac{1}{2}r} \tag{5-5-6}$$

式中，M为系统的进制数，r为系统输入端的广义信噪比。

5.5.3　多进制相移键控

1．基本原理

多进制数字相位调制又称多相调制。它是利用载波的多种不同相位（或相位差）来携带数字信息的调制方式。M进制相移键控信号中，载波相位有M种取值。MPSK 信号码元可以表示为

$$S_k(t) = A\cos(\omega_0 t + \theta_k) \quad k=1，2，\cdots M \tag{5-5-7}$$

其中，θ_k为受调制的相位，其值决定于基带码元的取值，A 为信号振幅，为常数，我们可以令式（5-5-7）中的A=1，然后将其展开写为

$$S_k(t) = \cos(\omega_0 t + \theta_k) = a_k \cos\omega_0 t - b_k \sin\omega_0 t \tag{5-5-8}$$

式中，$a_k = \cos\theta_k$，$b_k = \sin\theta_k$。

MPSK 信号码元$S_k(t)$可以看作由正弦和余弦两个正交分量合成的信号，它们的振幅分别是a_k和b_k，而a_k和b_k分别有M个不同取值。也就是说，MPSK 信号码元可以看作两个 MASK 信号码元之和。

MPSK 调制中最常用的是 4 相相移键控（4PSK）又称正交相移键控 QPSK，因此，本节主要以 QPSK 为例进行讨论。

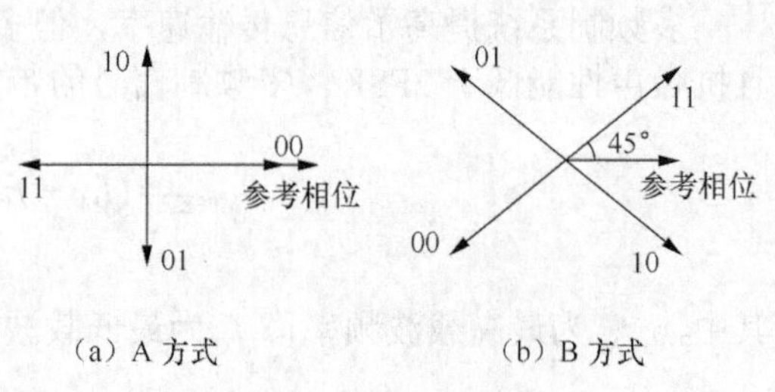

图 5-32　4PSK 信号矢量图

它的每个码元含有 2bit 的信息，现用 ab 代表这两个比特。故 ab 有四种组合，即 00、01、10 和 11。它们和相位θ_k之间通常都按格雷码的规律变化，如表 5-2 所示。表中给出了 A 和 B 两种编码方式，其矢量图如图 5-32 所示。

表 5-2　　QPSK 编码规则

a	b	θ_k	
		A 方式	B 方式
0	0	0°	225°
1	0	90°	315°
1	1	180°	45°
0	1	270°	135°

2. 产生方法

QPSK 信号产生有两种方法。第一种是用相乘电路，基带信号即二进制不归零双极性码元，它被“串/并”变换电路变成成对的两路码元 a 和 b。它们分别用以和两路正交载波相乘。产生方法如图 5-33 所示。

第二种产生方法是选择法，这时输入基带信号经过串/并变换后用于控制一个相位选择电路，决定选择哪个相位的载波输出。产生方法如图 5-34 所示。

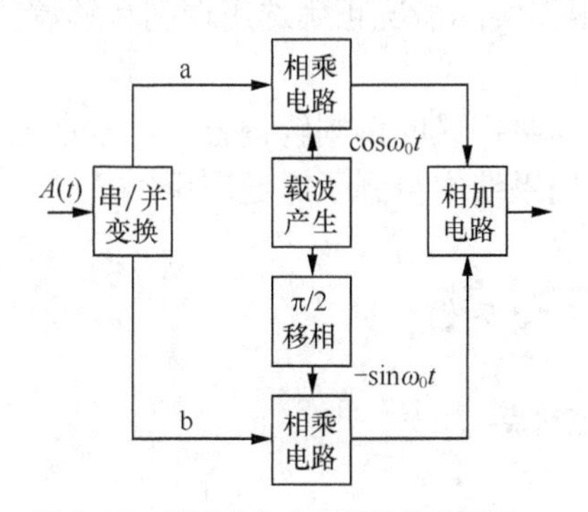

图 5-33　相乘法产生 4QPSK 信号框图

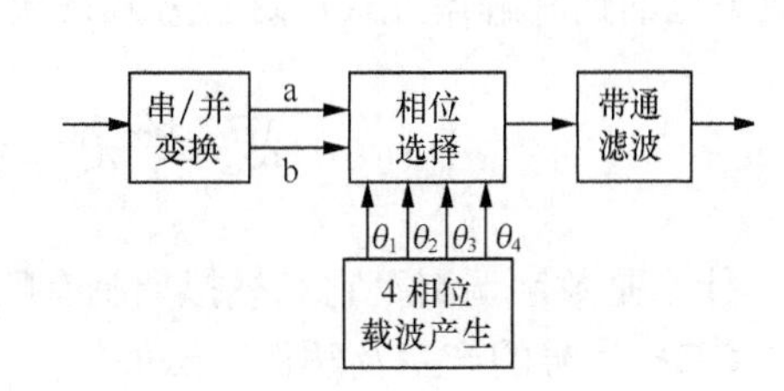

图 5-34　选择法产生 4QPSK 信号框图

3. 解调方法

QPSK 信号的解调原理框图如图 5-35 所示。QPSK 信号看作两个 2PSK 信号的叠加，所以用相干解调方法，即用两路正交的相干载波，可以很容易地分离出这两路正交的 2PSK 信号。解调后的两路基带信号码元 a 和 b，经过并/串变换后，成为串行数据输出。

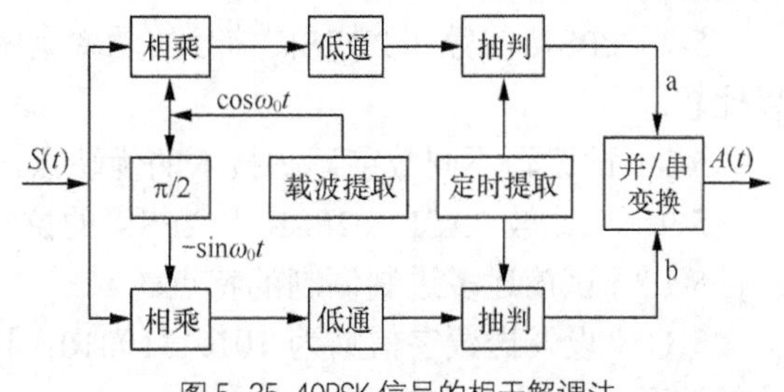

图 5-35 4QPSK 信号的相干解调法

【例 5-5】　假定 $\pi/4$ DQPSK 系统的输入二进制序列为 011010011100，试说明：(1) 相应的载波相位差；(2) 相应的绝对载波相位（令初相位为 $\pi/4$）。

解　(1) 首先将输入序列表示为四元符号序列：01101 0011100。

可以得出的载波相位差：$-\pi/2$，$\pi/2$，$\pi/2$，$-\pi/2$，π，0。

(2) 相应的绝对载波相位为 $7\pi/4$，$\pi/4$，$3\pi/4$，$\pi/4$，$5\pi/4$，$5\pi/4$。

4．误码率

在 QPSK 体制中，由于信号矢量的相位发生偏离，所以造成最终 QPSK 误码率为

$$P_e = 1 - \left[1 - \frac{1}{2}\mathrm{erfc}\sqrt{r/2}\right]^2 \tag{5-5-9}$$

本章小结

本章讨论二进制数字调制系统、多进制数字调制系统原理、产生方法及解调方式。调制的目的是将基带信号的频谱搬移到合适传输的频带上，并提高信号的抗干扰能力。载波的三个参量都可以被独立地调制，所以最基本的调制方法有三种，分别为二进制振幅键控（2ASK）、频移键控（2FSK）和相移键控（2PSK）。

（1）本章要求熟练掌握各种二进制调制的波形、功率谱密度图、带宽、调制信号的产生和解调方法以及误码率性能分析的结论和公式。

（2）对于多进制调制主要了解调制原理、调制系统产生与解调方框图。

（3）通过对各种数字调制系统性能的比较，能根据实际情况正确选用调制和解调的电路；还应了解目前通信系统的发展以及采取的新技术。

（4）多进制相移键控的发展趋势是纯数字化，即数字式的调制解调方式。本章还介绍了一些其他类型的调制解调方式，这些方式在现代通信系统中得到了广泛应用。

思考题与练习题

5-1　什么是数字调制？它和模拟调制有哪些异同点 ？

5-2　OOK 信号的产生及解调方法如何？

5-3　什么是移频键控？2FSK 信号的波形有什么特点？

5-4　2FSK 信号的带宽与基带信号带宽的关系？

5-5　什么是绝对移相？什么是相对移相？它们有何区别？

5-6　2PSK 信号和 2DPSK 信号可以用哪些方法产生和解调？它们是否可以采用包络检波法解调？为什么？

5-7　2PSK 信号和 2DPSK 信号的功率谱密度有何特点？试将它们与 OOK 功率谱密度加以比较。

5-8　试比较不同数字调制技术的优缺点。

5-9　试比较 2ASK、2FSK 及 2PSK 的抗噪声性能。

5-10　试简述多进制调制的特点。

5-11　设发送数字信息为 10101110010，试分别画出 2ASK、2FSK、2PSK 及 2DPSK 信号的波形示意图。

（1）载频为码元速率的 2 倍。

（2）载频为码元速率的 1.5 倍。

5-12　2DPSK 系统中，设载波的频率为 2400 Hz，码元速率为 1200 Baud。已知绝对码序

列为1011011100010。

（1）画出2DPSK信号波形。

（2）若系统采用差分相干解调法接收信号，试画出输出信号波形。

5-13 已知基带信号序列为11001000101，设载频为1000Hz，码元速率为500B，试画出2ASK包络检波法解调的方框图，并画出图中各点的波形。

5-14 设发送数字信息为110010101100，试分别画出OOK、2FSK、2PSK及2DPSK信号的波形示意图。（对2FSK信号，“0”对应T_s=2T_c，“1”对应T_s=T_c；其余信号T_s=T_c，其中T_s为码元周期，T_c为载波周期；对2DPSK信号，$\Delta\varphi=0$代表“0”、$\Delta\varphi=180°$代表“1”，参考相位为0；对2PSK信号，$\varphi=0$代表“0”、$\varphi=180°$代表“1”。）

5-15 试画出2FSK相干解调方式的解调模型。

5-16 采用二进制移频键控方式在有效带宽为2400Hz的信道上传送二进制数字信息。已知2FSK信号的两个频率，$f_1=2025\text{Hz}$，$f_2=2225\text{Hz}$，码元速率$R_B=300\text{Baud}$，信道输出端的信噪比为6dB。试求：

（1）2FSK信号的第一零点带宽；

（2）采用包络检波法解调时系统的误码率；

（3）画出采用过零检测法解调的方框图。

5-17 若采用2ASK方式传送二进制数字信息。已知发送端发出的信号振幅为$a=40\mu\text{V}$，码元传输速率$R_B=2\times10^6\text{Baud}$，信道加性噪声为高斯白噪声，且其单边功率谱密度$n_0=6\times10^{-18}\text{W/Hz}$。试求：

（1）非相干接收时，系统的误码率；

（2）相干接收时，系统的误码率。

5-18 在二进制移相键控系统中，已知解调器输入端的信噪比r=10dB，试分别求出相干解调2PSK、极性比较法解调和差分相干解调2DPSK信号时的系统误码率。

5-19 若载频为2400Hz，码元速率为1200Baud，发送的数字信息序列为010110，试画出$\Delta\psi_n$=270°代表“0”码，$\Delta\psi_n$=90°代表“1”码的2DPSK信号波形（注：$\Delta\psi_n=\psi_n-\psi_{n-1}$）

5-20 已知二元序列为11010010，采用2DPSK调制。

（1）若采用相对码调制方案，设计发送端方框图，列出序列变换过程及码元相位，并画出已调信号波形（设一个码元周期内含一个周期载波）。

（2）采用差分相干解调法，画出接收端框图，画出各点波形。

第 6 章 模拟信号的数字传输

通信系统可以分为模拟和数字通信系统两大类。数字通信具有许多优点，应用日益广泛，已成为现代通信的主要发展趋势。现今通信中的许多业务，其信源信号是模拟的，为了在数字通信系统中传输模拟信号，需要首先将信源发出的模拟信号转换为数字信号。本章讨论如何用数字通信系统传输模拟信号。

模拟信号数字化处理，即对模拟信号幅度和时间做离散化处理。首先通过抽样使模拟信号变成时间离散但幅度仍是连续的信号，然后将抽样得到的时间离散信号进行量化，使之变成不仅时间离散，而且幅度也离散的信号，再将其进行编码变成所需的数字信号。因此，模拟信号的数字传输分三个步骤：A/D 把模拟信号变成数字信号；数字信号传输（已讨论）；D/A 把数字信号还原成模拟信号。模拟信号的数字传输原理如图 6-1 所示。

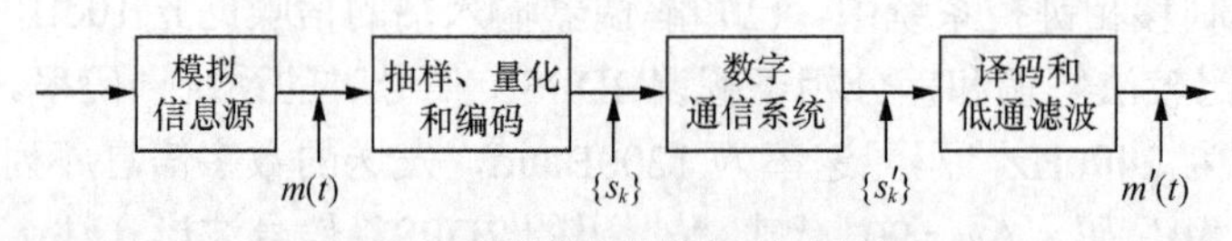

图 6-1 模拟信号的数字传输原理图

本章重点讨论模拟信号数字化的三个步骤，抽样、量化和编码，以及实现模拟信号数字化的基本方法，即脉冲编码调制（PCM）和增量调制（ΔM），并简要介绍它们的改进型，差分脉冲编码调制（DPCM）和自适应差分脉码调制（ADPCM）等。

6.1 模拟信号的抽样

抽样定理是模拟信号数字化的基础理论。抽样是将模拟信号数字化的第一步，是时间上的离散化。抽样后的信号是时间离散且时间间隔相等的信号。在数字通信中，不仅要把模拟信号变成数字信号进行传输，而且在接收端还要将它还原成模拟信号。还原的信号应该与发端的信号尽可能相同，才能达到通信的目的。为了使接收端通过译码获得的样值信号能够恢复成信号源所发出的模拟信号，首先应该保证抽样不引起信号失真。怎样才能避免因抽样而引起信号失真呢?这是我们这节重点讨论的问题。

根据抽样的脉冲序列是冲击序列还是非冲击序列，抽样又可分理想抽样和实际抽样。

6.1.1 理想抽样

抽样是把模拟信号变换成时间上离散的抽样信号，也就是说，用一系列在时间上等间隔出现的脉冲调幅信号来代替原来的模拟信号。实现抽样的方法很简单，只需有三端乘法器即可，如图 6-2 所示。图 6-3 给出模拟信号经过抽样后变成抽样脉冲的波形图。其中 $m(t)$ 为模拟信号，T 为抽样周期，$f=\frac{1}{T}$ 为抽样频率，$\delta_{\mathrm{T}}(t)$ 是抽样脉冲，抽样值出现是等间隔的，脉冲幅度随模拟信号变化而变化，$m_{\mathrm{s}}(t)$ 是抽样值。

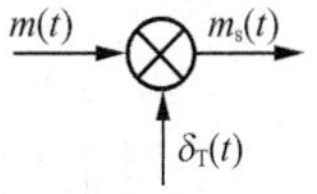

$m(t)$ $m_{\mathrm{s}}(t)$ $\delta_{\mathrm{T}}(t)$

图 6-2 理想抽样实现方法

接下来我们讨论在什么情况下，信号抽样才不会产生失真。首先抽样用的脉冲为单位冲击脉冲序列，它可以表示为

$$\delta_{\mathrm{T}}(t)=\sum_{n=-\infty}^{n=+\infty}\delta(t-KT) \tag{6-1-1}$$

式中，T 代表脉冲序列周期，如图 6-3（c）所示。$\delta_{T}(t)$ 的频谱也由一系列冲击函数组成，即

$$\delta_{\mathrm{T}}(\omega)=\frac{2\pi}{T}\sum_{n=-\infty}^{n=+\infty}\delta(\omega-n\omega_{\mathrm{s}}),\ \omega_{\mathrm{s}}=\frac{2\pi}{T} \tag{6-1-2}$$

现在再假定被抽样的连续信号 $m(t)$ 的频谱为 $M(\omega)$，其频谱图如图 6-3（b）所示。它的最高角频率为 ω_{H}。从图 6-3（e）可以得出 $m_{\mathrm{s}}(t)$ 表示式为

$$m_{\mathrm{s}}(t)=m(t)\cdot\delta_{\mathrm{T}}(t)=m(t)\cdot\sum_{n=-\infty}^{n=+\infty}\delta(t-KT) \tag{6-1-3}$$

根据冲激函数的性质有

$$m_{\mathrm{s}}(t)=\sum_{n=-\infty}^{n=+\infty}m(KT)\cdot\delta(t-KT) \tag{6-1-4}$$

利用卷积定理．我们可以求出（6-1-4）式的傅氏变换为

$$\begin{aligned}m_{\mathrm{s}}(t)\leftrightarrow M_{\mathrm{s}}(\omega)&=\frac{1}{2\pi}[M(\omega)*\delta_{\mathrm{T}}(\omega)\\&=\frac{1}{2\pi}[M(\omega)*\frac{2\pi}{T}\sum_{n=-\infty}^{n=+\infty}\delta(\omega-n\omega_{\mathrm{s}})]\\&=\frac{1}{T}\sum_{n=-\infty}^{n=+\infty}M(\omega-n\omega_{\mathrm{s}})]\end{aligned} \tag{6-1-5}$$

可见，抽样后的信号频谱由无限多个分布在 ω_{s} 各次谐波左右的边带组成，而其中位于 K=0 的频谱就是抽样值的信号频谱 $M(\omega)$ 本身。取 $f_{\mathrm{s}}=\frac{1}{T}>2f_{\mathrm{H}}$ 图形如图 6-3（f）所示，要想恢复 $m(t)$，只需在接收端接一个特性如图中虚线所示特性的理想低通滤波器即可，所得信号为

$$M'(\omega)=\frac{1}{T}M(\omega) \tag{6-1-6}$$

如果取 $f_{\mathrm{s}}=\frac{1}{T}=2f_{\mathrm{H}}$ 时，低通滤波器选取非常理想的情况下，也可以通过低通滤波器得到 $m(t)$。而当取抽样频率 $f_{\mathrm{s}}<2f_{\mathrm{H}}$ 时，相邻谐波边带就会相互重叠，无法通过低通滤波器获

得 $m(t)$，如图 6-4 所示。因此必须要求 $f_s \geqslant 2f_H$，$m(t)$ 才能被 $m_s(t)$ 完全确定。这样就得到抽样定理。

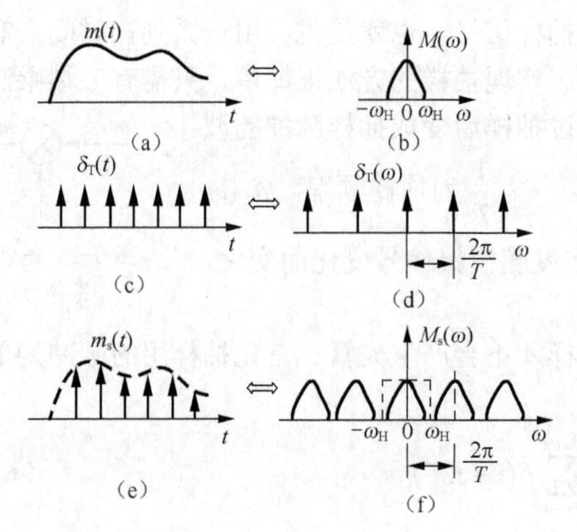

图 6-3 抽样过程

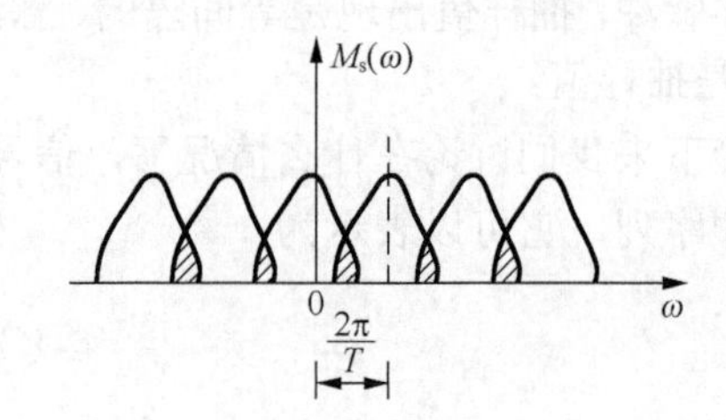

图 6-4 抽样频率 $f_s < f_H$ 的采样信号频谱图

抽样定理：设一个连续模拟信号 $m(t)$ 中的最高频率 f_H，则以抽样频率为 $f_s \geqslant 2f_H$ 的周期性冲激脉冲对它抽样时，$m(t)$ 将被这些抽样值完全确定。

显然，$T = \dfrac{1}{2f_H}$ 是最大允许抽样间隔，它被称为奈奎斯特间隔，相对应的最低抽样速率 $f_s = 2f_H$ 称为奈奎斯特速率。

在工程设计中，考虑到信号绝不会严格带限，以及实际滤波器特性的不理想，通常取抽样频率为 $(2.5-5)f_H$，以避免失真。例如，话音信号带宽通常限制在 3400 Hz 左右，而抽样频率通常选择 8kHz。

6.1.2 脉冲振幅调制

前几章讨论了连续波调制，它们是以一个连续的正弦信号为载波，消息信号 $m(t)$ 对该正弦波进行调制。然而，正弦信号并非唯一的载波形式。在时间上离散的脉冲序列，同样可以作为载波，这时调制过程是用 $m(t)$ 去改变脉冲的某些参数来实现的，这种调制称为脉冲调制（PAM）。通常，按调制信号改变脉冲参数（幅度、宽度、时间位置等）的不同，把脉冲调制分为脉冲振幅调制（Pulse Amplitude Modulation, PAM）、脉冲宽度调制（Pulse Duration Modulation, PDM 或 PWM）和脉冲位置调制（Pulse Position Modulation, PPM）等，其已调波形如图 6-5 所示。上述脉冲调制的特点是已调信号在时间上虽然是离散的，但脉冲参数的变化是连续的（模拟的），即它们可以（线性地）取允许范围内的连续值，因此称为脉冲模拟调制。脉冲模拟调制用途有限，本章的重点是讨论脉冲数字调制。因此，

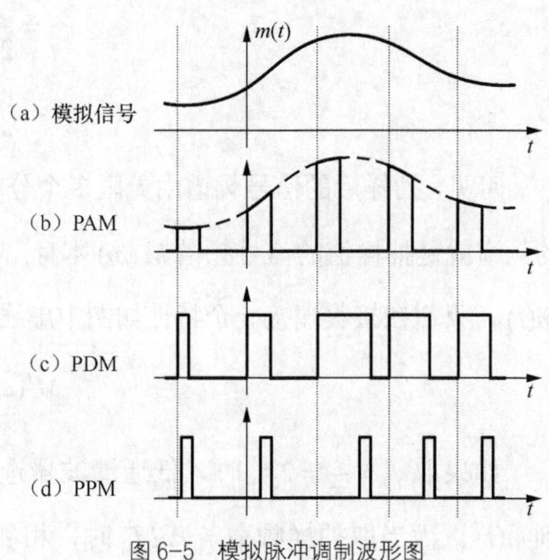

图 6-5 模拟脉冲调制波形图

仅关心脉冲调制的基础——脉冲振幅调制（PAM）。

PAM 是脉冲载波的幅度随消息信号 $m(t)$ 变化的一种调制方式。如果脉冲序列是由冲激组成，则前面所得的抽样信号，实际上就是 PAM，不过那是一种理想情况。由于冲激脉冲的频谱要占据 $-\infty \sim +\infty$ 的整个频带，实际系统不可能产生，也不可能传输频带为无穷宽的信号。因此，在实际中采用脉冲宽度相对于抽样周期很窄的脉冲序列近似代替冲激序列。这里我们将简单介绍利用有限持续时间的脉冲进行实际抽样，有两种形式，自然抽样和平顶抽样。

1．自然抽样

自然抽样又称曲顶抽样，它是指抽样后的脉冲顶部随模拟信号 $m(t)$ 变化，或者说保持 $m(t)$ 的变化规律。自然抽样的方框图如图 6-6 所示、波形如图 6-8（c）所示。在图 6-8（b）中画出的是宽度为 τ，幅度为 1，重复周期为 T_s 的周期矩形脉冲序列（但它也可以是其他任意波形），这也是用得比较多的一种波形。显然在脉冲宽度 τ 内，抽样信号 $m_s(t)$ 保持 $m(t)$ 相应变化。下面来讨论 $m_s(t)$ 的频谱。

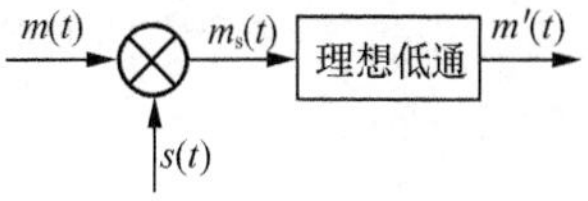

图 6-6　自然抽样方框图

自然抽样信号 $m_s(t)$ 是 $m(t)$ 和抽样脉冲序列 $s(t)$ 的乘积。

$$m_s(t) = m(t)s(t) \tag{6-1-7}$$

其中 $s(t)$ 的频谱表达式为

$$s(t) \leftrightarrow S(\omega) = \frac{2\pi\tau}{T_s}\sum_{n=-\infty}^{\infty} Sa\left(\frac{n\omega_s\tau}{2}\right)\delta(\omega - n\omega_s) \tag{6-1-8}$$

由卷积定理知 $m_s(t)$ 的频谱为

$$\begin{aligned} M_s(\omega) &= \frac{1}{2\pi}[M(\omega)] * \left[\frac{2\pi\tau}{T_s}\sum_{n=-\infty}^{\infty} Sa\left(\frac{n\omega_s\tau}{2}\right)\delta(\omega - n\omega_s)\right] \\ &= \frac{\tau}{T_s}\sum_{n=-\infty}^{\infty} Sa\left(\frac{n\omega_s\tau}{2}\right)M(\omega - n\omega_s) \end{aligned} \tag{6-1-9}$$

与理想抽样的频谱比较可以看出，式 $m_s(t)$ 的频谱为 $M(\omega)$，按 $S(\omega)$ 分布搬移到 $n\omega_s$ 位置，而理想抽样仅是 $M(\omega)$ 的简单搬移。它们的相同之处是当 $f_s \geqslant 2f_H$ 时，都可通过低通滤波器获得 $m(t)$，不过自然抽样得到的 $M'(\omega)$ 为

$$M'(\omega) = \frac{\tau}{T_s}M(\omega) \tag{6-1-10}$$

2．平顶抽样

平顶抽样又称瞬时抽样，它与自然抽样不同之处在于它的抽样信号 $m_s(t)$ 中的脉冲均具有相同的形状——顶部平坦的矩形脉冲。矩形脉冲的幅度值即为抽样的瞬时值，其产生框图如图 6-7 所示。波形图如图 6-8（d）所示。原则上说，抽样点可以任意选取，但为了方便起见，瞬时抽样点可选择在脉冲中心。根据产生框图，平顶抽样的频谱为

$$M_\delta(\omega) = M_s(\omega)\cdot Q(\omega) \tag{6-1-11}$$

式中 $M_s(\omega)$ 如式（6-1-9）所示。$Q(\omega)$ 是 $g(t)$ 的频谱，设 $g(t)$ 是宽度为 τ，幅度为 1 的矩形脉冲，则其频谱为

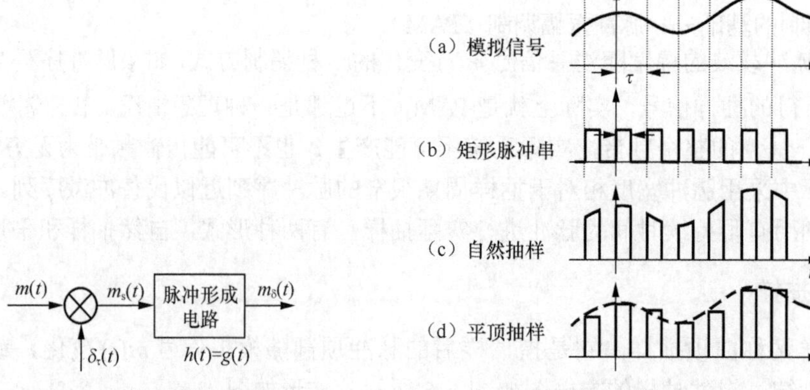

图 6-7　平顶抽样方框图

图 6-8　实际抽样过程波形图

$$g(t)\leftrightarrow Q(\omega)=\tau \mathrm{Sa}\left(\frac{\omega\tau}{2}\right) \tag{6-1-12}$$

把 $M_s(\omega)$ 与 $Q(\omega)$ 式代入（6-1-11）式得

$$\begin{aligned} M_s(\omega) &= \frac{1}{T_s}\sum_{n=-\infty}^{\infty} M(\omega-n\omega_s)\cdot\tau \mathrm{Sa}\left(\frac{\omega\tau}{2}\right) \\ &= \frac{\tau}{T_s}\sum_{n=-\infty}^{\infty}\mathrm{Sa}\left(\frac{\omega\tau}{2}\right)M(\omega-n\omega_s) \end{aligned} \tag{6-1-13}$$

由此式看出，平顶抽样不像自然抽样那样，直接通过低通滤波器就可获得 $m(t)$，因为平顶抽样的每一项频谱受 $Q(\omega)$ 加权，而 $Q(\omega)$ 是 ω 的函数，如果直接用低通滤波器恢复，得到的 $Q(\omega)M(\omega)/T_s$ 必然存在失真。

为了从已抽样信号中恢复 $m(t)$，可采用如图 6-9 所示的解调原理方框图，经 $1/Q(\omega)$ 的网络进行修正，则低通滤波器便能无失真地恢复出 $M(\omega)$。

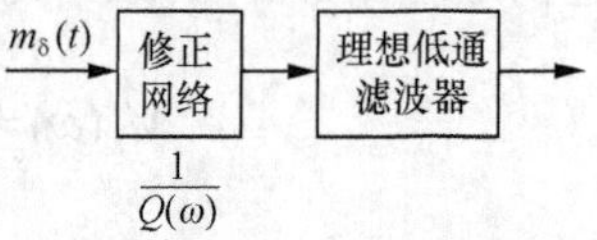

$m_\delta(t)$ → 修正网络 $\frac{1}{Q(\omega)}$ → 理想低通滤波器 →

图 6-9　平顶抽样信号解调原理方框图

【**例 6-1**】已知信号 $m(t)$ 的最高频率为 f_m，由矩形脉冲 $m(t)$ 进行瞬时抽样，矩形脉冲的宽度为 2τ，幅度为 1，试确定已抽样信号及其频谱表示式。

解　矩形脉冲形成网络的传输函数

$$Q(\omega)=A\tau \mathrm{Sa}\left(\frac{\omega\tau}{2}\right)=\tau Sa\left(\frac{\omega\tau}{2}\right)$$

理想冲激抽样后的信号频谱为

$$M_s(\omega)=\frac{1}{T_s}\sum_{n=-\infty}^{+\infty}M(\omega-2n\omega_m)],\ \omega_m=2\pi f_m$$

瞬时抽样信号频谱为

$$M_H(\omega)=M_s(\omega)Q(\omega)=\frac{\tau}{T_s}\sum_{n=-\infty}^{\infty}\mathrm{Sa}\left(\frac{\omega\tau}{2}\right)M(\omega-2n\omega_m)$$

$M_H(\omega)$ 中包括调制信号频谱与原始信号频谱 $M(\omega)$ 不同，这是因为 $Q(\omega)$ 的加权。瞬时抽样信号时域表达式为

$$m_H(t)=\sum_{n=-\infty}^{\infty}m(t)\delta(t-nT_s)*q(t)$$

到此为止，我们已分别讨论了三种抽样方法，即理想抽样、自然抽样和平顶抽样。它们的共同特点是抽样频率必须大于或至少等于信号 $m(t)$ 最高频率的两倍，即 $f_s=\dfrac{1}{T}>2f_H$。抽样频率越高，越有利于收端提取信号，但 f_s 太大会减小抽样间隔，这对于时分复用不利。此外，抽样脉冲 τ 较窄，对信号的频谱影响小，但会影响带宽，不利于输出信噪比，故对 f_s 和 τ 要兼顾考虑。

6.2 抽样信号的量化

模拟信号经过抽样后，虽然在时间上离散了，但是，抽样值脉冲序列幅度仍然取决于输入模拟信号，幅度取值是任意的，无限的（即连续的），仍然属于模拟信号，不能直接进行编码。因此就必须对它进行变换，使其在幅度取值上离散化，这就是量化的目的。

设模拟信号的抽样值为 $m(kT)$，T 是抽样周期，k 是整数。此抽样值仍然是一个取值连续（有无数个可能取值）的变量。若仅用 N 位不同的二进制码元来代表此抽样值的大小，则 N 位不同的二进制码元只能代表 $M=2^N$ 个不同的抽样值。将抽样值的范围划分成 M 个区间，每个区间用一个电平表示。这样，共有 M 个离散电平，称为量化电平。用这 M 个量化电平表示连续抽样值的方法称为量化。图 6-10 所示为量化过程图。另外，量化前是连续值，输出是有限个值，量化前后必然存在误差，这是由量化过程引起的，所以叫量化误差。

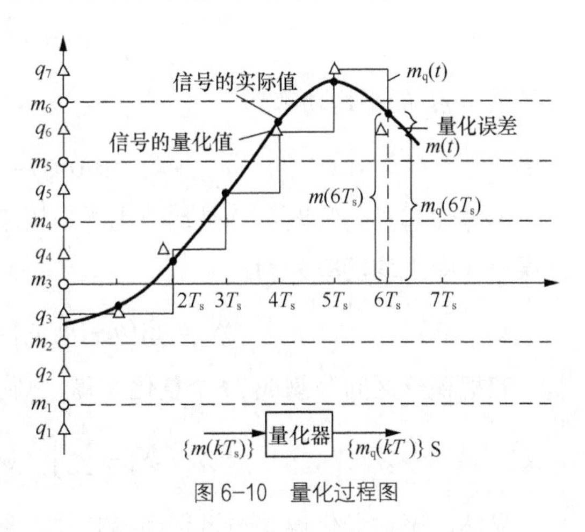

图 6-10　量化过程图

M 个抽样值区间（M=6）是等间隔划分的，称为均匀量化。M 个抽样值区间也可以不均匀划分，称为非均匀量化。

6.2.1 均匀量化

设模拟抽样信号的取值范围在 a 和 b 之间，量化电平数为 M，而量化间隔 Δv 取决于输入信号的变化范围和量化电平数，则在均匀量化时的量化间隔为

$$\Delta v=\frac{b-a}{M} \tag{6-2-1}$$

m_i 是第 i 个量化区间的终点（也称分层电平），可写成

$$m_i=a+i\Delta v \qquad i=0,1,\cdots,M \tag{6-2-2}$$

q_i 是第 i 个量化区间的输出量化电平，取量化间隔的中点值，则可表示为

$$q_i=\frac{m_{i-1}+m_i}{2} \qquad i=1,2,\cdots,M \tag{6-2-3}$$

因此，按此规定，量化器输出是图 6-10 所示的阶梯波形 $m_q(t)$。

从上面结果可以看出，量化后的信号$m_q(t)$是对原来信号$m(t)$的近似，当抽样速率一定，量化级数目（量化电平数）增加并且量化电平选择适当时，可以使$m_q(t)$与$m(t)$的近似程度提高。

信号最小值是 a，即m_0；最大值是 b，即m_M，共 M+1 个。但量化电平只有 M 个(q_1, $q_2,\cdots,q_M$)。量化噪声定义为量化电平与抽样值之差；信号量噪比定义为信号功率与量化噪声功率之比。均匀量化时，量化噪声功率的平均值N_q为

$$N_q = E[(m_k - m_q)^2] = \int_a^b (m_k - m_q)^2 f(m_k)\mathrm{d}m_k = \sum_{i=1}^{M}\int_{m_{i-1}}^{m_i} (m_k - q_i)^2 f(m_k)\mathrm{d}m_k \quad (6\text{-}2\text{-}4)$$

m_k为模拟信号的抽样值，即$m(kT)$；m_q为量化信号值，即$m_q(kT)$；$f(m_k)$为信号抽样值m_k的概率密度；E为求统计平均值；M为量化电平数。

$$m_i = a + i\Delta v \quad (6\text{-}2\text{-}5)$$

$$q_i = a + i\Delta v - \frac{\Delta v}{2} \quad (6\text{-}2\text{-}6)$$

信号m_k的平均功率为

$$S_0 = E(m_k^2) = \int_a^b m_k^2 f(m_k)\mathrm{d}m_k \quad (6\text{-}2\text{-}7)$$

为方便起见，假设$m(t)$是均值为零、概率密度为$f(t)$的平稳随机过程，则量化噪声的均方误差（即平均功率）为

$$N_q = E[(m - m_q)^2] = \int_{-\infty}^{+\infty} (x - m_q)^2 f(x)\mathrm{d}x \quad (6\text{-}2\text{-}8)$$

若把积分区间分割成M个量化间隔，则上式可表示为

$$N_q = \sum_{i=1}^{M}\int_{m_{i-1}}^{m_i} (x - q_i)^2 \frac{1}{b-a}\mathrm{d}x \quad (6\text{-}2\text{-}9)$$

显然，平均量化误差与量化间隔有关，量化间隔越大，量化误差越大，同时量化噪声就越大。

【例 6-2】 设某均匀量化器有 M 个量化电平，其输入信号在区间$[-a，a]$具有均匀概率密度函数，试求该量化器平均信号功率与量化噪声功率比（量化信噪比）。

解 信号在$[-a，a]$内均匀分布，即信号的概率密度函数为$f(x)=\frac{1}{2a}$，并且将信号均匀地量化为M个电平q_i，则量化后的噪声功率为

$$\begin{aligned} N_q &= \sum_{i=1}^{M}\int_{m_{i-1}}^{m_i} (x - q_i)^2 \left(\frac{1}{2a}\right)\mathrm{d}x \\ &= \sum_{i=1}^{M}\int_{-a+(i-1)\Delta\upsilon}^{-a+i\Delta\upsilon} \left(x + a - i\Delta\upsilon + \frac{\Delta\upsilon}{2}\right)^2 \left(\frac{1}{2a}\right)\mathrm{d}x \quad (6\text{-}2\text{-}10) \\ &= \frac{1}{6a}\sum_{i=1}^{M}\left\{\left(\frac{\Delta\upsilon}{2}\right)^3 - \left(-\frac{\Delta\upsilon}{2}\right)^3\right\} = \frac{M(\Delta\upsilon)^3}{24a} \xrightarrow{M\cdot\Delta\upsilon=2a} \frac{(\Delta\upsilon)^2}{12} \end{aligned}$$

则信号功率为

$$S_q = \sum_{i=1}^{M} q_i^2 \int_{m_{i-1}}^{m_i} \frac{1}{2a}\mathrm{d}x = \frac{\Delta v}{2a}\sum_{i=1}^{M} q_i^2 = \frac{M^2-1}{12}(\Delta\upsilon)^2 \quad (6\text{-}2\text{-}11)$$

进一步得到量化信噪比为

$$\frac{S_q}{N_q} = M^2 - 1 \approx M^2 \Rightarrow \left(\frac{S_q}{N_q}\right)_{dB} = 20\lg M \qquad (6\text{-}2\text{-}12)$$

由上述例子量化信噪比求解结果可见，量化信噪比随量化电平数的增加而提高。但量化电平数的增加将使编码位数增多，从而使编码信号的带宽增大。因此量化电平数要由量化信噪比及编码信号带宽的要求共同确定。

以上计算的结果为整个区间的平均值，事实上大功率信号区间和小功率信号区间是不一样的，均匀量化则有一个明显的不足：量化信噪比随信号电平的减小而下降。小功率信号的信噪比非常小，达不到要求。而且小功率信号的出现概率大，应照顾小信号。

上述介绍的是均匀量化，还有一种是量化间隔不均匀的非均匀量化。非均匀量化克服了均匀量化的缺点，是语音信号实际应用的量化方式，下面将加以讨论。

6.2.2　非均匀量化

非均匀量化是一种在整个动态范围内量化间隔不相等的量化，在信号幅度小时，量化级间隔划分的小，信号幅度大时，量化级间隔也划分的大，以提高小信号的信噪比，适当减少大信号信噪比，使平均信噪比提高，获得较好的小信号接收效果。

实现非均匀量化的方法之一是采用压缩扩张技术，如图 6-11 所示。它的基本思想是在均匀量化之前先让信号经过一次压缩处理，对大信号进行压缩而对小信号进行较大的放大，实现非均匀量化的方框图如图 6-11（a）所示。信号经过这种非线性压缩电路处理后，改变了大信号和小信号之间的比例关系，大信号的比例基本不变或变得较小，而小信号相应地按比例增大，即“压大补小”。这样，把经过压缩器处理的信号再进行均匀量化，量化的等效结果就是对原信号进行非均匀量化。接收端将收到的相应信号进行扩张，以恢复原始信号原来的相对关系。扩张特性与压缩特性相反，该电路称为扩张器。压缩与扩张如图 6-11（b）所示。

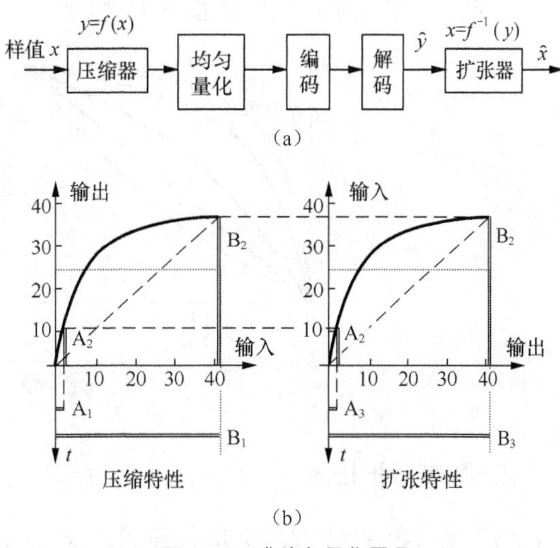

图 6-11　非均匀量化原理

在 PCM 技术的发展过程中，曾提出过许多压扩方法。目前数字通信系统中采用两种压扩特性，一种是以 μ 作为参数的压扩特性，称 μ 律压扩特性，另一种是以 A 作为参数的压缩特性，叫 A 律压缩特性。

（1）A 压缩律，相应的近似算法为 13 折线法。

（2）μ 压缩律，相应的近似算法为 15 折线法。

我国与欧洲各国以及国际间互连时，采用 A 律及相应的 13 折线法；北美、日本和韩国等少数国家和地区采用 μ 律及 15 折线法。

1. μ 律与 A 律压缩特性

μ 律和 A 律归一化压缩特性表示式分别如下。

μ 律：

$$y=\frac{\ln(1+\mu x)}{\ln(1+\mu)}, 0\leqslant x\leqslant 1 \tag{6-2-13}$$

A 律：

$$y=\begin{cases}\dfrac{Ax}{1+\ln A} & 0<x\leqslant\dfrac{1}{A}\\[2ex] \dfrac{1+\ln Ax}{1+\ln A} & \dfrac{1}{A}\leqslant x\leqslant 1\end{cases} \tag{6-2-14}$$

式中，x 为归一化输入，y 为归一化输出，μ、A 为压缩系数，决定压缩程度。对 A 特性求导可得 $A=87.6$ 时的值为

$$\frac{\mathrm{d}y}{\mathrm{d}x}=\begin{cases}16 & 0\leqslant|x|<\dfrac{1}{A}\\[2ex] \dfrac{0.1827}{x} & \dfrac{1}{A}<|x|\leqslant 1\end{cases} \tag{6-2-15}$$

μ 律、A 律压缩特性图如图 6-12 所示。

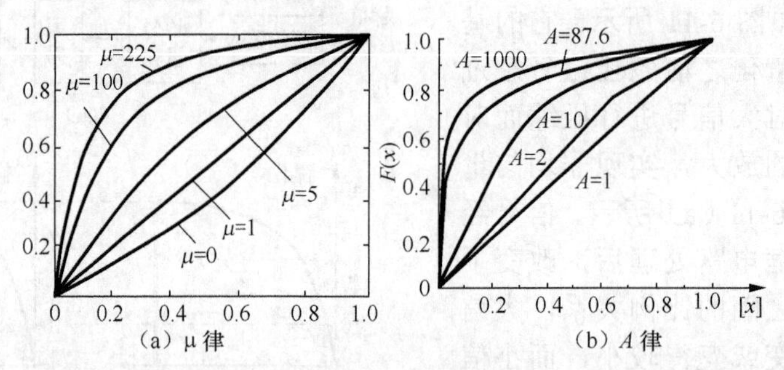

（a）μ 律　（b）A 律

图 6-12　压缩特性

2. 数字压扩技术

（1）数字压扩技术。这是一种通过大量的数字电路形成若干段折线，并用这些折线来近似 A 律或 μ 律压扩特性，从而达到压扩目的的方法。

用折线作压扩特性，它既不同于均匀量化的直线，又不同于对数压扩特性的光滑曲线。虽然总的来说用折线作压扩特性是非均匀量化的，但它既有非均匀量化（不同折线有不同斜率），又有均匀量化（在同一折线的小范围内）。有两种常用的数字压扩技术。一种是 13 折线 A 律压扩，它的特性近似 $A=87.6$ 的 A 律压扩特性。另一种是 15 折线 μ 律压扩，其特性近似 $\mu=255$ 的 μ 律压扩特性。13 折线 A 律主要用于英、法、德等欧洲各国的 PCM30/32 路基群中，我国的 PCM 30/32 路基群也采用 A 律 13 折线压缩律。15 折线 μ 律主要用于美国、加拿大和日本等国的 PCM-24 路基群中。CCITT 建议 G.711 规定上述两种折线近似压缩律为国际标准，且在国际间数字系统相互联接时，要以 A 律为标准。因此这里仅介绍 13 折线 A 律压缩特性。

（2）13 折线 A 律的产生。13 折线 A 律是从不均匀量化的基点出发，设法用许多折线来逼

近 A 律对数压扩特性的。设在直角坐标系中，x 轴和 y 轴分别表示输入信号和输出信号，并假定输入信号和输出信号的最大取值范围都是−1 至+1，即都是归一化的。现在，把 x 轴的区间（0, 1）不均匀地分成 8 段，分段的规律是每次 1/2 取段，即：首先以 1/2 至 1 为一段；再将余下的 0 至 l/2 平分，取 1/2 至 l/4 为一段；再将余下的 l/4 至 0 平分，取 l/8 至 1/4 为一段；……；直至分成 8 段为止。这 8 段长度由小到大依次为 1/128、1/128、1/64、1/32、1/16、l/8、1/4 和 1/2。其中第一、第二两段长度相等，都是 1/128。上述 8 段之中，每一段都要再均匀地分成 16 等份，每一等份就是一个量化级。要注意在每一段内，这些等份之间（即 1 6 个量化级之间）长度是相等的，但是，在不同的段内，这些量化级又是不相等的。因此，输入信号的取值范围 0 至 1 总共被划分为 1 6×8＝128 个不均匀的量化级。可见，用这种分段方法就可对输入信号形成一种不均匀量化分级，它对小信号分得细，最小量化级（第一、二段的量化级）为(1/128)×(1/16)＝1/2048，对大信号的量化级分得粗，最大量化级为 l/(2×16)＝1/32。一般最小量化级为一个量化单位，用 d 表示，可以计算出输入信号的取值范围 0 至 1 总共被划分为 2048Δ。

对 y 轴也分成 8 段，不过是均匀地分成 8 段。y 轴的每一段又均匀地分成 16 等份，每一等份就是一个量化级。于是 y 轴的区间（0, 1）就被分为 128 个均匀量化级，每个量化级均为 l/128。

将 x 轴的 8 段和 y 轴的 8 段各相应段的交点连接起来，就得到由 8 段直线组成的折线。由于 y 轴是均匀分为 8 段的，每段长度为 l/8，而 x 轴是不均匀分成 8 段的，每段长度不同，因此，可分别求出 8 段直线线段的斜率。A=87.6 与 13 折线压缩特性的比较如表 6-1 所示。可见，第 1、2 段斜率相等，因此可看成一条直线段，实际上得到 7 条斜率不同的折线。

表 6-1　　A=87.6 与 13 折线压缩特性的比较

y	0	$\frac{1}{8}$	$\frac{2}{8}$	$\frac{3}{8}$	$\frac{4}{8}$	$\frac{5}{8}$	$\frac{6}{8}$	$\frac{7}{8}$	1
x 准确值	0	$\frac{1}{128}$	$\frac{1}{60.6}$	$\frac{1}{30.6}$	$\frac{1}{15.4}$	$\frac{1}{7.79}$	$\frac{1}{3.93}$	$\frac{1}{1.98}$	1
按折线分段时的 x	0	$\frac{1}{128}$	$\frac{1}{64}$	$\frac{1}{32}$	$\frac{1}{16}$	$\frac{1}{8}$	$\frac{1}{4}$	$\frac{1}{2}$	1

段落	1	2	3	4	5	6	7	8
斜率	16	16	8	4	2	1	1/2	1/4

以上分析是对正方向的情况。由于输入信号通常有正负两个极性，因此，在负方向上也有与正方向对称的一组折线。因为正方向上的第 1、2 段与负方向的第 1、2 段具有相同的斜率，于是我们可将其连成一条直线段，因此，正、负方向总共得到 13 段直线。由这 13 段直线组成的折线，称为 13 折线，如图 6-13 所示。

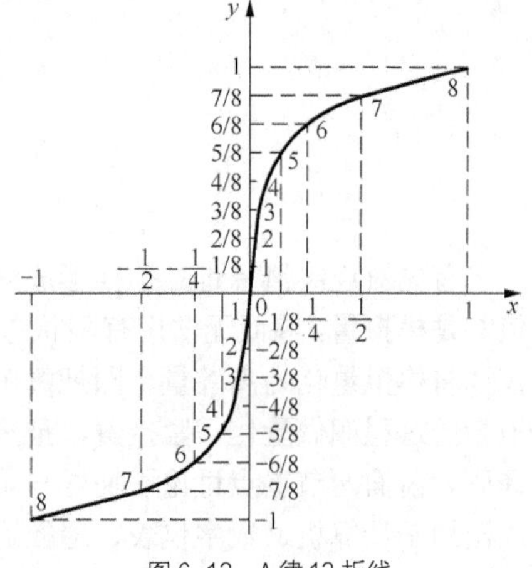

图 6-13　A 律 13 折线

由图 6-13 可见，第 1、2 段斜率最大，越往后斜率越小，因此 13 折线是逼近压缩特性的，具有压扩作用。另外，这时的压缩和量化是结合进行的，即用不均匀量化的方法实现了压缩的目的，在量化的同时就进行了压缩，因此不必再用专用的压缩器进行压缩。

此外，经过 13 折线变换关系之后，将输入信号量化为 2×128 个离散状态（量化级），因此，可用 8 位二进制码直接加以表示。

采用 15 折线 μ 律非均匀量化，编 8 位码时也同样可以达到电话信号的要求并有良好的质量。

前面讨论量化的基本原理时，并未涉及量化的电路，这是因为量化过程不是以独立的量化电路来实现的，而是在编码过程中实现的，故原理电路框图将在编码中讨论。

6.3 脉冲编码调制

量化后的信号是取值离散的数字信号，还需要对这个数字信号进行编码。编码就是把量化后的信号变换成代码。常用的编码是用二进制的符号 0 和 1 表示此离散信号。常把从模拟信号抽样、量化、直到变换成为二进制符号的基本过程，称为脉冲编码调制（Pulse Code Modulation，PCM），简称脉码调制。

例如：模拟信号的抽样值为 3.15、3.96、5.00、6.38、6.80 和 6.42。若按照“四舍五入”的原则量化为整数值，则抽样值量化后变为 3、4、5、6、7 和 6。在按照二进制数编码后，量化值（quantized value）就变成二进制符号 011、100、101、110、111 和 110，如图 6-14 所示。

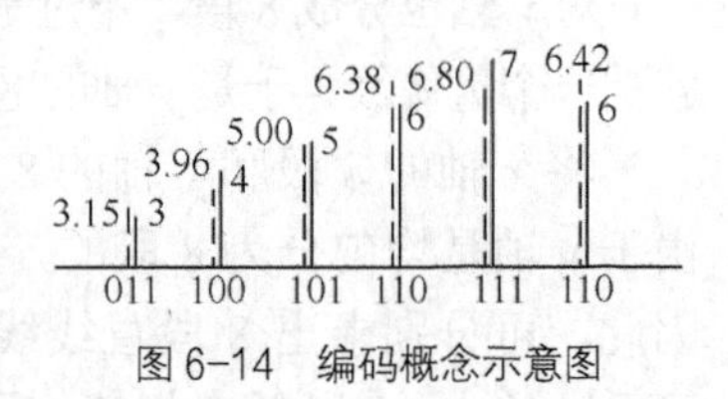

图 6-14　编码概念示意图

6.3.1 脉冲编码调制基本原理

脉冲编码调制能将模拟信号变换成数字信号，是实现模拟信号数字传输的重要方法之一。其最大的特征是把连续的输入信号变换为时间域和振幅域都离散的量，然后再把它变换为代码进行传输。PCM 系统的原理方框图如图 6-15 所示。

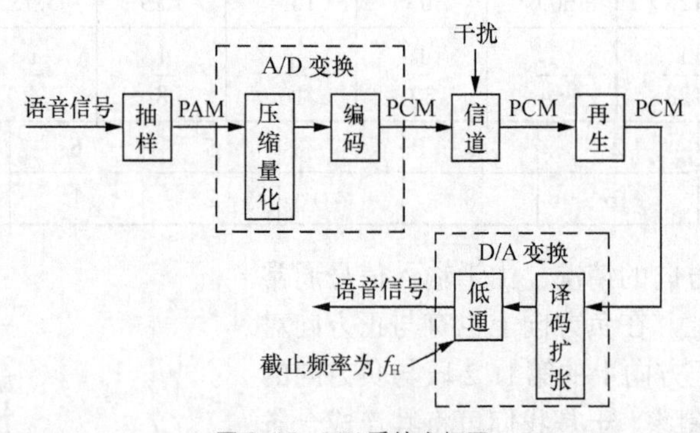

图 6-15　PCM 系统方框图

首先对连续消息进行抽样形成 PAM 信号。由于 PAM 只在时间上是离散的，而每个抽样值却是模拟量，因而无法用有限状态的数字信号来表示。为了用有限状态的数字信号来表示，需要将模拟量化为离散量，即把每个样值用振幅域上离散的值来近似。这种将模拟量化为离散量的过程叫做量化。紧接着，把量化后的信号变换成代码，即为编码，其相反的过程称为译码。前面两节重点讨论了抽样与量化，因此，本节重点讨论编码。编码不仅用于通信，还广泛用于计算机、数字仪表、遥控遥测等领域。编码方法也是多种多样的，在现有的编码方法中，若按编码的速度来分，大致可分为两大类，低速编码和高速编码，通信中一般都采用

第二类。编码器的种类大体上可以归结为三种：逐次比较（反馈）型、折叠级联型和混合型。这几种编码器都具有自己的特点，但限于篇幅，这里仅介绍目前用得较为广泛的逐次比较型编码原理。

6.3.2 常用的编码方法

二进制码具有很好的抗噪声性能，并易于再生，因此 PCM 中一般采用二进制码。对于 Q 个量化电平，可以用 k 位二进制码来表示，称其中每一种组合为一个码字。通常可以把量化后的所有量化级，按其量化电平的某种次序排列起来，并列出各对应的码字，而这种对应关系的整体就称为码型。在 PCM 中常用的码型有自然二进制码、折叠二进制码和反射二进制码（格雷二进制码）。如果以 4 位二进制码字为例，则上述 3 种码型的码字如表 6-2 所示。

表 6-2　　4 位二进制码码型

抽样脉冲值的极性	自然二进制码 8 4 2 1	折叠二进制码	格雷二进制码 15 7 3 1	量化级序号
正极性部分	1111	1111	1000	15
	1110	1110	1001	14
	1101	1101	1011	13
	1100	1100	1010	12
	1011	1011	1110	11
	1010	1010	1111	10
	1001	1001	1101	9
	1000	1000	1100	8
负极性部分	0111	0000	0100	7
	0110	0001	0101	6
	0101	0010	0111	5
	0100	0011	0110	4
	0011	0100	0010	3
	0010	0101	0011	2
	0001	0110	0001	1
	0000	0111	0000	0

自然二进制码是大家最熟悉的二进制码，从左至右其权值分别为 8、4、2、1，故有时也被称为 8-4-2-1 二进制码。

折叠二进制码是目前 A 律 13 折线 PCM30/32 路设备所采用的码型。这种码是由自然二进制码演变而来的，除去最高位，折叠二进制码的上半部分与下半部分呈倒影关系（折叠关系）。上半部分最高位为 0，其余各位由下而上按自然二进制码规则编码；下半部分最高位为 1，其余各位由上向下按自然二进制码编码。这种码对于双极性信号（语音信号通常如此），通常可用最高位表示信号的正、负极性，而用其余的码表示信号的绝对值，即只要正、负极性信号的绝对值相同，则可进行相同的编码。这就是说，用第 1 位码表示极性后，双极性信号可以采用单极性编码方法，因此，采用折叠二进制可以大大简化编码的过程。

除此之外，折叠二进制码还有一个优点，那就是在传输过程中如果出现误码，对小信号影响较小。例如：由大信号的 1111 误为 0111，从表 6-2 可看出，对于自然二进制码解码后得到的样值脉冲与原信号相比，误差为 8 个量化级；而对于折叠二进制码，误差为 15 个量化级。显然，大信号时误码对折叠二进制码影响很大。如果误码发生在小信号，例如 1000 误为 0000，这时情况就大不相同了，对于自然二进制码误差还是 8 个量化级，而对于折叠二进制码误差却只是一个量化级。这一特性是十分可贵的，因为，话音小幅度信号出现的概率比大幅度信号出现的概率要大。

在介绍反射二进制码之前，首先了解一下码距的概念。码距是指两个码字的对应码位取不同码符的位数。在表 6-2 中可以看到，自然二进制码相邻两组码字的码距最小为 1，最大为 4（如第 7 号码字 0111 与第 8 号码组 1000 间的码距）。而折叠二进制码相邻两组码字最大码距为 3（如第 3 号码字 0100 与第 4 号码字 0011）。

反射二进制码是按照相邻两组码字之间只有一个码位的码符不同（即相邻两组码的码距均为 1）而构成的，如表 6-2 所示，其编码过程如下：从 0000 开始，由后（低位）往前（高位）每次只变一个码符，而且只有当后面的那位码不能变时，才能变前面一位码。这种码通常可用于工业控制当中的继电器控制，以及通信中采用编码管进行的编码过程。

上述分析是在 4 位二进制码字基础上进行的，实际上码字位数的选择在数字通信中非常重要。它不仅关系到通信质量的好坏，还涉及通信设备的复杂程度。码字位数的多少，决定了量化分层（量化级）的多少。反之，若信号量化分层数一定，则编码位数也就被确定。可见，在输入信号变化范围一定时，用的码字位数越多，量化分层越细，量化噪声就越小，通信质量当然就越好，但码位数多了，总的传输码率会相应增加，这样将会带来一些新的问题。

6.3.3 A 律 13 折线编码

A 律 13 折线编码一般采用逐次比较型编码。在逐次比较型编码方式中，无论采用几位码，一般均按极性码、段落码和段内码的顺序对码位进行安排。下面就结合我国采用的 13 折线的编码来加以说明。

在 13 折线法中，无论输入信号是正还是负，均按 8 段折线（8 个段落）进行编码。若用 8 位折叠二进制码来表示输入信号的抽样量化值时，其中用第 1 位表示量化值的极性，其余 7 位（第 2 位至第 8 位）则可表示抽样量化值的绝对大小。具体做法是：用第 2 至第 4 位（段落码）的 8 种可能状态分别代表 8 个段落，其他 4 位码（段内码）的 16 种可能状态分别代表每一段落的 16 个均匀划分的量化级。上述编码方法是把压缩、量化和编码合为一体的方法。根据上述分析，用于 13 折线 A 律特性的 8 位非线性编码的码组结构如下。

极性码	段落码	段内码
c_1	$c_2\,c_3c_4$	$c_5\,c_6\,c_7c_8$

第 1 位码 c_1 的数值“1”或“0”分别代表信号的正、负极性，称为极性码。从折叠二进制码的规律可知，对于两个极性不同，但绝对值相同的样值脉冲，用折叠二进制码表示时，除极性码 c_1 不同外，其余几位码是完全一样的。因此在编码过程中，只要将样值脉冲的极性判别出后，编码器是以样值脉冲的绝对值进行量化和输出码组的。这样只要考虑 13 折线中对应于正输入信号的 8 段折线就行了。

第 2 位至第 4 位码 $c_2\,c_3c_4$ 称为段落码，因为 8 段折线用 3 位码就能表示。具体划分如表 6-3 所示。

表 6-3　　段落码编码规则

段落序号	段落码（$c_2 c_3 c_4$）	段落范围（量化单位）
8	111	1024～2048
7	110	512～1024
6	101	256～512
5	100	128～256
4	011	64～128
3	010	32～64
2	001	16～32
1	000	0～16

$c_5\ c_6\ c_7\ c_8$ 被称为段内码，每一段中的 16 个量化级可以用这 4 位码表示，段内码具体的分法如表 6-4 所示。

表 6-4　　段内码编码规则

量化间隔	段内码（$c_5\ c_6\ c_7 c_8$）	量化间隔	段内码（$c_5\ c_6\ c_7 c_8$）
15	1111	7	0111
14	1110	6	0110
13	1101	5	0101
12	1100	4	0100
11	1011	3	0011
10	1010	2	0010
9	1001	1	0001
8	1000	0	0000

需要指出的是，在上述编码方法中，虽然各段内的 16 个量化级是均匀的，但因段落长度不等，故不同段落间的量化级是非均匀的。当输入信号小时，段落短，量化级间隔小；反之，量化间隔大。在 13 折线中，第 1、2 段最短，根据 6.2.2 节的分析可知，第 1、2 段的归一化长度是 1/128，再将它等分 16 小段后，则每一小段长度为 1/2048，这就是最小的量化级间隔 Δ。根据 13 折线的定义，以最小的量化级间隔 Δ 为最小计量单位，可以计算出 13 折线 A 律每一个量化段的电平范围、起始电平 I_{si} 段内码对应权值和各段落内量化间隔 Δ_i，具体计算结果如表 6-5 所示。

表 6-5　　13 折线 A 律有关参数表

段落序号 $i=1\sim8$	电平范围 (Δ)	段落码 $M_2M_3M_4$	段落起始 电平 $I_{\omega}(\Delta)$	量化间隔 $\Delta_i(\Delta)$	段内码对应权值(Δ)			
					M_5	M_6	M_7	M_8
8	1024～2048	111	1024	64	512	256	128	64
7	512～1024	110	512	32	256	128	64	32
6	256～512	101	256	16	128	64	32	16
5	128～256	100	128	8	64	32	16	8
4	64～128	011	64	4	32	16	8	4
3	32～64	010	32	2	16	8	4	2
2	16～32	001	16	1	8	4	2	1
1	0～16	000	0	1	8	4	2	1

逐次比较型编码器编码的方法与用天平称重物的过程极为相似，因此，在这里先分析一下天平称重的过程。当重物放入托盘以后，就开始称重，第1次称重所加砝码（在编码术语中称为“权”，它的大小称为权值）是估计的，这种权值当然不能正好使天平平衡。若砝码的权值大了，换一个小一些的砝码再称。请注意，第2次所加砝码的权值，是根据第1次做出判断的结果确定的。若第2次称的结果说明砝码小了，就要在第2次权值基础上加上一个更小一些的砝码。如此进行下去，直到接近平衡为止，这个过程就称为逐次比较称重过程。“逐次”的含义，可理解为称重是一次次由粗到细进行的。而“比较”则是把上一次称重的结果作为参考，比较得到下一次输出权值的大小，如此反复进行下去，使所加权值逐步逼近物体真实重量。

基于上述分析，就可以研究并说明逐次比较型编码方法编出8位码的过程了。图6-16是逐次比较编码器原理图。从图中可以看到，它由整流电路、极性判决电路、保持电路、比较器及本地译码电路等组成。

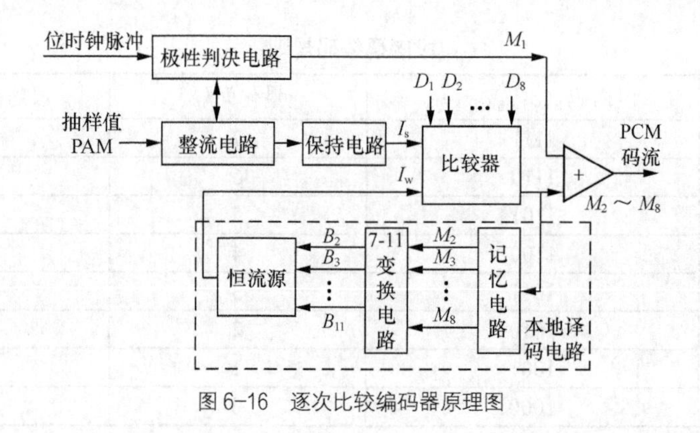

图6-16　逐次比较编码器原理图

极性判决电路用来确定信号的极性。由于输入 PAM 信号是双极性信号，当其样值为正时，在位脉冲到来时刻出“1”码；当样值为负时，出“0”码，同时将该双极性信号经过全波整流变为单极性信号。

比较器是编码器的核心，它的作用是通过比较样值电流 I_s 和标准电流 I_w，从而对输入信号抽样值实现非线性量化和编码。每比较一次，输出1位二进制代码，并且当 $I_s > I_w$ 时，出“1”码，反之出“0”码。由于在13折线法中用7位二进制代码来代表段落和段内码，所以对一个输入信号的抽样值需要进行7次比较。每次所需的标准电流 I_w 均由本地译码电路提供。

本地译码电路包括记忆电路、7-11变换电路和恒流源。记忆电路用来寄存二进制代码，因为除第一次比较外，其余各次比较都要依据前几次比较的结果来确定标准电流 I_w 的值。因此，7位码组中的前6位状态均应由记忆电路寄存下来。

7-11变换电路就是前面非均匀量化中谈到的数字压缩器。因为采用非均匀量化的7位非线性编码等效于11位线性码。而比较器只能编7位码，反馈到本地译码电路的全部码也只有7位。因为恒流源有11个基本权值电流支路，需要11个控制脉冲来控制，所以必须经过变换，把7位码变成11位码，其实质就是完成非线性和线性之间的变换，其转换关系如表6-6所示。

表 6-6　　　　　　　　　　**A 律 13 折线非线性码与现行码间的关系**

段落序号	非线性码						线性码											
	段落起始	段落码	段内码对应权值(Δ) M_5	M_6	M_7	M_8	B_1	B_2	B_3	B_4	B_5	B_6	B_7	B_8	B_9	B_{10}	B_{11}	B_{12}
							1024	512	256	128	64	32	16	8	4	2	1	1/2
8	1024	111	512	256	128	64	1	M_5	M_6	M_7	M_8	1^*	0	0	0	0	0	0
7	512	110	256	128	64	32	0	1	M_5	M_6	M_7	M_8	1^*	0	0	0	0	0
6	256	101	128	64	32	16	0	0	1	M_5	M_6	M_7	M_8	1^*	0	0	0	0
5	128	100	64	32	16	8	0	0	0	1	M_5	M_6	M_7	M_8	1^*	0	0	0
4	64	011	32	16	8	4	0	0	0	0	1	M_5	M_6	M_7	M_8	1^*	0	0
3	32	010	16	8	4	2	0	0	0	0	0	1	M_5	M_6	M_7	M_8	1^*	0
2	16	001	8	4	2	1	0	0	0	0	0	0	1	M_5	M_6	M_7	M_8	1^*
1	0	000	8	4	2	1	0	0	0	0	0	0	0	M_5	M_6	M_7	M_8	1^*

表中 1^*项为收端解码时的补差项，在发端编码时，该项均为零。

恒流源用来产生各种标准电流值。为了获得各种标准电流 I_w，在恒流源中有数个基本权值电流支路。基本的权值电流个数与量化级数有关，在 13 折线编码过程中，它要求 11 个基本的权值电流支路，每个支路均有一个控制开关。每次该哪几个开关接通组成比较用的标准电流 I_w，由前面的比较结果经变换后得到的控制信号来控制。

保持电路的作用是保持输入信号的抽样值在整个比较过程中具有确定不变的幅度。由于逐次比较型编码器编 7 位码（极性码除外）需要进行 7 次比较，因此，在整个比较过程中都应保持输入信号的幅度不变，故需要采用保持电路。下面通过一个例子来说明 13 折线编码过程。

【例 6-3】　设输入信号抽样值为+1270 个量化单位（Δ=1为一个量化单位），采用逐次比较型编码将它按照 13 折线 A 律特性编成 8 位码。试求：

（1）编成 8 位码；

（2）试计算量化误差；

（3）写出相应的 11 位线性码组。

解　因为 A 律 13 折线 8 比特逐次反馈编码器，现在对样值+1270 进行编码。

先编极性码 c_1，因为+1270>0，故 c_1=1

编段落码：$c_2\ c_3c_4$

第一次比较　1270>I_w=128，故 c_2=1

第二段比较　1270>I_w =512，故 c_3=1

第三次比较　1270>I_w =1024，故 c_4=1

因此，段落码 $c_2\ c_3c_4$=111 样值落在第八段，起始电平为 1024，第八段量化间隔 64。

第四次比较　1024+8×64=1536，而 1270 < 1536，故 c_5=0

第五次比较　1024+4×64=1280，而 1270<1280，故 c_6=0

第六次比较　1024+2×64=1152，且 1270>1152，故 c_7=1

第七次比较　1024+2×64+64=1216，且 1270>1216，故 c_8=1

则：$c_1\ c_2\ c_3c_4\ c_5\ c_6\ c_7c_8$=11110011

量化误差 e= 1270−1216−0.5×64=22

11 位比特线性码为 10011000000

【例 6-4】 单路话音信号的最高频率为 4kHz，抽样速率为 8kHz，以 PCM 方式传输。设传输信号的波形为矩形脉冲，其宽度为τ，且占空比为 1。

（1）抽样后信号按 8 级量化，求 PCM 基带信号第一零点频宽。

（2）若抽样后信号按 128 级量化，PCM 二进制基带信号第一零点频宽又为多少？

解 （1）抽样后信号按 8 级量化，由于 $N=\log_2 M=\log_2 8=3$，说明每个抽样值要编 3 位二进制码。此时每比特宽度为$T_b=\dfrac{T}{3}=\dfrac{1}{3f_s}$，因为占空比为 1，所以脉冲宽度$\tau=T_b$，所以 PCM 系统的第一零点频宽为

$$B=1/\tau=3f_s=24\text{kHz}$$

（2）若抽样信号按 128 级量化，由于 $N=\log_2 M=\log_2 128=7$，说明每个抽样值要编 7 位二进制码。此时每比特宽度为$T_b=\dfrac{T}{7}=\dfrac{1}{7f_s}$，因为占空比为 1，所以脉冲宽度$\tau=T_b$，所以 PCM 系统的第一零点频宽为

$$B=1/\tau=7f_s=56\text{kHz}$$

6.3.4 PCM 系统的抗噪声分析

影响 PCM 系统性能的主要噪声源有两种：一是量化噪声；二是信道噪声（传输噪声）。两种噪声由不同的机理产生，故可认为它们是统计独立的。因此，计算时可以分别求出它们的功率，然后相加。

由 PCM 通信系统方框图可以看出，PCM 系统接收端低通滤波器的输出可写为

$$\hat{m}(t)=m_0(t)+n_q(t)+n_e(t) \tag{6-3-1}$$

式中：$m_0(t)$——输山信号成分；

$n_q(t)$——由量化噪声引起的输出阻抗噪声；

$n_e(t)$——由信道加性噪声引起的输出噪声。

PCM 系统的抗噪声性能定义为系统输出端总的信噪比，即

$$\frac{S_0}{N_0}=\frac{E[m_0^2(t)]}{E[n_q^2(t)]+E[n_e^2(t)]} \tag{6-3-2}$$

式中，E 为求统计平均。

若输入信号 $m(t)$ 在区间$[-a,\ +a]$具有均匀分布的概率密度，并对 $m(t)$ 进行均匀量化，其量化级数为 M，则可求得在仅考虑量化噪声时，PCM 系统输出端平均信号量化噪声功率比为

$$\frac{S_0}{N_0}=\frac{E[m_0^2(t)]}{E[n_q^2(t)]}=M^2-1\approx M^2 \tag{6-3-3}$$

若采用二进制编码，选择代码位数为 N，则 $M=2^{2N}$，由上式，有

$$\frac{S_0}{N_0}=2^N \tag{6-3-4}$$

若信道噪声为加性白噪声，仅考虑一位误码引起的码组错误，并认为每一码组的误码彼此独立。设每个码元的误码率为 P_e，则在不考虑量化噪声的情况下，PCM 系统输出端平均信噪功率比为

$$\frac{S_0}{N_0}=\frac{1}{4p_e} \tag{6-3-5}$$

同时，考虑量化噪声和信道加性白噪声时，PCM 系统输出端的平均信噪功率比为

$$\frac{S_0}{N_0}=\frac{E[m_0^2(t)]}{E[n_q^2(t)]+E[n_e^2(t)]}=\frac{2^{2N}}{1+4P_e 2^{2N}} \tag{6-3-6}$$

6.4　差分脉冲编码调制

统计结果显示，大多数情况下，信号自身的功率要远大于差值的功率，那么如果只传送这些差值来代替信号，则需要的位数就会显著减少。差分脉冲编码调制（DPCM）是根据信号样值间的关联性来进行编码的，其主要是根据以前时刻样值预测当前时刻的样值，是一种传输样值的差值，并对差值进行量化和编码的一种通信方式。它一般是以预测的方式来实现的。

6.4.1　预测编码简介

下面所讨论的调制（编码）方式，可称为预测编码方式，因此在讨论它们之前先介绍预测编码的概念。

所谓预测编码，就是根据过去的信号样值预测下一个样值，并仅把预测值与现实的样值之差（预测误差）加以量化、编码以后进行传输的方式，如图 6-17 所示。在接收端，经过和发送端的预测完全相同的操作，可以得到量化的原信号，然后再通过低通滤波便可恢复原信号的近似波形。

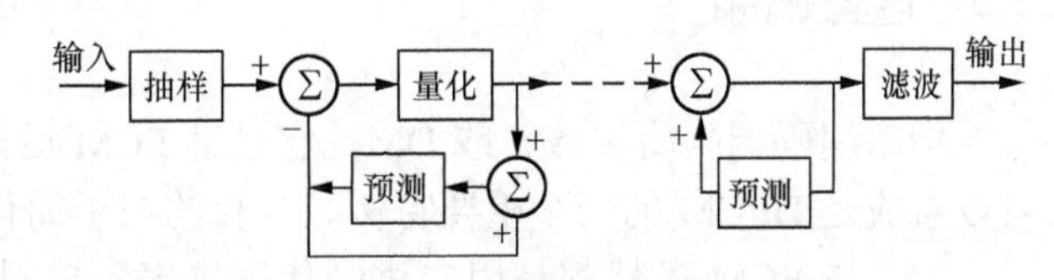

图 6-17　预测编码系统框图

在这种情况下，如果能进行适当的预测，便可期望预测误差的幅度变化范围比信号自身的振幅变化范围小。因此，如果解调后的量化噪声相同，则传输预测误差的方式所需的量化比特数将比传输信号瞬时振幅值的一般 PCM 方式所需的量化比特数少。或者，在比特数与 PCM 方式相同情况下，可获得更高的传输质量。

增量调制（及其改进型）或差分脉码调制方式，是一种把刚过去的信号样值作为预测值的单纯预测编码方式。在这种方式中，为了更有效地进行预测，必须根据信号的统计特性设计预测器。当信号的统计特性改变时，要检查出其变化，并使预测器适应这一变化，这样可进一步改善性能。

6.4.2　差分脉冲编码调制原理及性能

DPCM 编解码过程如图 6-18 所示。

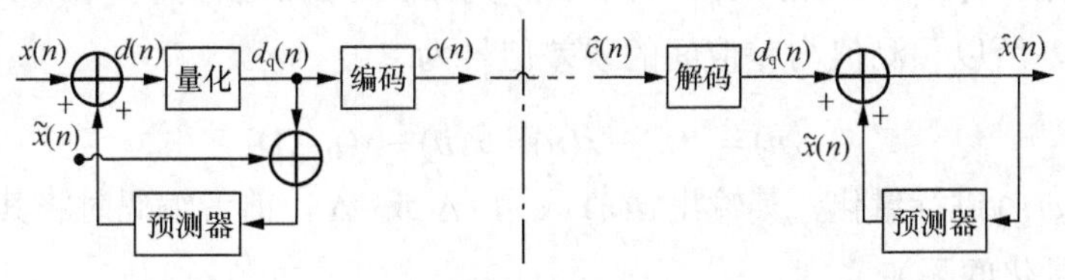

图 6-18　DPCM 原理框图

这种脉冲编码调制方式，在发送端首先将模拟的语音信号进行抽样，然后通过比较器的比较得到样值的差值信号。在编码过程中是对样值的差值信号进行量化和编码，编码得到的数字信号通过信道的传输到达接收端。接收端有和发送端可逆的一系列电路设备，通过解码还原出样值的差值信号，再经过相加器得到恢复的近似样值信号。

图中，$d(n)=x(n)-\tilde{x}(n)$，量化误差为$e(n)=d(n)-d_{\mathrm{q}}(n)$，且有

$$\hat{x}(n)=\tilde{x}(n)+d_{\mathrm{q}}(n) \tag{6-4-1}$$

则系统的信噪比 SNR 为

$$SNR=\frac{E[x^2(n)]}{E[e^2(n)]}=\frac{E[x^2(n)]}{E[d^2(n)]}\cdot\frac{E[d^2(n)]}{E[e^2(n)]} \tag{6-4-2}$$

令 $\frac{E[x^2(n)]}{E[d^2(n)]}=G_{\mathrm{P}}$，$\frac{E[d^2(n)]}{E[e^2(n)]}=SNR_{\mathrm{q}}$ 代入上式有

$$SNR=G_{\mathrm{p}}\cdot SNR_{\mathrm{q}} \tag{6-4-3}$$

其中 G_{p} 可理解为 DPCM 相对 PCM 系统的信噪比增益，亦称为预测增益；SNR_{q} 是差值量化器的量化信噪比。

DPCM 系统，最佳预测和最佳量化尤为重要，但由于语音信号动态范围大，所以一般采用自适应和自适应量化。

6.5 增量调制

增量编码调制简称 ΔM 或 DM，它是继 PCM 后出现的又一种模拟信号数字传输的方法，可以看成是 DPCM 的一个重要特例。其目的在于简化语音编码方法。

ΔM 与 PCM 虽然都是用二进制代码去表示模拟信号的编码方式。但在 PCM 中，代码表示样值本身的大小，所需码位数较多，从而导致编译码设备复杂；而在 ΔM 中，它只用一位编码表示相邻样值的相对大小，从而反映出采样时刻波形的变化趋势，与样值本身的大小无关。

ΔM 与 PCM 编码方式相比，具有编译码设备简单，低比特率时的量化信噪比高，抗误码特性好等优点，因此在军事和工业部门的专用通信网和卫星通信中得到了广泛应用，近年来更是在高速超大规模集成电路中用作 A/D 转换器。本节将详细论述增量调制原理。

6.5.1 增量调制原理

增量调制的功能方框图如图 6-19 所示，其中图 6-19（a）为增量调制编码器，图 6-19（b）为增量调制解码器。

根据预测规则，有 $\tilde{x}(n)=\hat{x}(n-1)$，其中 $\tilde{x}(n)$ 为第 n 时刻的预测值，$\hat{x}(n-1)$ 为 $x(n)$ 在第 n 时刻的重建样值，所以预测值与差值间的误差信号为

$$e(n)=x(n)-\tilde{x}(n)=x(n)-\hat{x}(n-1) \tag{6-5-1}$$

量化器只对 $e(n)$ 进行量化，其输出 $d(n)$ 只为 $+\Delta$ 或 $-\Delta$，前者编码时将其编为 1，后者编为 0（其中 Δ 为量化间隔）。

同样的，在接收端有 $\hat{x}(n)=\hat{d}(n)+\hat{x}(n-1)$，传输无误时有 $\hat{x}(n)=\hat{x}(n-1)$，其实质是用阶梯波最佳逼近连续波，从而跟踪波形斜率。增量调制过程如图 6-20 所示。

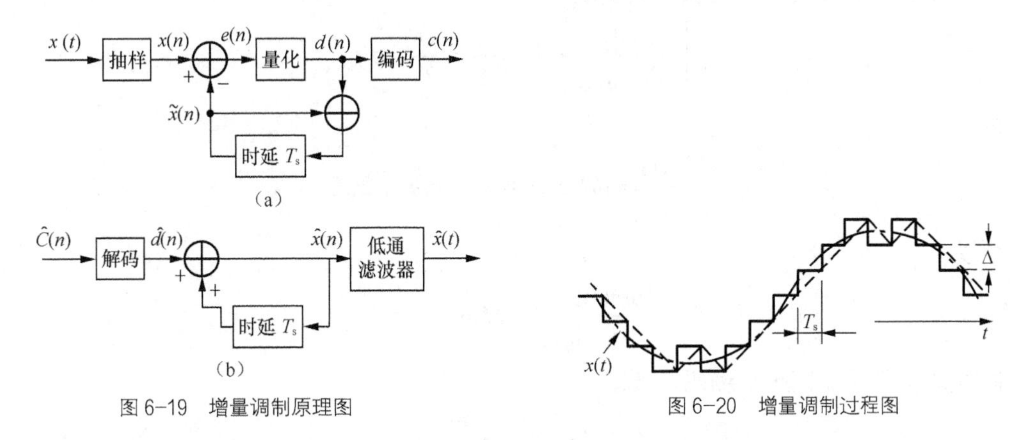

图 6-19　增量调制原理图

图 6-20　增量调制过程图

通过调制过程看到，当输入信号频率过高时，本地译码器输出信号 $x_1(t)$ 跟不上信号的变化，使误差信号 $e(t)$ 显著增大，这种现象称为过载。由于过载现象会引起译码后信号的严重失真，这种失真称为过载失真，或称过载噪声。为避免过载，应满足条件：

$$\left|\frac{\mathrm{d}x(t)}{\mathrm{d}t}\right| \leqslant \frac{\Delta}{T_\mathrm{s}} \tag{6-5-2}$$

在给定量化间隔 Δ 的情况下，能跟踪最大斜率为 Δ/T_s 的信号，其中 Δ/T_s 为抽样周期，称为临界过载情况下的最大跟踪斜率。当输入信号为正弦波 $x(t)=A\cos\omega t$，其最大斜率为 $A\omega$，则临界过载时，有

$$A_{\max}\omega=\Delta/T_\mathrm{s}=\Delta f_\mathrm{s} \tag{6-5-3}$$

在不过载的情况下，ΔM 的量化噪声为

$$\sigma_\mathrm{q}^2=\int_{-\Delta}^{\Delta}e^2p(e)\mathrm{d}e=\frac{1}{2\Delta}\int_{-\Delta}^{\Delta}\mathrm{e}^2\mathrm{d}e=\frac{\Delta^2}{3} \tag{6-5-4}$$

在临界过载时，由式（6-5-3）可知信号功率

$$S_{\max}=\frac{A_{\max}^2}{2}=\frac{\Delta^2 f_\mathrm{s}^2}{8\pi^2 f^2} \tag{6-5-5}$$

则增量调制的最大量化信噪比为

$$SNR_{\max}=\frac{S_{\max}}{\sigma_\mathrm{q}^2}=\frac{3}{8\pi^2}\cdot\frac{f_\mathrm{s}^3}{f^2 f_\mathrm{B}}\approx 0.038\frac{f_\mathrm{s}^3}{f^2 f_\mathrm{B}} \tag{6-5-6}$$

用 dB 表示有

$$[SNR_{\max}]_{\mathrm{dB}}\approx 3-\lg f_\mathrm{s}-20\lg f-10\lg f_\mathrm{B}-14 \tag{6-5-7}$$

可见，在简单 ΔM 系统中，量化信噪比与 f_s 三次方称正比，即抽样频率每提高一倍，量化信噪比提高 9dB。因此一般 ΔM 的抽样频率至少在 16kHz 以上才能使量化信噪比达到 15dB 以上。在抽样频率为 32kHz 时，量化信噪比约为 26dB，只能满足一般通信质量的要求。同时，量化信噪比与信号频率的平方成反比，即信号频率每提高一倍，量化信噪比下降 6dB。因此简单 ΔM 在语音高频段的量化信噪比下降。

【例 6-5】 信号 $m(t)=M\sin 2\pi f_0 t$ 进行简单增量调制，若台阶 σ 和抽样频率选择得既保证不过载，又保证不致因信号振幅太小而使增量调制器不能正常编码，试证明此时要求 $f_s>\pi f_0$。

解 要保证增量调制不过载，则要求

$$\left|\frac{\mathrm{d}m(t)}{\mathrm{d}t}\right|_{\mathrm{MAX}}<K=\frac{\sigma}{\Delta t}=\frac{\sigma}{T_s}=\sigma f_s$$

因为

$$\left|\frac{\mathrm{d}m(t)}{\mathrm{d}t}\right|=M\omega_0\cos\omega_0 t \qquad \omega_0=2\pi f_0$$

所以

$$\left|\frac{\mathrm{d}m(t)}{\mathrm{d}t}\right|_{\mathrm{MAX}}=M\omega_0<\sigma f_s$$

同时系统要求保证正常编码，要求

$$\left|m(t)\right|_{\max}>\frac{\sigma}{2}$$

即

$$M>\frac{\sigma}{2}$$

从而可得

$$\sigma f_s>M\omega_0>\frac{\sigma}{2}\cdot 2\pi f_0$$

所以

$$f_s>\pi f_0$$

6.5.2 增量调制系统中的量化噪声

与 PCM 系统一样，对于简单增量调制系统的抗噪声性能，仍用系统的输出信号和噪声功率比来表征。ΔM 系统的噪声成分主要是量化噪声。

从前面的分析可知，量化误差有两种，一般量化误差和过载量化误差。由于在实际应用中都是采用了防过载措施，因此，这里仅考虑一般量化噪声。

在不过载情况下，一般量化噪声 $e(t)$ 的幅度在 $-\Delta$ 到 $+\Delta$ 范围内随机变化。假设在此区域内量化噪声为均匀分布，于是 $e(t)$ 的一维概率密度函数为

$$f(e)=\frac{1}{2\Delta},\ -\Delta\leqslant e\leqslant\Delta \tag{6-5-8}$$

因而 $e(t)$ 的平均功率可表示为

$$E[e^2(t)]=\int_{-\Delta}^{\Delta}e^2\mathrm{d}e=\frac{\Delta^2}{3} \tag{6-5-9}$$

应当注意，上述的量化噪声功率并不是系统最终输出的量化噪声功率，为了简化运算，可以近似的认为 $e(t)$ 的平均功率均匀地分布在频率范围 $(0,f_s)$ 之内。这样，通过低通滤波器（截止频率为 f_L）之后的输出量化噪声功率为

$$N_e = \frac{\Delta^2}{3} \cdot \frac{f_L}{f_s} \tag{6-5-10}$$

设信号工作于临界状态，则对于频率为 f_k 的正弦信号来说，可以推导出信号最大输出功率。

$$\left.\begin{aligned} A_{\max} &= \frac{\sigma \cdot f_s}{\omega_k} \\ S_0 &= \frac{A_{\max}^2}{2} \end{aligned}\right\} \Rightarrow S_0 = \frac{1}{8} \times \left(\frac{\sigma \cdot f_s}{\pi \cdot f_k}\right)^2 \tag{6-5-11}$$

利用式（6-5-8）和式（6-5-9）经化简和近似处理之后，可得 ΔM 系统最大量化信噪比。

$$\left(\frac{S_0}{N_q}\right)_{\max} = 0.04 \times \frac{f_s^3}{f_L \cdot f_k^2} \tag{6-5-12}$$

从上面分析可以看出，为提高 ΔM 系统抗噪声性能，采样频率 f_s 越大越好，但从节省频带考虑，f_s 越小越好。这两者是矛盾的，要根据对通话质量和节省频带两方面的要求提出一个恰当的数值。

本 章 小 结

数字通信系统具有许多优点。但许多信源输出都是模拟信号。若要利用数字通信系统传输模拟信号，一般需三个步骤：把模拟信号数字化，即模数转换（A/D），将原始的模拟信号转换为时间离散和值离散的数字信号；进行数字方式传输；把数字信号还原为模拟信号，即数模转换（D/A）。A/D 或 D/A 变换的过程通常由信源编（译）码器实现，所以通常将发端的 A/D 变换称为信源编码（如将语音信号的数字化称为语音编码），而将收端的 D/A 变换称为信源译码。

（1）本章主要讨论了模拟信号数字化的基本原理和方法。模拟信号数字化需要经过抽样、量化和编码 3 个步骤。

（2）抽样定理是实现模拟信号时间离散化的重要理论依据，是数字通信的理论基础，也是本章的重点之一，应从时域和频域去理解抽样定理的物理概念，掌握它的实际应用。

（3）量化的目的是实现信号幅度离散化。抽样信号的量化有两种方法：均匀量化和非均匀量化，量化后的误差称为量化噪声。非均匀量化可有效地改善量化信噪比。语音信号的量化，通常采用 ITU 建议的 A 律 μ 律对数特性的非均匀量化法。欧洲和我国采用 A 律，北美、日本等采用 μ 律。为便于采用数字电路实现量化，通常采用 13 折线法和 15 折线法代替 A 律和 μ 律。

（4）为了适宜传输和存储，通常采用编码的方法将量化信号变换成二进制代码形式。电话信号最常用的编码方式是 PCM、ΔM 及 DPCM。

PCM 系统的量化信噪比随系统带宽按指数规律增长，而模拟调制系统的角调和脉冲时间调制系统信噪比的改善与带宽呈平方律关系。这是编码信号的优点之一。

思考题与练习题

6-1　什么是理想信号的抽样定理？

6-2　已抽样信号的频谱混叠是什么原因引起的？若要求从已抽样信号中正确地恢复原始信号，抽样频率应满足什么条件？

6-3 试比较理想抽样及脉冲抽样的异同点。

6-4 什么叫做量化？为什么要进行量化？

6-5 均匀量化的主要缺点是什么？非均匀量化能克服均匀量化的什么缺点？

6-6 量化噪声是怎么产生的？它与哪些因素有关？

6-7 PAM 与 PCM 有什么区别？PAM 信号和 PCM 信号属于什么类型的信号？（指模拟信号和数字信号。）

6-8 试画出 PCM 系统方框图，并简要说明方框中各部分的作用。

6-9 增量调制原理是什么？输出的信号量噪比与哪些因素有关？

6-10 什么是差分脉冲编码调制？它与增量调制有何异同？

6-11 已知基带信号 $m(t)=\cos 2\pi t+2\cos 4\pi t$，对其进行理想抽样：

（1）为了在接收端能不失真地从已抽样信号 $m_s(t)$ 中恢复 $m(t)$，试问抽样间隔应如何选择？

（2）若抽样间隔为 0.2s，试画出已抽样信号的频谱图。

6-12 设信号 $m(t)=9+A\cos\varpi t$，其中 $A\leqslant 10\text{V}$。若 $m(t)$ 被均匀量化为 40 个电平，试确定所需的二进制码组的位数 N 和量化间隔 $\Delta\upsilon$。

6-13 已知模拟信号抽样值的概率密度 $f(x)$ 如图 6-21 所示。若按四电平进行均匀量化，试计算信号量化噪声功率比。

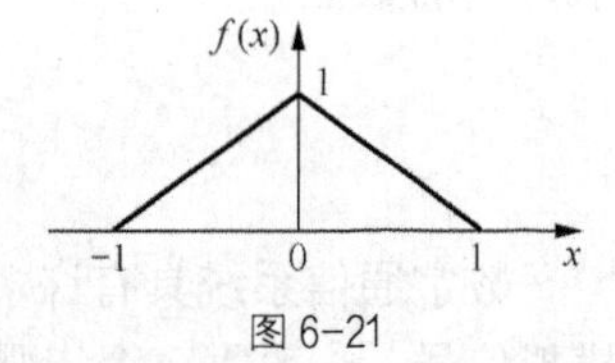

图 6-21

6-14 已知信号 $f(t)=10\cos(20\pi t)\cos(200\pi t)$，以 250 次每秒速率抽样。

（1）试求出抽样信号频谱。

（2）由理想低通滤波器从抽样信号中恢复 $f(t)$，试确定滤波器的截止频率。

（3）对 $f(t)$)进行抽样的奈奎斯特速率是多少？

6-15 采用 13 折线 A 律编码，设最小量化间隔为 1 个单位，已知抽样脉冲值为+635 单位。

（1）试求此时编码器输出码组，并计算量化误差。

（2）写出对应于该 7 位码（不包括极性码）的均匀量化 11 位码（采用自然二进制码）。

6-16 采用 13 折线 A 律编译码电路，设接收端收到的码组为“01010011”，最小量化单位为 1Δ，段内码采用折叠二进制码。

（1）试问译码器输出为多少单位？

（2）写出对应于该 7 位码（不包括极性码）的均匀量化 11 位码。

6-17 采用 13 折线 A 律编码，设最小量化间隔为 1 个单位，已知抽样脉冲值为−95 单位。

（1）试求此时编码器输出码组，并计算量化误差。

（2）写出对应于该 7 位码（不包括极性码）的均匀量化 11 位码（采用自然二进制码）。

6-18 对 10 路带宽均为 300Hz～3400Hz 的模拟信号进行 PCM 时分复用传输。抽样速率为 8000Hz，抽样后进行 8 级量化，并编为自然二进制码，码元波形是宽度为 τ 的矩形脉冲，且占空比为 1。试求传输此时分复用 PCM 信号所需的带宽。

6-19 已知话音信号的最高频率 $f_{\text{m}}=3400\text{Hz}$，今用 PCM 系统传输，要求信号量化噪声比 S_0/N_{q} 不低于 30dB。试求此 PCM 系统所需的理论最小基带频宽。

6-20 信号 $f(t)=A\sin 2\pi f_0 t$ 进行简单 ΔM 调制，若量化阶 σ 和抽样频率选择得既保证不过载，又保证不致因信号振幅太小而使增量调制不能编码，试证明此时要求 $f_{\text{s}}>\pi f_0$。

第7章 同步原理

同步是指通信系统的收、发双方在时间上步调一致，又称定时。由于通信的目的就是使不在同一地点的各方之间能够通信联络，故在通信系统尤其是数字通信系统以及采用相干解调的模拟通信系统中，同步是一个十分重要的问题。只有收、发两端协调工作，系统才有可能真正实现通信功能。可以说，整个通信系统工作正常的前提就是同步系统正常，同步质量的好坏对通信系统的性能指标起着至关重要的作用。

如果按实现同步的方法来分，同步系统可分为外同步和自同步两种。由发送端额外发送同步信息，接收端根据该信息提取同步信号的方法就是外同步法。反之，发送端不单独另发任何信号、由接收端设法从收到的信号中获得同步信息的方法就叫自同步法。由于自同步法无须另加信号传送，可以把整个发射功率和带宽都用于信号传输，其相应的效率就高一些，但实现电路也相对复杂。目前两种同步方式都被广为采纳。

按同步系统的功能来划分，可以分为载波同步、位同步、群同步。其中，载波同步，位同步和群同步是基础，针对的是点到点的通信模式。本章主要讨论三种同步的基本原理、实现方法、性能指标及其对通信系统性能的影响。

7.1 载波同步

由前面几章学习可知，无论是模拟调制系统还是数字调制系统，接收端都必须提供与接收信号中的调制载波同频同相的本地载波信号才能保证正确解调，这个解调过程就是相干解调，而获取同频同相的本地载波信号的过程就是载波同步或载波提取。对于任何需要相干解调的系统而言，其接收端如果没有相干载波是绝对不可能实现相干解调的。所以说，载波同步是实现相干解调的前提和基础，本地载波信号的质量好坏对于相干解调的输出信号质量有着极大的影响。

很多读者在此都把本地载波的同频率同相位理解为与发送端用于调制的载频信号同频同相，但事实上接收端本地载波是与接收端收到信号中的调制载波信号同频同相。这是因为发送的信号在传输过程中可能因噪声干扰而产生附加频移和相移，即使收、发两端用于产生载波的振荡器输出信号频率绝对稳定，相位完全一致，也不能在接收端完全保证载波同步。收到的信号中，不一定包含发送端的调制载波成分，如果包含，可用窄带滤波器直接提取载波信号，这一方法很简单。我们不再仔细讲述，而主要介绍另外两种常用的载波提取方法：直接法和插入导频法。它们都是针对接收信号中不含载波成分的情况。

7.1.1 直接法

发送端不特别另外发送同步载波信号，而是由接收端设法直接从收到的调制信号中直接提取载波信号的方法就叫做直接法，显然，这种载波提取的方式属于自同步法的范畴。前面已经指出，如果接收信号中含有载波分量，则可以从中直接用滤波器把它分离出来，这当然也是采用的直接法，但我们这里所介绍的直接法主要是指从不直接包含载频成分的接收信号（如抑制载波的双边带信号 $S_{DSB}(t)$、数字调相信号 $S_{PSK}(t)$ 等）中，提取载频信号的方法。这些信号虽然并不直接含有载频分量，但经过一定的非线性变换后，将出现载频信号的谐波成分，故可以从中提取载波分量。下面具体介绍几种常用的载波提取法。

1. 平方变换法和平方环法

平方变换法和平方环法一般常用于提取 $S_{DSB}(t)$ 信号和 $S_{PSK}(t)$ 信号的相干载波。

（1）平方变换法

我们以抑制载波的双边带信号 $S_{DSB}(t)$ 为例，来分析平方变换法的原理。设发送端调制信号 $m(t)$ 中没有直流分量，则抑制载波的双边带信号为

$$S_{DSB}(t) = m(t) = \cos\omega_c t \tag{7-1-1}$$

设噪声干扰的影响可以忽略不计，则 $S_{DSB}(t)$ 经信道传输后，在接收端通过一个非线性的平方律器件的输出 $e(t)$ 为

$$e(t) = S_{DSB}{}^2(t) = \frac{1}{2}m^2(t) + \frac{1}{2}m^2(t)\cos 2\omega_c t \tag{7-1-2}$$

式（7-1-2）中第二项含有载波信号的 2 倍频分量 $2\omega_c$，如果用一个窄带滤波器将该 $2\omega_c$ 频率分量滤出，再对它进行二分频，就可获得所需的本地相干载波 ω_c。这就是平方变换法提取载波的基本原理，其框图如图 7-1 所示。

输入 $S_{DSB}(t)$ → 平方律器 → $e(t)$ → $2\omega_c$ 窄带滤波器 → ÷2 → 载波 ω_c 输出

图 7–1　平方变换法

由于二相相移键控信号 $S_{PSK}(t)$ 实质上就是调制信号 $m(t)$ 由连续信号变成仅有 ±1 两种取值的二元数字信号时的抑制载波双边带信号，该信号通过平方律器件后的输出 $e(t)$ 为

$$e(t) = [S_{PSK}(t)]^2 = [m'(t)\cos\omega_c t]^2 = \frac{1}{2}m'^2(t) + \frac{1}{2}m'^2(t)\cos 2\omega_c t \tag{7-1-3}$$

其中，$m'(t)$ 为仅有 ±1 两个取值的 $m(t)$。故二相相移键控信号 $S_{PSK}(t)$ 同样可以通过图 7-1 所示的平方变换法来提取载波信号。

（2）平方环法

在图 7-1 所示平方变换法框图中，若将 $2\omega_c$ 窄带滤波器用锁相环（PLL）来代替，就构成了如图 7-2 所示的平方环法载波提取法框图。显然，这两种方法之间的差异仅只在于对 ω_c 的提取方式上，其基本原理是完全一样的。

由于锁相环除了具有窄带滤波和记忆功能外，还有良好的跟踪性能，即相位锁定功能，尤其是当载波的频率改变比较频繁时，平方环法的适应能力更强。因此，二者相比，平方环法提取的载波信号和接收的载波信号之间的相位差更小，载波质量更好。故通常情况下平方

环法的性能优于平方变换法，其应用也比平方变换法更为广泛。

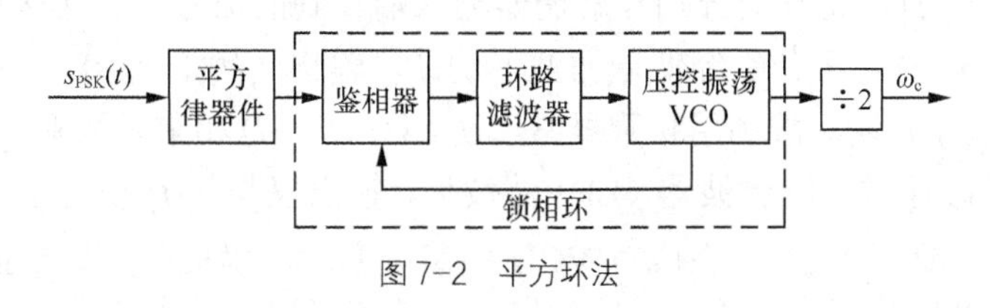

图 7-2 平方环法

2．相位模糊

从图 7-1、图 7-2 看出，无论是平方变换法还是平方环法，它们提取的载波都必须由 2 分频电路分频产生。该分频电路由一级双稳态触发器件构成，在加电的瞬间触发器的初始状态空间是 1 还是 0 状态是随机的，这使得提取的载波信号与接收的载波信号要么同相要么反相。也就是说，由于分频电路触发器的初始状态不能确定，导致提取的本地载波信号相位存在不确定的情况，这就是之前提到的相位倒相。图 7-3 通过分频器的输入/输出波形，形象地解释了这一问题的成因。

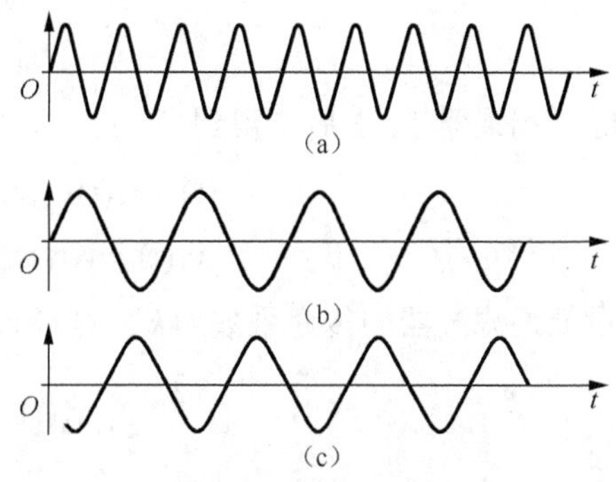

图 7-3 2 分频与相位模糊

由于触发器初始状态可能是 0 或 1 状态，相应的电路也就有两种可能的分频方法，即它既可能把图 7-3（a）的第 1、2 周期，3、4 周期，5、6 周期……合在一起（此时的输出 2 分频波形如图 7-3（b）所示)，也可能将（a）中的 2、3 周期，4、5 周期，6、7 周期……合在一起（此时的输出 2 分频波形如图 7-3（c）所示)。显然，图 7-3（b)、图 7-3（c）两种分频法的输出波形正好相位相反。

对于模拟的语音通信系统而言，因为人耳听不出相位的变化，所以相位模糊造成的影响不大。但对于采用绝对调相方式的数字通信系统，由于它可以使系统相干解调后恢复的信息与原来的发送信息正好相反（0 还原为 1，1 还原为 0)，故它的影响将是致命的。但对于相对调相 DPSK 信号而言，由于相对调相是针对相邻两个码元之间有无变化来进行调制和解调的，故本地载波信号反相并不会影响其信息解调的正确性。所以，上述两种载波提取电路不能用于绝对调相信号的解调，但可以提取 DPSK 信号的载波。

3．同相正交环法

同相正交环法又叫科斯塔斯（Costas）环法，它的原理框图如图 7-4 所示。

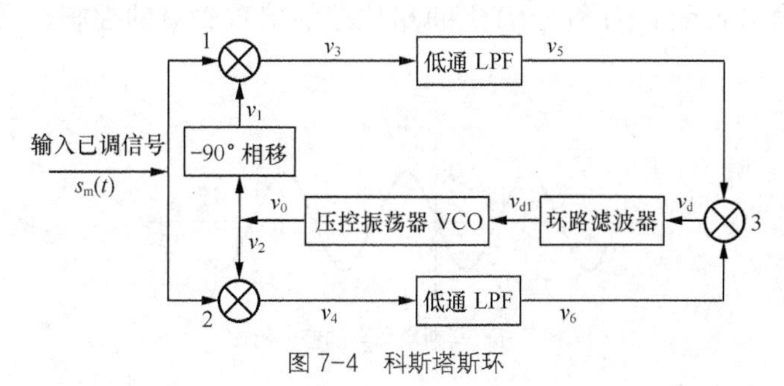

图 7-4 科斯塔斯环

环路中，压控振荡器（VCO）的输出$v_0(t)$经过90°移相器作用，提供两路彼此正交的本地载波信号$v_1(t)$、$v_2(t)$，将它们分别与解调器输入端收到的信号$s_m(t)$在相乘器1、2中相乘后输出信号$v_3(t)$、$v_4(t)$，再分别经低通滤波器滤波，输出$v_5(t)$、$v_6(t)$。由于$v_5(t)$、$v_6(t)$中都含有调制信号$s_m(t)$分量，故利用相乘器3，使$v_5(t)$、$v_6(t)$相乘以去除$s_m(t)$的影响，产生误差控制电压v_d。v_d通过环路滤波器（LF）滤波后，输出仅与$v_0(t)$和$s_m(t)$之间相位差$\Delta\phi$有关的压控控制电压，送至VCO，完成对VCO振荡频率的准确控制。如果把图中除低通LPF和压控振荡VCO以外的部分看成一个鉴相器，则该鉴相器的输出就是v_d，这正是我们所需要的误差控制电压。v_d通过LPF滤波后，控制VCO的相位和频率，最终使$v_0(t)$和$s_m(t)$之前频率相同，相位差$\Delta\phi$减小到误差允许的范围之内。此时，VCO的输出$v_0(t)$就是我们所说的本地同步载波信号。

设输入抑制载波双边带信号为$s_m(t)=m(t)\cos\omega_c t$，压控振荡VCO的输出$v_0(t)$为$\cos(\omega_{ct}+\Delta\phi)$，$\Delta\phi$是$v_0(t)$与$s_m(t)$之间的相位差。设环路已经锁定，且系统受到的噪声影响可以忽略不计，则经90°移相后，输出两路彼此正交信号$v_1(t)$、$v_2(t)$分别为

$$v_1(t)=\cos(\omega_c t+\Delta\phi-90°)$$

$$v_2(t)=\cos(\omega_c t+\Delta\phi)$$

经过相乘器1、2后，得到

$$v_3(t)=v_1(t)s_m(t)=m(t)\cos\omega_c t\cos(\omega_c t+\Delta\phi-90°) \tag{7-1-4}$$

$$v_4(t)=v_2(t)s_m(t)=m(t)\cos\omega_c t\cos(\omega_c t+\Delta\phi) \tag{7-1-5}$$

设低通滤波器的传递系数为k，则经过低通后分别可得

$$v_5(t)=\frac{1}{2}k\cos(\Delta\phi+90°)m(t) \tag{7-1-6}$$

$$v_6(t)=\frac{1}{2}k\cos(\Delta\phi)m(t) \tag{7-1-7}$$

再经过相乘器3相乘后输出

$$v_d=v_5(t)v_6(t)=k^2\cdot\frac{1}{8}m^2(t)\sin 2\Delta\phi \tag{7-1-8}$$

其中，$m(t)$为双极性基带信号，设该基带信号为幅度为A的矩形波，则$m^2(t)=A^2$为常数。若$m(t)$不是矩形波，$m^2(t)$经环路滤波器滤波之后其低频成分仍将为一常数C，故

$$v_d=\frac{1}{8}k^2C\sin 2\Delta\phi=K\sin 2\Delta\phi \tag{7-1-9}$$

即压控振荡器的输出v_d受$v_0(t)$和$s_m(t)$之间相位差的倍数$2\Delta\phi$的控制，其鉴相特性曲线如图7-5所示。

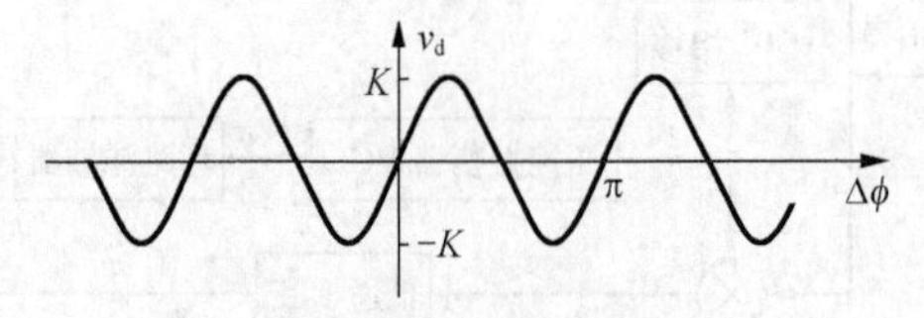

图7-5　科斯塔斯环的鉴相特性

从鉴相特性可以看出，对于$\Delta\phi = n\pi$的各点，其曲线斜率均为正，所以这些点都是稳定。但由于 n 可以取奇数或偶数，故$\Delta\phi$的值可以为 0 或π，故同相正交环和前面的平方变换法和平方环法一样，也存在相位模糊的问题。但如果对输入信息序列进行差分编码调制，即采用相对相移键控 DPSK 调制，相干解调后通过差分译码，就可以完全克服由相位模糊导致的“反相工作”现象，正确地恢复原始信息。

同相正交环与平方环都利用锁相环（PLL）提取载波，由于锁相环电路的相位跟踪锁定能力强，故两种方式提取的载波质量都比较好。相比之下，虽然 Costas 环在电路上要复杂一些，但它的工作频率就是载波频率，而平方环的工作频率则是载频的两倍。当载波频率很高时，Costas 环由于工作频率较低而更易于实现。当环路正常锁定后，由于载波提取电路和解调电路合二为一，Costas 环可以直接获得解调输出，而平方环却不行。

Costas 环的移相电路必须对每个载波频率都产生–90°相移，如果载波频率经常发生变换，则该移相电路必须具有很宽的工作带宽，实现起来比较困难。因此，对于载波频率变化频繁的场合，一般不采用 Costas 环法来进行载波提取。

4．多元调相信号的载波同步

之前介绍了多元相位调制信号（简称多相信号）的解调方法，其中相干解调过程和二元调相信号一样，在接收端必须要有同频同相的本地载波才可能完成解调。下面就以四元调相信号（简称四相信号）为例，介绍多相信号的相干载波提取方法。

（1）四次方变换法

四相信号相干解调所必需的本地载波，必须通过四次方变换器件将收到的四相信号进行四次方变换后，才能滤出其中$4\omega_c$的成分，再将其四分频，就能得到载频ω_c。其原理框图如图 7-6 所示。

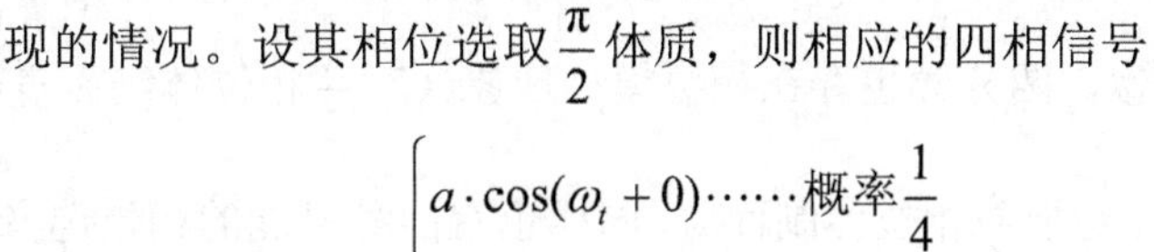

4 相信号入 → [2 次方] →$e(t)$→ [2 次方] →$e^2(t)$→ [$4\omega_c$窄带滤波] → [÷4] → 载频ω_c出（虚线框：4 次方）

图 7-6　四次方变换法

四相信号用载波的四个不同相位来表示四种不同的信息码元（0、1、2、3），一般只考虑四种信码等概率出现的情况。设其相位选取$\frac{\pi}{2}$体质，则相应的四相信号$S_{4\text{PSK}}(t)$为

$$S_{4\text{PSK}}(t)=\begin{cases} a\cdot\cos(\omega_t+0)\cdots\cdots 概率\dfrac{1}{4} \\ a\cdot\cos\left(\omega_t+\dfrac{\pi}{2}\right)\cdots\cdots 概率\dfrac{1}{4} \\ a\cdot\cos(\omega_t+\pi)\cdots\cdots 概率\dfrac{1}{4} \\ a\cdot\cos\left(\omega_t+\dfrac{3}{2}\pi\right)\cdots\cdots 概率\dfrac{1}{4} \end{cases} \tag{7-1-10}$$

式中，α为载波信号的幅度。

经过 2 次方器件后，输出 $e(t)$ 为

$$e(t)=S_{4\text{PSK}}{}^{2}(t)=\begin{cases}\dfrac{a^2}{2}[1+\cos(2\omega_{\text{c}}t+0)]\cdots\cdots\text{概率}\dfrac{1}{4}\\ \dfrac{a^2}{2}[1+\cos(2\omega_{\text{c}}t+\pi)]\cdots\cdots\text{概率}\dfrac{1}{4}\\ \dfrac{a^2}{2}[1+\cos(2\omega_{\text{c}}t+0)]\cdots\cdots\text{概率}\dfrac{1}{4}\\ \dfrac{a^2}{2}[1+\cos(2\omega_{\text{c}}t+\pi)]\cdots\cdots\text{概率}\dfrac{1}{4}\end{cases}\qquad(7\text{-}1\text{-}11)$$

$$=\begin{cases}\dfrac{a^2}{2}[1+\cos(2\omega_{\text{c}}t+0)]\cdots\cdots\text{概率}\dfrac{1}{2}\\ \dfrac{a^2}{2}[1+\cos(2\omega_{\text{c}}t+0)]\cdots\cdots\text{概率}\dfrac{1}{2}\end{cases}\qquad(7\text{-}1\text{-}12)$$

从式（7-1-12）不难看出：$e(t)$相当于载波频率为 $2\omega_{\text{c}}$ 的等概率二相调相信号，且 $e(t)$中不含 ω_{c} 频率成分。因此，采用平方变换法是无法提取四相信号的载频的。但如果将该等效二相调制信号 $e(t)$二次方，即对 $S_{4\text{PSK}}(t)$四次方，则有

$$S_{4\text{PSK}}{}^{4}(t)=\text{e}^2(t)=\begin{cases}\dfrac{a^4}{4}[1+2\cos(2\omega_{\text{c}}t+0)+\cos^2(2\omega_{\text{c}}t+0)]\cdots\cdots\text{概率}\dfrac{1}{2}\\ \dfrac{a^4}{4}[1+2\cos(2\omega_{\text{c}}t+\pi)+\cos^2(2\omega_{\text{c}}t+\pi)]\cdots\cdots\text{概率}\dfrac{1}{2}\end{cases}\qquad(7\text{-}1\text{-}13)$$

其中仅包含 $4\omega_{\text{c}}$ 的平方项是我们所需的，即

$$\cos^2(2\omega_{\text{c}}t+0)=[1+\cos 4\omega_{\text{c}}t]/2\qquad\cdots\cdots\text{概率}\frac{1}{2}\qquad(7\text{-}1\text{-}14)$$

$$\cos^2(2\omega_{\text{c}}t+\pi)=[1+\cos 4\omega_{\text{c}}t+2\pi]/2=[1+\cos 4\omega_{\text{c}}t]/2\qquad\cdots\cdots\text{概率}\frac{1}{2}\qquad(7\text{-}1\text{-}15)$$

显然，式（7-1-14）、式（7-1-15）所示两个平方项完全相同，即它们合起来的概率为 1。也就是说，无论 $S_{4\text{SPK}}(t)$ 取（0，$\frac{\pi}{2},\frac{2\pi}{2},\frac{3\pi}{2}$）中的哪一个相位，它四次方后一定会有 $\cos\omega_{\text{c}}t$ 项，即存在 $4\omega_{\text{c}}$ 频率成分，因此可用 $4\omega_{\text{c}}$ 窄带滤波器将它滤出，再对其四分频便可获得载频频率 ω_{c}。与平方变换法相似，四分频也存在相位模糊现象（对 $\frac{\pi}{2}$ 相位体制而言，有四种可能的相位选择：$0,\frac{\pi}{2},\frac{2\pi}{2},\frac{3\pi}{2}$。对于 $\frac{\pi}{4}$ 相位体制而言，同样也有四种可能的相位选择：$\frac{\pi}{4},\frac{3\pi}{4},\frac{5\pi}{4},\frac{7\pi}{4}$）。因此四项相位调制常常采用四项相对移相调制来消除相位模糊的影响。

若将图 7-6 中的 $4\omega_{\text{c}}$ 窄带滤波器用锁相环代替，则四次方变换法就变成了四次方环法，如图 7-7 所示，其基本原理与平方环法相似，这里不再重复。

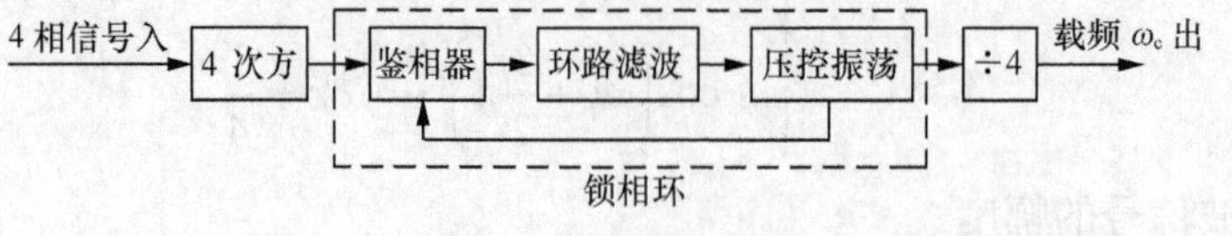

4 相信号入 → 4 次方 → 鉴相器 → 环路滤波 → 压控振荡 → ÷4 → 载频 ω_{c} 出

锁相环

图 7–7　四次方环法

（2）四相科斯塔斯环

四项科斯塔斯环电路工作原理与前面的二相科斯塔斯环原理类似，只是二相环中的一个90°移相器用$\frac{\pi}{4}$移相器、$\frac{2\pi}{4}$移相器、$\frac{3\pi}{4}$移相器替代，如图7-8所示。

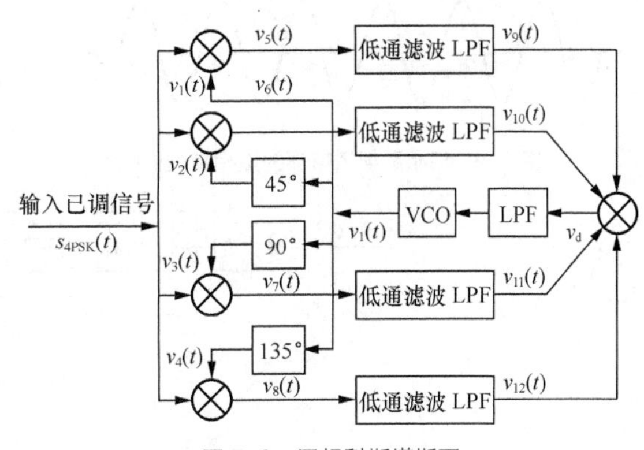

图7-8 四相科斯塔斯环

设$S_{4SPK}(t)$信号仍采用$\frac{\pi}{2}$相位体质，则输入信号可取相位为$\phi=\{0,\frac{\pi}{2},\frac{2\pi}{2},\frac{3\pi}{2}\}$，为简便起见，令$\alpha=1$，可将输入四相信号标识为$S_{4SPK}(t)=\cos(\omega_c t+\phi)$，则开机瞬间压控振荡器VCO的输出为

$$v_1(t)=\cos(\omega_c t+\Delta\phi)$$

则有

$$v_2(t)=\cos(\omega_c t+\Delta\phi+\frac{\pi}{4}) \tag{7-1-16}$$

$$v_3(t)=\cos(\omega_c t+\Delta\phi+\frac{2\pi}{4}) \tag{7-1-17}$$

$$v_4(t)=\cos(\omega_c t+\Delta\phi+\frac{3\pi}{4}) \tag{7-1-18}$$

和二相科斯塔斯环不一样，可以用三角公示分别求出$v_8(t)$、$v_9(t)$、$v_{10}(t)$、$v_{11}(t)$，将它们相乘得

$$v_d=\frac{1}{128}\sin(4\Delta\phi) \tag{7-1-19}$$

即，该压控振荡器受相差4$\Delta\phi$的控制，其鉴相特性如图7-9所示。

从该鉴相特性不难看出，对于$\Delta\phi=\left\{0,\frac{\pi}{2},\frac{2\pi}{2},\frac{3\pi}{2},\cdots\frac{n\pi}{2}\right\}$各点，由于曲线斜率都大于0，故环路均可稳定锁相，但存在0，$\frac{\pi}{2},\frac{2\pi}{2},\frac{3\pi}{2}$四种剩余相差。所以说，四相科斯塔斯环输出的载频信号也存在相位模糊现象。

（3）多相移相信号（MPSK）的载波提取。将上述两类方法推广，可以得出M元相位调制信号采用相干解调方式时，接收端获取同步载波的方法，即基于平方变换法或平方环法的M次方变换法或M次方环法，其框图分别如图7-10、7-11所示。而基于Costas环的推广方法对多进制调相信号实现比较复杂，一般实际电路中都不予采用。M次方变换法和M次方环法的基本原理与前面二相信号完全类似，故不再赘述，有兴趣的读者可自行分析。

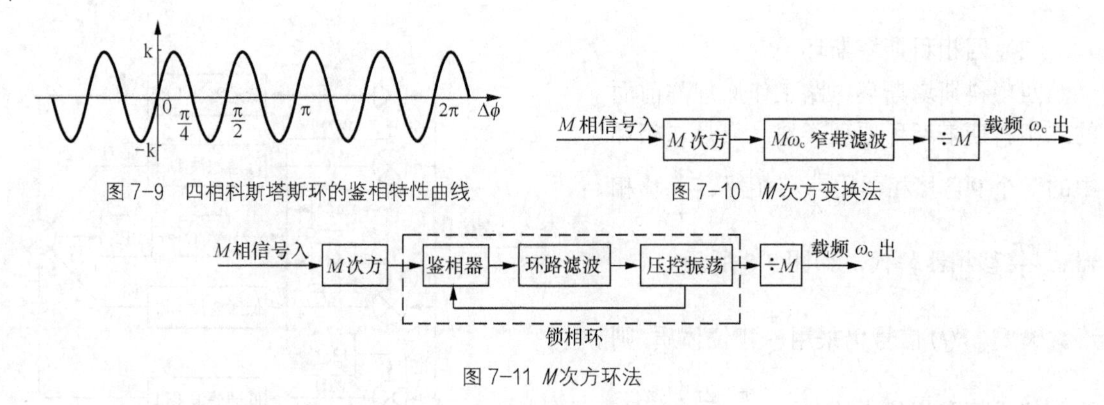

图 7-9　四相科斯塔斯环的鉴相特性曲线

图 7-10　*M*次方变换法

图 7-11 *M*次方环法

7.1.2　插入导频法

当收到的信号频谱中不包含载波成分或很难从已调信号的频谱中提取载频分量(如单边带调制信号 $S_{\mathrm{SSB}}(t)$ 或残留边带调制信号 $S_{\mathrm{VSB}}(t)$)时，通常采用插入导频法来获取相干解调所需的本地载波。所谓插入导频，就是在发送端插入一个或几个携带载频信息的导频信号，使已调信号的频谱加入一个小功率的载频频谱分量，接收端只需将它与调制信号分离开来，便可从中获得载波信号。这个额外插入的频谱分量对应的就是我们所说的导频信号。与直接法相比，插入导频法需要额外的导频信号才能实现载波同步，故它属于外同步法的范畴。

根据插入导频的基本原理，不难理解如下三条插入规则：①为避免调制信号与导频信号之间相互干扰，通常选择导频信号在调制信号的零频谱位置插入；②为减少或避免导频对信号解调的影响，一般都采用正交方式插入导频；③为了方便提取载频 ω_c 信息，只要信号频谱在 ω_c 处为 0，则直接插入 ω_c 作导频，若确实不能直接插入 ω_c，则必须尽量使插入的导频能够比较方便地提取 ω_c，即导频的频率和 ω_c 之间存在简单的数学关系。

插入导频法一般分频域插入和时域插入两种，其中频域插入又可分为频域正交插入和双导频插入两种。下面分别予以介绍。

1．频域插入

（1）频域正交插入

对于模拟的单边带调制信号 $S_{\mathrm{SSB}}(t)$ 以及先经过相关编码再进行单边带调制或相位调制的数字信号，由于它们在载频 ω_c 附近的频谱分量都为 0 或很小，则根据上述插入导频的规则，可以直接插入载频 ω_c 作为导频信号。实现该插入导频方式的收、发电路框图分别如图 7-12、图 7-13 所示。

图 7-14 所示为数字基带信号 $s(t)$ 在各级处理过程中的频谱变换示意图。发送端之所以首先进行相关编码，是因为基带信号 $s(t)$ 直接进行绝对相位调制后的频谱在载频 ω_c 附近较强，如图 7-14（b）所示。图 7-14（a）为基带信号 $s(t)$ 的频谱，故不能直接在 ω_c 处插入导频。但如果将输入的基带信号 $s(t)$ 首先经过相关编码，其频谱将变成如图 7-14（c）所示。再对此信号进行绝对调相，其频谱在 ω_c 附近几乎为 0，如图 7-14（d）所示，于是可以直接插入导频 ω_c。

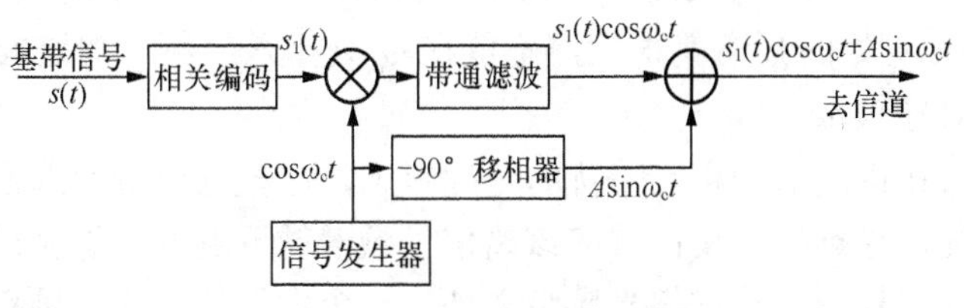

图 7-12　插入导频发信机框图

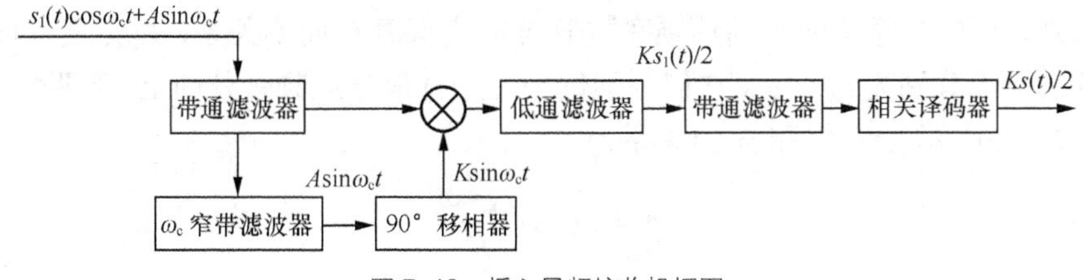

图 7-13　插入导频接收机框图

图 7-12 中的相加器就是用于插入导频信号 $A\sin\omega_c t$，它使导频 $A\sin\omega_c t$ 得以和相关编码后的 DPSK 信号 $s_1(t)\cos\omega_c t$ 迭加发送。其中 A 为常数，表示移相电路对输入的载波信号 $\cos\omega_c t$ 的幅度改变系数。

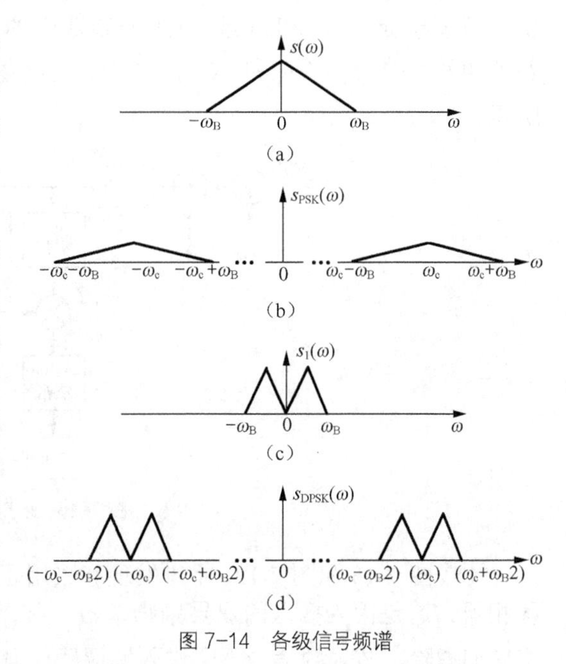

图 7-14　各级信号频谱

接收端的 ω_c 窄带宽滤波器和 90°移相器完成对载频信号 $\cos\omega_c t$ 的提取。其中，窄带滤波器输出正弦载频信号 $A\sin\omega_c t$，经过 90°移相器之后得到其正交信号 $K\cos\omega_c t$（其中 K 为常数，表示经过 90°移相器后该信号的输出幅度改变）。此正交信号 $K\cos\omega_c t$ 与原接收信号 $A\sin\omega_c t + s_1(t) + s_1(t)\cos\omega_c t$ 相乘后，经低通滤波，再经由取样判决和相关译码，即可恢复原始基带信号 $s(t)$。

我们注意到，发端发送的导频信号 $A\sin\omega_c t$ 与载波调制的载频信号 $\cos\omega_c t$ 存在 90° 的相位差，是由载频移相−90° 后所得，即导频信号和载频信号彼此正交，这就是正交插入法的得名由来。如果直接插入载频信号 $A\cos\omega_c t$，则发送端的发送信号为 $[s_1(t)+A]\cos\omega_c t$，在接收端提取载波 $K\cos\omega_c t$ 后，经相干解调和低通滤波后将输出 $\frac{K}{2}[s_1(t)+A]$。而按照图 7-13 中所示插入，则接收端的低通滤波输出为图中标注的 $\frac{K}{2}s_1(t)$。两者相比，采用非正交方式插入时将多出 $\frac{1}{2}KA$，这对接收端的判决输出产生直流干扰。所以，为避免直流干扰，必须插入正交的导频信号。

（2）插入双导频

根据插入导频的三条基本原则，只要信号频谱在 ω_c 处为 0 或较小，则尽可能直接插入 ω_c 作导频。若确实不能直接插入 ω_c，则必须使插入的导频信号能使接收端可以方便地提取 ω_c 的信息。正交插入就是对频谱在ω_c处为0或较小的调制信号的处置方式，但有些信号如残留边带调制信号$s_{VSB}(t)$在ω_c处的频谱就很大，不能在ω_c处插入导频。对这类信号，要获取其同步载波，只能插入双导频ω_1、ω_2。

从避免导频信号和调制信号相互干扰的角度考虑，应把导频频率选在信号频带之外；从节省带宽的角度出发，导频的谱线位置应该离信号频谱越近越好。综合以上两点要求，一般都将插入的两个导频信号频率选在信号频带之外，一个大于信号最高频率，一个小于信号最低频率，但都尽量靠近通带。

除此之外，还应注意使两个导频频率数值与ω_c之间存在简单关系，以方便提取载频。设插入双导频的频率分别为ω_1、ω_2，它们分别位于$s_{VSB}(t)$信号通频带外的上、下两侧，$\omega_1 < \omega_2$，则可按式（7-1-20）确定它们和ω_c的关系为

$$\omega_c = \omega_1 + \frac{\omega_2 - \omega_1}{K} \tag{7-1-20}$$

其中k为整常数，为了便于分频电路的实现，一般取K值2、4、8、16等2的正整数次幂。只要确定了k和ω_1或ω_2两个参数中的任意一个，就可完全根据公式确定出三个主要的电路参数ω_1、ω_2和K了。这个电路的参数选择余地较大，其电路框图如图7-15所示。

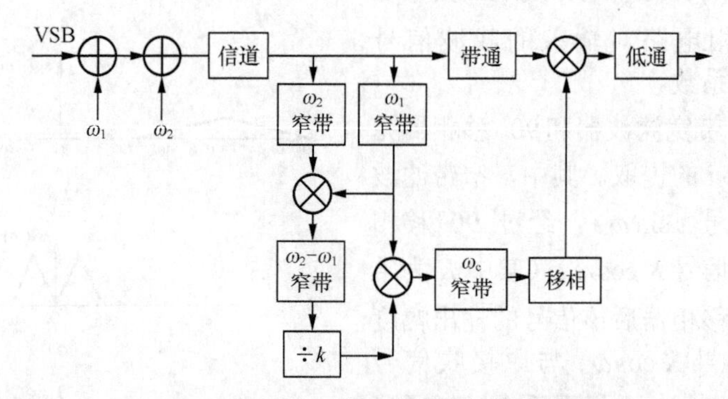

图7-15 采用双导频插入的系统框图

比较图7-15和图7-12，不难发现和采用正交插入法的系统框图相比，这个电路没有−90°移相器。这是因为插入的双导频频率ω_1、ω_2都在信号频带之外，只需要用带通滤波器即可将它们滤除，故导频信号不会进入解调器，自然也不可能对解调器的判决译码产生干扰，因此不需要将其移相−90°后以正交方式插入。

2. 时域插入导频法

时域插入导频法是按照一定的时间顺序，在固定的时隙内发送载波信息，即把载波信息组合在具有确定帧结构的数字序列中进行传送，如图7-16所示。这种方法发送的导频在时间上是断续的，它只在每一帧信号周期里的某些固定时隙传送导频，而其他时隙则只传送信息。这种方法在采用时分多址方式的卫星通信系统中应用较多。

与频域插入法相比，两种插入法的最大区别在于插入的导频信号连续与否。频域插入的导频在时间上是连续的，信道中自始至终都有导频信号传送；而时域插入的导频在时间上则是断续的，导频信号只在一帧内很短的时段里出现。

由于时域插入的导频与调制信号不同时传送，它们之间不存在相互干扰，故一般直接选择ω_c作为导频频率。理论上接收端可以直接用ω_c窄带滤波器取出这个导频信号，但因为导频ω_c是断续而非连续传送的，所以不能直接取出作为同步载波使用。实际中通常采用锁相环来实现载频提取，其框图如图 7-17 所示。图中，模拟线性门在输入门控信号的作用下，一个帧周期内仅在导频时隙（$t_2 \sim t_3$）打开，将接收端的导频信号送入锁相环，使得压控振荡器 VCO 的振荡频率锁定在导频ω_c上。在一帧中所有其他不传送导频的时隙，模拟门关闭，锁相环无导频信号输入，VCO 的振荡输出频率完全靠其自身的稳定性来维持。直到下一帧信号的导频时隙（$t_2 \sim t_3$）到来后，模拟门再次打开，导频信号又一次被送入锁相环，VCO 的输出信号再次与导频信号进行比较，进而实现锁定。如此周而复始地通过与输入的导频信号比较，然后调整、锁定，压控振荡器的输出频率就一直维持ω_c，送至解调器，实现载波同步。

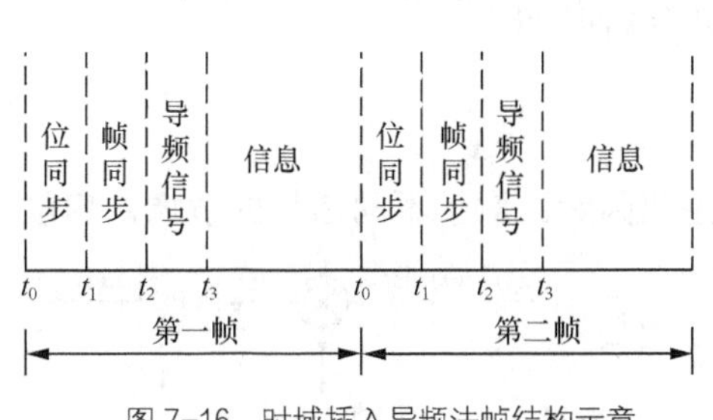

图 7-16 时域插入导频法帧结构示意

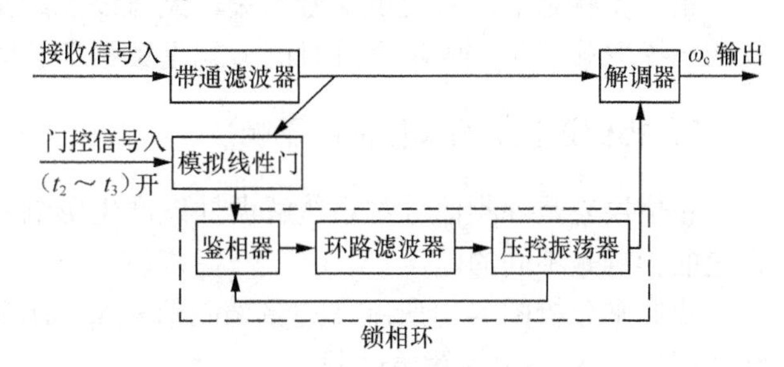

图 7-17 时域插入导频法的载频提取框图

7.1.3 载波同步系统的性能

1. 载波同步系统的性能指标

一个理想的载波同步系统应该具有实现同步效率高、提取的载波信号频率相位准确、建立同步所需的时间t_s短、失步以后保持同步状态的时间t_c长等特点。所以，衡量载波同步系统性能的主要指标就是效率 η、精度 $\Delta\phi$、同步建立时间t_s和同步保持时间t_c等四个，它们都和提取载波信号的电路、接收端输入信号的情况以及噪声的性质有关。

（1）效率 η

为了获得载波信号而消耗的发送功率在总信号功率中所占的百分比就是载波系统的效率，即

$$\eta = \frac{\text{提取载波所用的发送功率}}{\text{总信号功率}}$$

显然，这一指标主要是针对外同步法提出的。由于外同步法需要额外发送导频信号，它必然会独自占用功率、时间及频带等资源，导频信号占用的份额越多，同步系统的效率 η 就越低。自同步法由于不需另外发送导频信号。其效率自然较高。

（2）精度 $\Delta\phi$

载波同步系统的精度是指提取的载波信号与接收的标准载波信号的频率差和相位差。由于对频率信号进行积分所得结果就是相位，一般就用相位差 $\Delta\phi$ 来表示精度。显然，相位差 $\Delta\phi$ 越小，系统的载波同步精度就越高，理想情况下，$\Delta\phi = 0$。

一般相位差 $\Delta\phi$ 都包含稳态相位差 $\Delta\phi_0$ 和 $\Delta\phi_1$ 随机相位差两部分。其中，稳态相位差 $\Delta\phi_0$

由载频提取电路产生，而随机相位差 $\Delta\phi_1$ 则主要由噪声引起。

对于接收端使用窄带滤波器来提取载波的同步系统，稳态相差 $\Delta\phi_0$ 由窄带滤波器特性决定。当采用单谐振回路作窄带宽滤波器时，其 $\Delta\phi_0$ 则与该谐振回路中心频率 f_0 的准确度以及回路的品质因素 Q 有关。

对于采用锁相环方式来提取载波的同步系统，$\Delta\phi_0$ 就是锁相环的剩余相差，而随机相差 $\Delta\phi_1$ 则由噪声引起的输出相位抖动确定。

（3）同步建立时间 t_s

指系统从开机到实现同步或从失步状态到同步状态所经历的时间，显然，t_s 越小越好。当采用锁相环提取载波时，同步建立时间 t_s 就是锁相环的捕捉时间。

（4）同步保持时间 t_c

指同步状态下，若同步信号消失，系统还能维持同步的时间，显然，t_c 越大越好。采用锁相环提取载波时，同步保持时间 t_c 就是锁相环的同步保持时间。

2．相位误差对解调性能的影响

相位误差是导频信号对系统解调性能产生影响的主要因素。对于不同信号的解调，相位误差的影响是不同的。

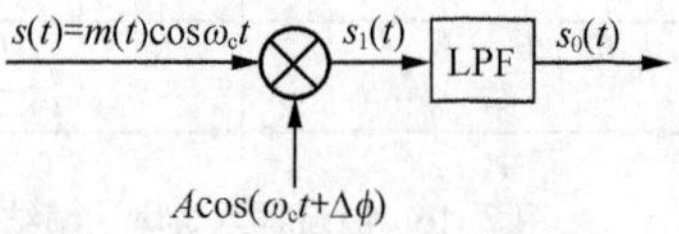

我们来分析图 7-18 所示双边带调制信号 $S_{DSB}(t)$和二元数字调相信号 $S_{2PSK}(t)$的解调过程。

$s(t)=m(t)\cos\omega_c t$　$s_1(t)$　LPF　$s_0(t)$　$A\cos(\omega_c t+\Delta\phi)$

图 7-18　DSB、PSK 信号解调示意图

$S_{DSB}(t)$和 $S_{2PSK}(t)$信号都属于双边带信号，它们的表示形式非常相似。设 $S_{DSB}(t)$信号为

$$S(t)=m(t)\cos\omega_c t \tag{7-1-21}$$

当 $m(t)$仅有 ± 1 两种取值时，$S_{DSB}(t)$就成为 $S_{2PSK}(t)$信号了。为简便起见，我们用 $s(t)$来统一代表这两种信号。设提取的相干载波为 $A\cos(\omega_c t+\Delta\phi)$，其中 $\Delta\phi$ 为提取载波与原来接收载波信号之间的相位差，则相乘器输出为

$$\begin{aligned} s_1(t) &= s(t)A\cos(\omega_c t+\Delta\phi) = Am(t)\cos\omega_c t\cos(\omega_c t+\Delta\phi) \\ &= \frac{A}{2}m(t)\cos\Delta\phi + \frac{A}{2}m(t)\cos(2\omega_c t+\Delta\phi) \end{aligned} \tag{7-1-22}$$

经过低通滤波之后，输出解调信号。

$$s_0(t) = \frac{A}{2}m(t)\cos\Delta\phi \tag{7-1-23}$$

设干扰信号为零均值的高斯白噪声，其单边带功率谱密度为 n_0，信号的单边带宽为 B，则输出噪声功率为 $2n_0B$。显然，若没有相位差，即 $\Delta\phi=0$，则 $\cos\Delta\phi=1$，那么解调输出 $s_0(t)$ 将达到最大值 $\frac{A}{2}m(t)$，相应的，此时的输出信噪比 $\frac{S}{N}$ 也最大；若存在相位差，即 $\Delta\phi\neq0$，则 $\cos\Delta\phi<1$，解调输出 $s_0(t)$的幅度下降，输出信号功率减小，输出信噪比 $\frac{S}{N}$ 也随之下降。相位差 $\Delta\phi$ 越大，$\cos\Delta\phi$ 的值越小，$\frac{S}{N}$ 也越小，解调出的质量也就越差。

对于 2PSK 信号，输出信号幅度的下降同样将会导致输出信噪比 $\frac{S}{N}$ 下降，使判决译码的

错误率增高，误码率 P_e 也随之增大。

对于单边带调制信号 $S_{SSB}(t)$和残留边带调制信号 $S_{VSB}(t)$的解调，数学分析和实验都证明载波失步不会影响解调输出信号的幅度，但将使解调信号产生附加相移 $\Delta\phi$，破坏原始信号的相位关系，使输出波形失真。只要 $\Delta\phi$ 不大，该失真对模拟通信不会造成大的影响。在采用单边带或残留边带调制的数字通信系统中，必须尽可能减小相位误差 $\Delta\phi$。

综上所述，本地载波和标准载波之间的相位误差 $\Delta\phi$ 将使双边带调制解调系统的输出信号幅度减小，信噪比下降，误码率增加，但只要 $\Delta\phi$ 近似为常数，则不会引起波形失真。对单边带和残留边带调制系统的解调而言，相位误差主要是导致输出信号波形失真，这将导致数字通信的码间串扰，使误码率升高。

7.2 位同步

数字通信系统传送的任何信号，究其实质都是按照各种事先约定的规则编制好的码元序列。由于每个码元都要持续一个码元周期 T_B，而且发送端是一个码元接一个码元地连续发送的，因此接收端必须要知道每个码元的开始和结束时间，做到收、发两端步调一致，即发送端每发送一个码元，接收端就相应接收一个同样的码元。只有这样，接收端才能选择恰当的时刻取样判决，最后恢复出原始发送信号。一般来说，发送端发送信息码元的同时也提供一个位定时脉冲序列，其频率等于发送的码元速率，而其相位则与信码的最佳取样判决时刻一致。接收端只要能从收到信码中准确地将此定时脉冲序列提取出来，就可以正确地取样判决。这个提取定时脉冲序列的过程就是位同步，有时也叫做码元同步。显然，位同步是数字通信系统所持有的，是正确取样判决的基础。

位同步与载波同步既有相似之处又有不同的地方。不论模拟还是数字通信系统，只要采用相干解调方式，就必须要实现载波同步，但位同步则只有数字通信系统才需要。因此，进行基带传输时不存在载波同步问题，但位同步却是基带传输和频带传输系统都需要的。载波同步所提取的是与接收信号中的载波信号同频同相的正弦信号，而位同步提取的则是频率等于码速率、相位与最佳取样判决时刻一致的脉冲序列。两种同步的实现方法都可分为外同步法（即插入导频法）和自同步法（即直接提取法）两种。下面分别具体介绍位同步的这两类实现方式。

7.2.1 外同步法

位同步的外同步实现法分为插入位定时导频法和包络调制法两种。

1. 插入定时导频法

和载波同步中的插入导频法类似，插入的位定时导频也必须选在基带信号频谱的零点插入，以免调制信号和导频信号互相干扰，影响接收端提取的导频信号准确度。除此之外，为方便在接收端提取码元重复频率 f_B 的信息，插入导频的频率通常选择为 f_B 或 $\frac{f_B}{2}$。这是因为一般基带信号的波形都是矩形波，其频谱在 f_B 处通常都为 0，如图 7-19（a）所示，全占空矩形基带信号功率谱，故此时应选择插入导频信号频率为 $f_B = \frac{1}{T_B}$，T_B 为一个基带信号的码元周期。而相对调相中经过相关编码的基带信号频谱第一个零点通常都是$\frac{f_B}{2}$处，所以此时选择插入导频信号为$\frac{f_B}{2}=\frac{1}{2T_B}$。实现该插入法的系统电路框图如图 7-20 所示。

该框图对应于图 7-19 中（a）所示的信号频谱情况。输入基带信号是 $s(t)$经过相加电路，插入频率为f_B的导频信号，再通过相乘器对频率 f_c 的正弦信号进行载波调制后输出。

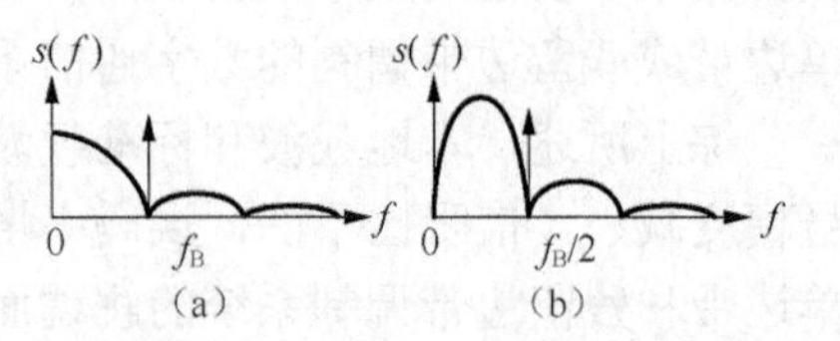

图 7-19 插入位定时导频信号的频率选择

接收端首先用带通滤波器滤除带外噪声，通过载波同步提取电路获得与接收信号的载波完全同频同相的本地载波后，由相乘器和低通完成相干解调。低通滤波器的输入信号经过窄带滤波器滤出导频信号f_B，通过倒相电路输出导频的反相信号$-f_B$，送至相加电路与原低通输出的调制信号相加，消去其中的插入导频信号f_B，使进入取样判决器的只有信息信号，避免插入导频影响信号的取样判决。图中的两个移相器都是用来消除窄带滤波器等器件引起的相移，有的情况下也把它们合在一起使用。由于微分全波整流电路的位同步信息将是$2f_B$，故框图中采用了半波整流方式。而针对图 7-19 中（b）所示的频谱情况，由于插入导频是$\frac{f_B}{2}$，接收机中采用微分全波整流电路，利用其倍频功能，正好使提取的位同步信息为f_B。

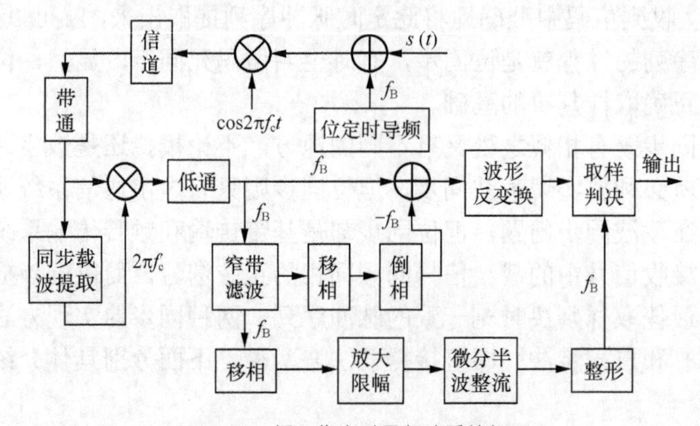

图 7-20 插入位定时导频法系统框图

和前一节的相关内容比较发现，载波同步插入法与位同步插入法消除导频信号影响的方式是截然不同的。前者通过正交插入来消除其影响，后者则采用反相抵消来达到目的。这是因为相干解调通过载波相乘可以完全抑制正交载波，而载波同步在接收端又必然有相干解调过程，故它不需另加电路，只要在发送端插入正交的载频信号，接收端就一定能抑制其影响。位定时导频信号在基带加入，不通过相干解调过程，故只能用反相抵消的方法，来消除导频对基带信号取样判决的影响。理论上讲，反相抵消同样也适用于载波同步情况。但相比之下，正交插入法的电路简单些，实现起来更为方便，并且反相抵消过程中一旦出现较大的相位误差，其解调性能将远低于正交插入。因此，载波同步基本上不采用反相抵消方式消除导频对信号解调的影响。

2. 包络调制法

使用包络调制法提取位同步信号主要用于移相键控2PSK、移频键控2FSK等恒包络（即调制后的载波幅度不变）数字调制系统的解调。图7-21就是其原理框图。图中，发送端采用位同步信号的某种波形（图中为升余弦滚降波形）对已经过2PSK调制的射频信号$s_{2PSK}(t)$再进行附加的幅度调制，使其包络随着位同步信号的波形的变化而变化，形成双调制的调相调幅波信号发送。（其中调幅频率为位同步信号频率f_B）。

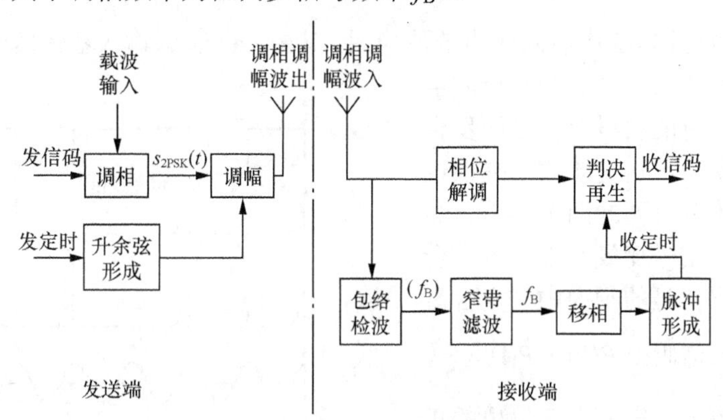

图7-21 包络调制原理框图

接收端将收到的双调制信号分两路进行包络检波和相位解调。通过包络检波，得到含有位同步信息f_B的输出信号，在通过窄带滤波器即可取出该f_B信号。移相器消除窄带滤波器等引起的f_B相位偏移后，再经过脉冲整形电路，输出和发定时完全同步的收定时脉冲序列，对经过相位解调后送至译码器进行判决再生的信息信号等提供位定时，使其准确地恢复输出原始信码。为减少位定时对信号解调产生的影响，附加调幅通常采用浅调幅。

除了上述从频域插入位定时信号外，位同步系统也可采用时域插入方式，在基带信号中断续地传送导频f_B信号，接收端通过它来校正本地位定时信号，实现位同步。由于位同步的时域插入使用较少，这里不再赘述。

7.2.2 直接法

直接法在位同步系统中应用最广，属于同步中的自同步法一类。和载波同步的自同步法一样，它不在发送端直接发送导频信号或进行附加调制，仅在接收端通过适当的措施来提取位同步信息。通常使用的位同步自同步有滤波法、包络“陷落”法和锁相法等，下面一一给予介绍。

1. 滤波法

对于单极性归零脉冲，由于它的频谱中一定含有f_B成分，故接收端只要把调制后的基带波通过波形交换，如微分及全波整流，再用窄带滤波器取出该f_B分量，经移相调整后就可形成位定时脉冲f_B用于判决再生电路。

但是，对非归零脉冲信号而言，不论是单极性还是双极性，只要它的0、1码出现概率近似相等，即$P(0) \approx P(1) = \frac{1}{2}$，则其信号频谱中将不再含有$2f_B$等$nf_B$成分（$n$为正整数），即频

谱中没有 nf_B 谱线，因此不能直接从接收信号中提取位同步信息。但如果先对信号进行波形交换，使其变成单极性归零脉冲，则其频谱中将出现 nf_B 谱线，这时就可用前述对单极性归零脉冲的处理方法来提取定时信息了，其原理框图如图 7-22 所示，它首先形成含有位同步信息的信号，再用滤波器将其取出。

输入 a → 微分 → b → 全波整流 → c → 窄带滤波 → d → 移相 → 脉冲形成 → e

图 7-22　滤波法原理框图

图 7-23 所示为图 7-22 中各对应点的波形图，其中（a）表示输入基带信号波形，（b）、（c）分别表示输入信号依次经过微分及全波整流后的输出波形，有的教材上把这两步合在一起称为波形交换，这是滤波法提取位同步信号过程中十分重要的两个环节。微分使输入的非归零信号变成归零信号；全波整流则保证输出信号的频谱中一定含有 nf_B 分量。由于输入信码中 $P(0)\approx P(1)=\dfrac{1}{2}$，如果不进行全波整流，微分电路输出的正负脉冲数目相等，则频谱中的 f_B 谱线仍将为 0，仍然不可能从中提取 f_B 信息，因此必须通过全波整流把随机序列由双极性变为单极性。由于该序列码元的最小重复周期为 T_B，它的归零脉冲中必然有 $\dfrac{1}{T_B}=f_B$ 线谱，故可获得 f_B 信息。框图中的移相电路用来调整位同步脉冲的相位，即位脉冲的位置，使之适应最佳判决时刻的要求，故低误码率。

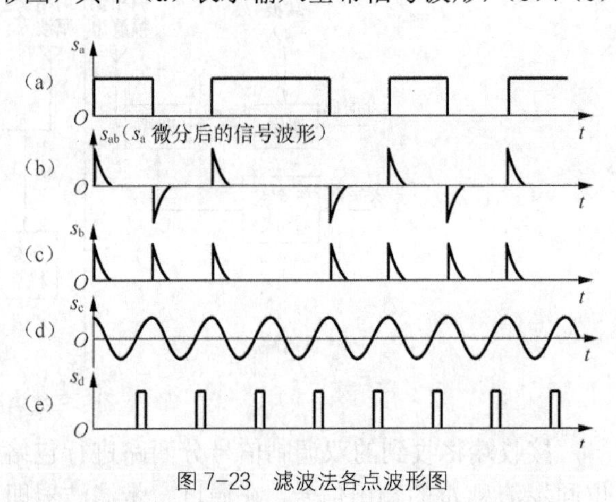

图 7-23　滤波法各点波形图

2．包络“陷落”法

对于频带受限信号如二元数字调相信号 $S_{2PSK}(t)$等，可以采用包络“陷落”法来提取位同步信息。图 7-24、图 7-25 分别画出了包络“陷落”法的实现框图和框图中对应点的波形变换。

2PSK 信号入 a → 带通滤波 → b → 包络检波 → c → f_B 窄带滤波 → d

图 7-24　包络“陷落”法接收机框图

设频带受限的 $S_{2PSK}(t)$信号带宽为 $2f_B$，其波形如图 7-25 中（a）所示。如果接收端的输入带通滤波器带宽 $B<2f_B$，则该带通的输出信号将在相邻码元信号的相应反转出产生一定程度的幅度陷落，如图 7-25 中（b）所示。这个幅度陷落的信号（b）经过包络检波后，检出的包络波形图如图 7-25 中（c）所示。显然，这是一个具有一定归零程度的脉冲序列，而且它的归零点位置正好就是码元相位发生反转的时刻，所以它必然含有位同步信号分量，用窄带滤波器即可将它取出，如 7-25（d）所示。

用于产生幅度陷落的带通滤波器的带宽不一定取值恒定，只要 $B<2f_B$，带通滤波器的输出就一定会产生包络陷落现象，只是带宽 B 不同，陷落的形状和深度也不同。一般来说，带

宽 B 越小，包络陷落的程度就越深。

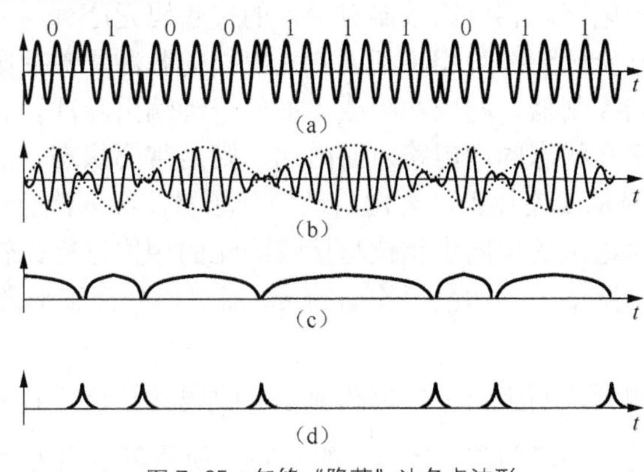

图 7-25 包络"陷落"法各点波形

3. 锁相法

（1）工作原理

位同步锁相法与载波同步的锁相法一样，都是利用锁相环的窄带滤波特性来提取位同步信号的。锁相法在接收端通过鉴相器比较接收和本地位同步信号的相位，输出与两个信号的相位差相应的误差信号去调整本地位同步信号的相位，直至相位差小于或等于两个信号的相位差相应的误差信号去调整本地位同步信号的相位，直至相位差小于或等于规定的相位差标准。

位同步锁相法分为模拟锁相和数字锁相法两类。当鉴相器输出的误差信号对位同步信号的相位进行连续调整时，称为模拟锁相；当误差信号不直接调整振荡器输出信号的相位，而是通过一个控制器，对系统信号钟输出的脉冲序列增加或扣除若干个脉冲，从而达到调整位同步脉冲序列的相位，实现同步的目的，称为数字锁相。

数字锁相电路由全数字化器件构成，以一个最小的调整单位对位同步信号的相位进行逐步量化调整，故有的教材把这种同步锁相环叫做量化同步器。其原理框图如图 7-26 所示。

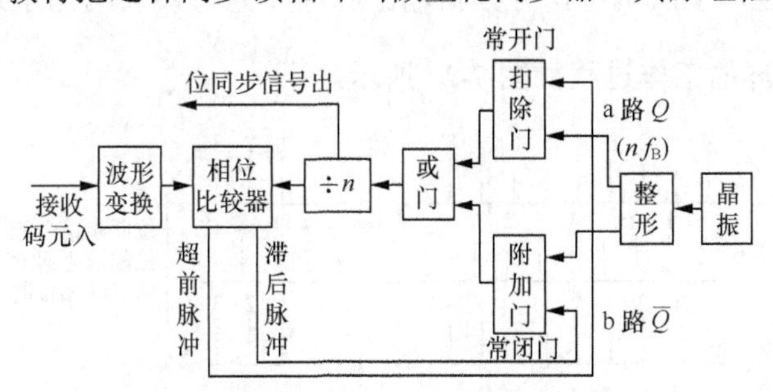

图 7-26 数字锁相环原理框图

这是一个典型的数字锁相环电路，它由信号钟、控制器、分频器和相位比较器等组成。其中，信号钟包括一个高 Q 值的晶振和整形电路，控制器则指图中处于常开状态的扣除门、常闭状态的附加门和一个或门。

设接收码元的速率为 $R{=}f_{\mathrm{B}}$，一般都选择晶振的振荡频率为 nf_{B}。晶振产生的振荡波形经整形电路整形后，输出周期 $T=\dfrac{1}{nf_{\mathrm{B}}}$ 的脉冲方波，分成互为反相的 a(Q 端出)、b($\overline{Q}$ 端出)两路，分别送至扣除门和附加门。n 分频器实质上是一个计数器，只有当控制器输入了 n 个脉冲后，它才输出一个脉冲，形成频率f_B的位同步脉冲序列信号，一路送入相位比较器，另一路则作为位同步信号输出到解调电路。相位比较器对输入的接收码元序列与分频器送来的位同步序列进行相位比较，若位同步码元序列相位超前就输出超前脉冲，滞后则输出滞后脉冲。该超前或滞后脉冲又被再送回控制器，相应扣除或添加信号钟输出脉冲。

扣除门是一个处于常开状态的门电路，而附加门则是常闭状态，故或门的输入一般都由整形电路的Q端输出信号从a路加入，再由门送到分频器，经n次分频后输出。

相位比较器把分频器送来的位同步相位与接收码元的相位进行比较，若两个相位相同，则这种电路状态就继续维持下去，即晶振输出的nf_B振荡信号经整形及n分频后，所得的f_B信号就是位同步信号。

如果相位比较器检测到位同步信号相位超前于接收码元相位，就输出一个超前脉冲。该脉冲经反相器加到扣除门，扣除门将关闭$\dfrac{1}{nf_B}$的时间，使整形电路Q端输入的脉冲被扣掉一个，与此相应，分频器输出延时$\dfrac{1}{nf_B}$，即输出位同步信号相位将滞后$\dfrac{2\pi}{n}$。到下一个码元周期相位比较器再次比相时，若位同步相应仍然超前，相位比较器就再输出一个超前脉冲，则送入分频器的Q端脉冲将再被扣除一个，使位同步信号相位再滞后$\dfrac{2\pi}{n}$。如此反复，直到分频器输出位同步信号的相位等于接收信号的相位为止。

反之，如果相位比较器检测到位同步信号相位滞后于接收码元相位，则它输出一个滞后脉冲，并送到附加门。一般情况下，附加门都是关闭的，它仅在收到滞后脉冲的瞬间打开，使$\bar{Q}$端的一个反向脉冲被送到或门。由于$\bar{Q}$端脉冲正好与$\bar{Q}$端脉冲反相，该反相脉冲的加入相当于Q端两个正脉冲之间插入一个脉冲，使送至分频器的输入脉冲序列在相同的码元时间内增加了一个脉冲，于是，分频器将提前$\dfrac{1}{nf_B}$的时间输出分频信号，即位同步信号相位提前了$\dfrac{2\pi}{n}$。如此这般经过若干次调整，分频器输出脉冲序列与接收码元序列相位相同，实现了未同步。该数字锁相环的工作过程如图7-27所示。

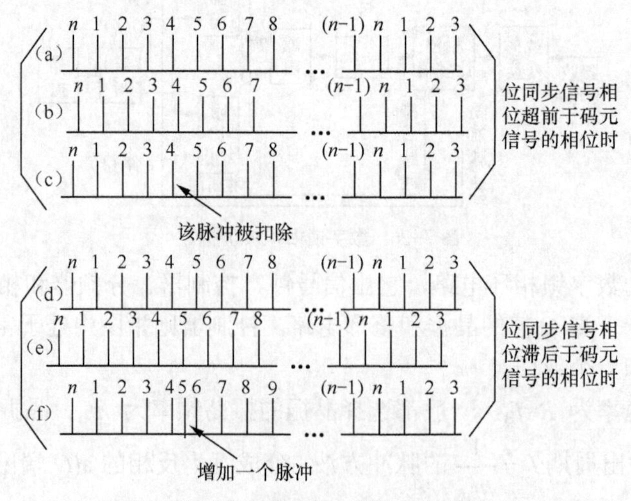

图7-27 位同步数字锁相环的工作波形示意

从以上分析我们发现，每次相位前移、后移的调整量都是$\frac{2\pi}{n}$，即最小相位调整量或相位调整单位。显然，最小相位调整量$\frac{2\pi}{n}$越小，调整完成后输出的位同步信号精度越高。因此，要提高调整精度，必须加大n的值，也就是说晶振频率应当越高越好，当然，相应分频器的分频次数也要提高。

图7-27中，（a）、（d）为n次分频后输出的位同步信号，（b）、（e）是接收到的码元波形，（c）、（f）分别是扣除、增加一个同步脉冲的情况，前三个波形图（a）、（b）、（c）共同表示了位同步信号相位超前时，锁相环通过扣除输入分频器的脉冲使输出位同步信号相位滞后，进而达到位同步的工作过程。后三个波形图（d）、（e）、（f）则是位同步信号相位滞后时，锁相环通过增加输入分频器的脉冲使位同步信号相位超前，最后实现位同步的工作过程示意图。

根据相位比较器的不同结构和它获得接收码元基准相位的不同方法，可将位同步数字锁相环分为微分整流型数字锁相环和同相正交积分型数字锁相环两种，此处不再详细讲述。

（2）数字锁相环抗干扰性能的改善。

由于噪声干扰，数字锁相环中送入相位比较器的输入信号将出现随机抖动甚至是虚假码元转换，使相位比较器的比相结果相应出现随机超前或滞留脉冲，导致锁相环立即进行相应的相位调整。但这种实际上是毫无必要的，因为一旦干扰消失，锁相环必然会重新回到原来锁定状态。如果干扰时时存在，所相环将常常进行这类不必要的调整，导致输出为同步信号的相位来回变化，即相位抖动，影响接收端译码判决的准确性。为此，实际系统中，通常仿照模拟锁相环在鉴相器之后加环路滤波的方法，在数字锁相环的相位比较器后面也加一个数字滤波器，图7-26的相位比较器输出之后，滤除这些随机的超前或滞后脉冲，就可以解决这一问题，提高锁相环的抗干扰能力。

用于这一目的的数字滤波器中，“N先于M”滤波器和“随机徘徊”滤波器两种最为常见。图7-28与图7-29分别画出实现上述抗干扰方案两种原理框图。

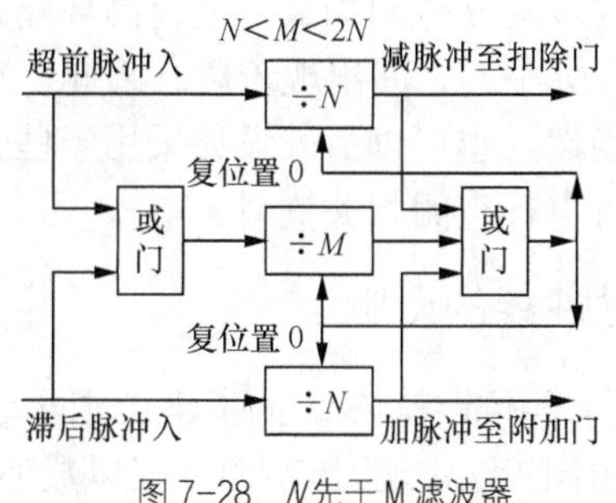

图7-28 N先于M滤波器

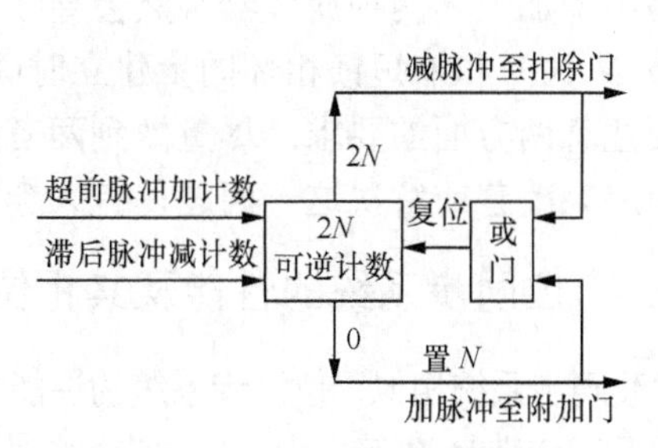

图7-29 随机徘徊滤波器

“N先于M”滤波器包括2个N计数器，一个或门和一个M计数器。2个N计数器分别用于累计超前脉冲和滞后脉冲的个数，一旦计数达到N个，就输出一个加或减脉冲，用于锁相环中送入分频器的整形电路输出脉冲的添加或扣除。无论超前还是滞后脉冲，通过或门后都将送入M计数器，所以M计数器对超前和滞后脉冲都要记数。一般选定$N<M<2N$。三个计数器中的任意一个计满都会使所有计数器复位。

当相位比较器输出超前（或滞后）脉冲时，由于该数字滤波器的插入，输出的超前或M=8脉冲不能直接加至扣除门或附加门，锁相环不会立即进行相应的相位调整。设N=5，M=8，若锁相环中，n 分频器的输出信号确实相位超前（或滞后）了，则相位比较器一般会连续 7-28 若干个超前（或滞后）脉冲。如果输出的超前（或滞后）脉冲个数达到了 5 个，图 7-28 中上（或下）面的 N 计数器将计满，输出一个减（或加）脉冲到扣除门或（附加门）进行相应相位调整，同时三个计数都复位，重新开始刚才的计数过程。

如果不是位同步信号超前，而是由于干扰影响使相位比较器发生误判，进而输出超前（或滞后）脉冲，只要干扰不太强烈而持久，连续 5 次输出超前（或滞后）脉冲的情况将是极少的，一般都输出随机且分散的超前（或滞后）脉冲。由于 M 计数器对超前或滞后两种脉冲进行累加记数，故这种情况下，一般都是 M 计数器首先计满而使三个计数器复位。两个 N 计数器将没有输出，锁相环不进行相位调节，位同步信号的相位将保持不变，消除了随机干扰引起的相位抖动。

随机徘徊滤波器的工作原理与 N 先于 M 滤波器相似。但其中 $2N$ 可逆计数器的计数原理异于普通计算器，即它既能进行加法计数又能进行减法计数。当输入超前脉冲时，计数器做加计数：反之则做减计数。只有当相位比较器连续输出 N 个超前脉冲（或 N 个滞后脉冲）时，可逆计数器的计数值才会计满到 $2N$（或减少为 0），输出相应的减（或加）脉冲至扣除门（或附加门）用于相位调整。

当位同步信号相位正常时，可逆计数器将停在 N 处，计数器没有输出，扣除门和附加门都不工作，电路维持现状，以锁相环中 n 分频器的输出为位同步信号。受到干扰影响时，由于一般干扰引起的超前或滞后脉冲是随机而零星的，使相位比较器交替地输出超前和滞后脉冲，极少会出现连续输出多个超前或多个滞后脉冲的情况，使超前与滞后脉冲个数之差达到 N 的概率极小。相应地，可逆计数器则因计数没有加至 $2N$（或减到 0）而不会输出加（或减）脉冲，锁相环不进行相位调节，输出位同步信号当然就没有相位抖动了。

由于滤波器采用累计计数方式，即必须要输入 N 个超前（或滞后）脉冲后，才能输出一个加（或减）脉冲进行一次相位调节，使锁相环对相位的调整速率下降为原来的 $\frac{1}{N}$。故数字锁相环路中增加上述两种滤波器必然会导致环路的同步建立时间加长，使提高环路抗干扰能力（希望 N 大）和缩短锁相环同步建立时间（希望 N 小）之间出现矛盾。因此，在选择 N 的值时要注意两方面的要求．尽量做到两者兼顾。当然，也可以另外设计采用一些性能更为优良的电路来改善或解决这一问题，有兴趣的读者可自行查阅相关资料。

7.2.3 位同步系统的性能及其相位误差对性能的影响

与载波同步系统相似，位同步系统的性能指标主要有相位误差 $\Delta\phi$、同步建立时间 t_s、同步保持时间 t_c 及同步带宽 B 等。由于位同步系统大多采用自同步法实现同步，其中又以数字锁相环法应用最为广泛，下面主要就结合数字锁相环来介绍这些指标，并讨论相位误差对误码率的影响。

1．位同步系统的性能指标

（1）相位误差 $\Delta\phi$

用数字锁相法提取位同步信号时，其相位调整不是连续进行而是每次都按照固定值 $\frac{2\pi}{n}$ 跳变完成的。所以，相位误差 $\Delta\phi$ 主要由这种按照固定值进行跳变调整引起：每调整一次，输出位同步信号的相位就相应超前或滞后 $\frac{2\pi}{n}$，周期提前或延后 $\frac{T}{n}$。其中，n 是分频器的分

频次数，T 是输出位同步信号的周期。故系统可能产生的最大相位误差为

$$\Delta\phi_{\max}=\frac{2\pi}{n} \quad (7\text{-}2\text{-}1)$$

因此，增大 n 的值可以使每次调整的相位量更小一些，相位改变更精细一些，相应的相位误差 $\Delta\phi$ 也就自然降低了。

（2）同步建立时间 t_s

指开机或失步以后重新建立同步所需的最长时间，记作 t_s。分频器输出的位同步信号相位与接收的基准相位之间的最大可能相位差为 π，显然，此时对应的同步调整时间最长，需要进行相位调整的次数 L 也最多，即

$$L_{\max}=\pi/\left(\frac{2\pi}{n}\right)=\frac{n}{2} \quad (7\text{-}2\text{-}2)$$

这就是系统所需要的最多可能调整次数。由于接收码元是随机的，对于二元码来说，相邻两个码元之间为 0 或者为 1 出现的概率相等，也就是说平均每个码元出现的一次 0、1 代码的概率是不变的。由于相位比较器只在出现 0、1 变化时才比较相位，0、1 之间无变化时则不比相位，每比相位最多调整一步——增加或减少 $\frac{2\pi}{n}$ 或不变。与此对应，系统的最大可能位同步建立时间为

$$t_{s\max}=2T_B\times\frac{n}{2}=nT_B \quad (7\text{-}2\text{-}3)$$

式中，T_B 为一个码元周期。

如考虑抗干扰电路的影响，即引入数字滤波器的影响，则最大可能位同步建立时间为

$$t_{s\max}=nNT_B \quad (7\text{-}2\text{-}4)$$

式中，N 为抗干扰滤波器中计数器的计数次数。

可以看出，n 增大时系统的位同步精度提高，但相位的同步建立时间也增长，即这两个指标对电路的要求是互相矛盾的。

（3）同步保持时间 t_c

同步状态下如果接收信号中断，位同步信号相位误差 $\Delta\phi$ 仍保持在某规定数值范围内的时间，也就是系统由同步到失步所需要的时间，就是同步保持时间 t_c。

同步建立之后，数字锁相环的相位比较器不输出调整脉冲，电路将维持现状。如果中断输入信号或输入信号中出现长连 0、连 1 码时相位比较器不进行比相，锁相环将失去相位调整作用。接收端时钟输出信号不做任何调整，相位误差 $\Delta\phi$ 完全依赖于双方时钟输出信号的频率稳定度。由于收、发频率之间总是会有些误差存在的，故接收端位同步信号相位将逐渐发生漂移，时间越长，漂移量越大，直至 $\Delta\phi$ 达到或超过规定数值范围时，系统就失步了。

显然，收、发两端振荡器输出信号的频率稳定度对 t_c 影响极大，频稳度越高，位同步信号的相位漂移就越慢，$\Delta\phi$ 越过规定值需要的时间就越长，t_c 就越大。

（4）同步宽带 B

同步带宽 B 指系统允许收、发振荡器输出信号之间存在的最大频率 Δf。以前指出，数字锁相环平均每两个码元周期一次，每次的相位调整为 $\frac{2\pi}{n}$。由于收、发两端振荡频率不可能

完全相同，故每 2 个码元周期将产生相位差为

$$\Delta\phi = 2\left(\frac{\Delta f}{f_0}\right)2\pi \tag{7-2-5}$$

所以，数字锁相环能够实现相位锁的前提，就是每次调相位的相位调整量必须不小于每两个码元周期内由频率误差导致的相位误差，即

$$\frac{2\pi}{n} \geqslant 2\left(\frac{\Delta f}{f_0}\right)2\pi$$

亦即

$$\Delta f \leqslant \frac{f_0}{2n} \tag{7-2-6}$$

否则，锁相环将无法锁定，电路也就不可能实现位同步。其中，f_0 为收、发两端频率 f_1、f_2 的几何中心值，即

$$f_0 = \sqrt{f_1 \cdot f_2} \tag{7-2-7}$$

显然，一旦频差大于 $\frac{f_0}{2n}$，锁相环就会失锁。故数字锁相环的同步带宽为

$$B \leqslant \frac{f_0}{2n} \tag{7-2-8}$$

2．相位误差对位同步性能的影响

位同步的相位误差 $\Delta\phi$ 主要造成位定时脉冲的位移，使抽样判决时刻偏离最佳位置。我们在前面各章节进行的所有误码率分析，都是针对最佳抽样判决时刻的。显然，当位同步信号和接收端输入信号之间存在相位误差时，由于不能在最佳时刻进行判决取样，必然会使误码率超过原来的分析结果。这个相位误差 $\Delta\phi$ 对接收性能的影响可从如下两种情况考虑。

（1）当输入相邻信码无 0、1 转换时，相位比较器不比相，故此时由 $\Delta\phi$ 引起的位移不会对取样判决产生影响。

（2）当输入信息出现 0、1 转换时，$\Delta\phi$ 引起的位移将根据信号波形及取样判决方式的不同而产生不同影响。对于最佳接收系统，因为进行取样判决的参数是码元能量，而位于定时的位移将影响码元能量，故此时的位移将影响系统的接收性能，使误码率上升。但对基带矩形波而言，如果选择在码元周期的中间时刻进行取样判决，由于一般每 2 个码元比相一次，这种情况下，只要位移不超过 $\frac{\pi}{4}$，将不会对判决结果产生影响，自然，系统误码率 $\frac{\pi}{4}$ 也不会下降，但超过了就不行了。

7.3 群同步

数字通信中的信息传播是以字、句为单位来进行的，首先是由若干个码元组成一个字，然后再由若干个字组成一句。和阅读一段文字的情况类似，如果不能正确地使用标点符号断句，是无法真正充分理解一段文字的含义的，有时甚至于还可能完全理解为相反的意思。因此，接收端收到信息流时，必须要知道这些由数字代码组成的每一个字、句的开始与结束，

获得与这些字、句起止时刻一致的定时脉冲序列，才可能准确地恢复原始发送信息。通常就把这个在接收端获取与每一个字、句起止时刻相应的定时脉冲序列的过程叫做群同步。

在时分多路复用系统中，各路信码都按约定在规定时隙内传送，形成具有一定帧结构的多路复用信号。发送端必须提供每一帧信号的起止标记，接收端只有检测并获取这个标记后，才能根据发送端的各路规律准确地将复用信号中的各路信号分离。这个检测并获得帧信号起止标记的过程就是通常所说的帧同步，它也属于群同步的范畴。

虽然本书所讲的群同步都是针对数字通信的，但模拟通信系统中有时也会存在群同步要求，如模拟电视信号中的帧同步及场同步等，只是它们的实现方式不同而已。具体内容请查阅有关电视的原理，此处不再多讲。

虽然群同步信号的频率可以很容易地由位同步信号分频产生，但是每一群的开始和结束时刻却无法由此分频信号确定，因此，仅仅通过分频是无法得到群同步信号的。一般都通过在发送的数字信息流中插入一些特殊码组作为每一群的起、止标记，而接收端根据这些特殊码组的位置确定各字、句和帧的开始及结束时刻来实现群同步。这种插入特殊码组实现群同步的方法具体分为连贯插入法和分散插入法，下面分别给予介绍。

7.3.1 连贯插入法

连贯插入法也叫集中插入法，它在每一个信息群的开头集中插入作为群同步码的特殊码组。这个作为群同步码插入的码组应当极少出现在信息码组中，即使偶尔出现，也不具有该信息群的周期性规律，即不会按照信息群的周期出现。接收端根据这个群的周期，连续数次检测该特殊码组，就可获得群同步信息，实现群同步。

选择适当的插入码组是实现连贯插入法的关键。它的选择应根据如下要求。

这个码组的码长应当既能保证传输效率较高（不能太长），又能保证接收端识别容易（不能太短）。

经过长期的实验研究，目前所知符合上述要求的码组有全0码、全1码、10交替码、巴克码、电话基群帧同步码0011011等，其中又以巴克码最为常见。

1. 巴克码

巴克码是一种长度有限的非周期性序列，它的自相关性较好，具有单峰特性。目前已找到的所有巴克码组如表7-1所示，其中+、−号分别表示该巴克码组第 i 位码元 X_i 取值为+、−，它们分别与二元码的1、0对应。

表7-1 常见巴克码码组

码组中的码元位数	巴克码组	对应的2进制码
2	(+ +), (− +)	(1 1),(1 1)
3	(+ + −)	(1 1 0)
4	(+ + + −),(+ + − +)	(1 1 1 0),(1 1 0 1)
5	(+ + + − +)	(1 1 1 0 1)
7	(+ + + − − + −)	(1 1 1 0 0 1 0)
11	(+ + + − − − + − − + −)	(1 1 1 0 0 0 1 0 0 1 0)
13	(+ + + + + − − + + − + − +)	(1 1 1 1 1 0 0 1 1 0 1 0 1)

对长度有限的 n 位码组$\{a_1, a_2, a_3, \cdots, a_n\}$，一般数学上定义其自相关函数 $R(j)$如式（7-3-1）所示，而称满足条件式（7-3-2）的自相关函数为具有单峰特性的自相关函数。

$$R(j)=\sum_{i=1}^{n-j} a_i a_{i+j} \tag{7-3-1}$$

$$R(j)=\begin{cases} n, j=0 \\ 0\text{或}\pm 1\neq 0 \end{cases} \tag{7-3-2}$$

利用定义式（7-3-1），算出表 7-1 中 5 位巴克码的自相关函数如下。

$$R(0)=a_1^2+a_2^2+a_3^2+a_4^2+a_5^2=1^2+1^2+1^2+(-1^2)+1^2=5$$

$$R(1)=a_1a_2+a_2a_3+a_3a_4+a_4a_5=1\cdot 1+1\cdot 1+1\cdot(-1)+(-1)\cdot 1=0$$

$$R(2)=a_1a_3+a_2a_4+a_3a_5=1\cdot 1+1\cdot(-1)+1\cdot 1=1$$

$$R(3)=a_1a_4+a_2a_5=1\cdot(-1)+1\cdot 1=0$$

$$R(4)=a_1a_5=1\cdot 1=1$$

$$R(5)=0$$

同样，可算出表 7-1 中 7 位巴克码的自相关函数值分别为

$$R(0)=7 \quad R(1)=0 \quad R(2)=-1 \quad R(3)=0$$

$$R(4)=-1 \quad R(5)=0 \quad R(6)=-1 \quad R(7)=0$$

依此类推，可把 $R(j)$ 的定义扩展到 j 为负数的情况，如：

$$5\text{位巴克码的}R(-1)=a_2a_1+a_3a_2+a_4a_3+a_5a_4=0$$

根据上述计算，画出 5 位、7 位巴克码的自相关函数特性曲线如图 7-30 所示。明显地，这两个 $R(j)$曲线都呈现单峰形状，当 j=0 时达到最大峰值。这是因为 5 位、7 位巴克码的自相关函数都满足条件式（7-3-2），故有时又称为单峰自相关函数。事实上，所有巴克码的自相关函数都具有单峰特性。不难理解，巴克码的位数越多，它的 $R(j)$曲线峰值越大，自相关性就越好，识别这个码组也就越容易，而这正是我们对连贯插入的群同步码组的主要要求之一。正如图 7-30 所示，7 位巴克码的单峰形状比 5 位巴克码的更为陡峭，即 7 位巴克码的自相关特性优于 5 位巴克码，识别 7 位巴克码就比 5 位巴克码容易。

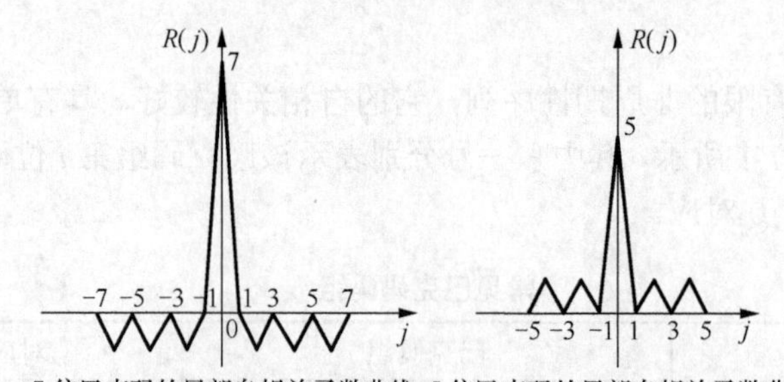

图 7-30 巴克码的局部自相关函数曲线

2．巴克码识别器

巴克码识别电路由移位寄存器、相加电路和判决电路组成。以 7 位巴克码为例，只需用 7 个移位寄存器、相加器和判决器就可以构成它的识别器了，如图 7-31 所示。

每个移位寄存器都有 Q、$\bar{Q}$ 两个互为反相的输出端。当输入某寄存器的码元为 1 时，它的 Q 端输出高电平+1，$\bar{Q}$ 端输出低电平−1；反之，当输入信码为 0 时，寄存器的 $\bar{Q}$ 端输出+1，Q 端输出−1。相加电路则把 7 个寄存器的相应输出电平值算术相加，每个移位寄存器都仅有一个输出端（Q 或者 $\bar{Q}$）和相加电路连接。从图中可以看出，各寄存器空间选择 Q 还是 $\bar{Q}$ 端输出电平送入相加器由巴克码确定：凡是巴克码为“＋”的那一位，其对应的寄存器输出端就选择 Q；而巴克码为“−”的那一位则由 $\bar{Q}$ 端输出到相加电路。图 7-31 中，各个寄存器的输出端从高（7 位）到低（1 位）依次是“$QQQ\bar{Q}\,\bar{Q}Q\bar{Q}$”，正好与表 7-1 中的 7 位巴克码“+++−−+−” 相对应。所以说，相加电路实际上就是对输入的巴克码进行相关运算，而判决器则根据该相关运算结果，按照判决门限进行判决。当一帧信号到来后，首先进入识别器的就是群同步码组，只有当 7 位巴克码正好已全部依次进入 7 个位移寄存器时，每个寄存器送入相加电路的相应输出端都正好输出高电平+1，使相加器输出较大值+7，而其余所有情况下相加器的输出均小于+7。若将判决器的判决门限定为+6，那么就在 7 位巴克码的最后一位−1 进入识别器的瞬间，识别器输出一个+7，作为同步脉冲表示一个新信息群的开始。

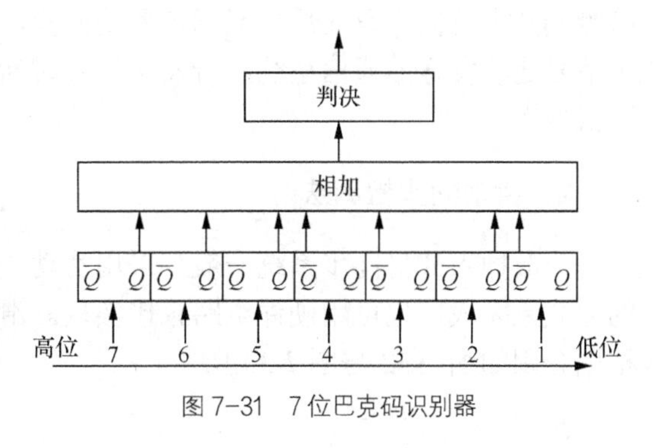

图 7-31　7 位巴克码识别器

从上述分析可以推知，如果输入信码的自相关函数具有单峰特性，其相应识别电路的输出也将呈现出单峰形状，即只有当群同步码组全部进入识别器时其输出才达到最大，一旦错开一位，输出立刻下降许多，这对判决识别显然非常有利。所以，同步码的自相关特性越好，其自相关函数特性曲线的单峰形状越尖锐陡峭，系统通过识别器识别该同步码组就越容易，发生同步码误判的概率也就越小。

7.3.2　间隔式插入法

1. 原理

间隔式插入法也叫分散插入法，它将群同步码均匀地分散插入在信息码流中进行发送，接收端则通过反复若干次对该同步码的捕获、检测接收及验证，才能实现群同步。多路复用的数字通信系统中常常采用这一插入方式，在每帧中只插入一位信码作为同步码。PCM 24 路系统就是在每一帧 8×24=192 个信息码元中插入一位群同步码，按照 0、1 交替插入的规则，一帧插“1”码，下一帧则插“0”码。由于每一帧中只插入一位数码 1 或 0，同步码与信息码元混淆的概率高达 $\frac{1}{2}$，但接收端进行同步捕获时要连续检测数十帧，只有每一帧的末位代码都符合 0、1 交替规律后才能确认同步。所以说采用这种插入方式的系统，其群同步的可靠性还是较高的。

连贯插入法插入的是一个码组，而且这个群同步码组必须要有一定的长度，系统才能达到可靠同步，故连贯插入式群同步系统的传输效率必然较低。与此相应的，分散插入式群同步系统的同步码仅占用极少的信息时隙，故传输效率必然较高，但是由于接收端必须要连续检测到几十位同步码元后才能确定系统同步，其同步捕获时间较长。所以，分散插入法适用于信号连续发送的通信系统，若发送信号时断时续，则反而会因为每次捕获同步的时间长而降低效率。

2．滑动同步检测法

分散插入式群同步系统一般都采用滑动同步检测法来完成同步捕获，它既可用软件控制的方式来完成，也可用硬件电路直接实现。滑动同步检测法的软件实现流程图和硬件实现方框图分别如图 7-32 与图 7-33 所示。

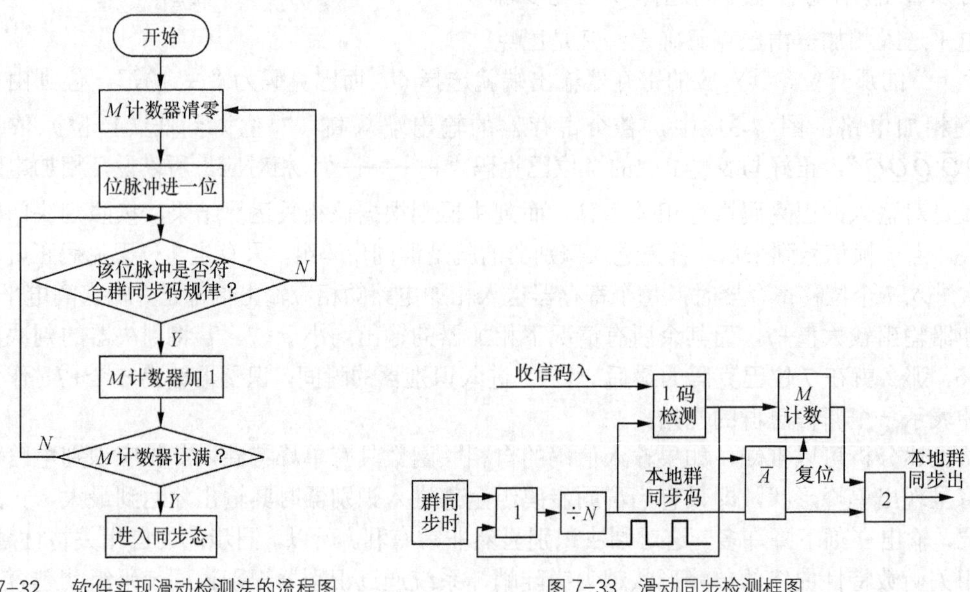

图 7-32　软件实现滑动检测法的流程图　　　　图 7-33　滑动同步检测框图

开机的瞬间，系统显然不可能已经实现了群同步，则称此时系统处于同步捕捉态，简称捕捉态。设群同步码以 0、1 交替的规律插入，接收端在收到第一个与同步码相同的码元“0”后，就认为已收到了一个群同步码。然后再检测下一个帧周期中相应位置上的码元，如果也符合约定的插入同步码规律为“1”，就认为已收到了第二个群同步码。又再继续检测第三帧相应位置上的码元……如果连续检测了 M 帧（M 一般为几十），每一帧中相同位置上的码元都符合 0、1 交替规律，则认为已经找到了同步码，系统由捕捉态转入同步态，接收端根据收到的同步码找出每一个字、句的起、止时刻，进行译码。

如果上述同步捕获过程中，检测到某一帧相应位置上的码元不符合 0、1 交替规律，则顺势滑动一位，从下一位码元开始再按上述同步捕捉步骤，根据帧周期重新检测是否符合 0、1 交替规律，一旦检测到不符合规律的码元，则又再滑动一位重新开始检测……如此反复进行下去，若一帧共有 N 个码元，则最多滑动（$N-1$）位后，总可以检测到同步码。必须注意的是，无论是在第 1 位还是第 N 位才检测到群同步码，都必须要经过 M 帧的验证，方可确认系统同步。

设群同步码为全 1 码，即每帧插入的群同步码元均为“1”，每帧共有 N 个码元，M 为确认同步时至少要检测的帧数，我们来分析框图 7-33 实现群同步的过程。图中，1 码检测器通过比较接收信码与本地群同步码中的群同步码元“1”的位置是否对齐来判断同步与否，一帧检测一次。若两个输入信码都为“1”，检波器就输出正脉冲，M 计数器加 1；反之则输出负脉冲。

如果本地群同步码与接收信码中的群同步码已经对齐，则 1 码检测器将连续输出正脉冲，计数器计满 M 后输出一个高电平，打开与门 2，使本地群同步码输出，系统由捕捉态转入同步状态。如果本地群同步码与接收信码中的群同步码尚未对齐，1 码检测器只要检测到两路输入信码中相应位置上有一个“0”，便输出负脉冲，经非门 $\overline{A}$ 倒相后送入 M 计数器，使之复位，与门 2 关闭，本地群同步码不能输出，系统仍然处于捕捉状态。与此同时，该负脉冲还送入与门 1，使之关闭一个周期，封锁住一个位脉冲，使 N 分频器送入检测器的本地群同步码组顺势向后滑动一位，1 码检测器随之重新比较检测，M 计数器又从 0 开始计数。若其间又遇到“0”码，则本地群同步码组再滑动一位，1 码检测器再次重新检测，M 计数器再从 0 开始……如此反复，直到本地群同步码组与信息码中的群同步码组完全对齐，计数器连续输出 M 个正脉冲后，与门 2 才打开，输出本地群同步码，系统进入同步状态。

群同步时钟电路输出频率 N 倍于群同步码速率的时钟信号。当电路处于同步状态时，该时钟信号经 N 次分频后输出本地群同步信号；而处于捕捉状态时，1 码检测器输出负脉冲关闭与门 1，使送入分频器的信号中断相应时间，导致分频器输出也相应延迟。即，本地群同步码顺势后延一个码元后，再次与接收信码在 1 码检测器中比较检测。

图 7-33 是针对每帧中插入的群同步码都为“1”的情况，若群同步码按照“0”、“1”交替的规律出现，则框图中相应的组合逻辑门电路部分还要复杂些，但其基本框架和实现过程是一样的。

7.3.3 群同步系统的性能

由于群同步信号是用来指示一个群或帧的开头或结尾的，对它的性能要求主要就是应当指示正确，所以，衡量群同步系统性能的主要指标是同步的可靠性及同步建立时间 t_s，而可靠性一般都用漏同步概率 P_1 和假同步概率 P_2 两个指标来共同表示。这和载波同步系统以及位同步系统的性能指标中主要包含精度方面的指标有明显的区别。

1. 漏同步概率 P_1

由于干扰影响，接收的群同步码组中可能会有一些码元出错，导致识别器漏识已经发出的同步码组，称出现这种情况的概率为漏同步概率 P_1。漏同步概率与群同步的插入方式、群同步码的码组长度、系统的误码率以及识别器的电路形式和参数选取等都有关系。

对 7 位巴克码识别器而言，如果设定判决门限为 6，则只要有一位巴克码出错，7 位巴克码全部进入识别器时，相加器将输出 5 而非 7，系统就会认为还没有达到同步，这就是通常所说的漏同步。如果将判决门限由 6 降低为 4，刚才的漏识情况就不会发生了，即这个 7 位巴克码识别器有一位码元的容错能力，或者说，这个识别系统不会漏识 7 位巴克码中一位巴克码出错时的同步情况。

根据上述分析，对采用连贯插入法的群同步系统，若 n 为选定的同步码组长度，p 为系统误码率，m 是识别器允许的码组中最多错误码元个数，则 n 位同步码组中错 r 位，即 r 位错码和$(n-r)$位正确码同时出现的概率为 $P^r \cdot (1-P)^{n-r}$。当 $r<m$ 时，识别器可以识别这些共 C_n^r 种错误的情况，即识别器没有漏识的概率为 $\sum_{r=0}^{m} C_n^r P^r (1-P)^{n-r}$。故连贯式插入群同步系统的漏

同步概率为

$$P_1 = 1 - \sum_{r=0}^{m} C_n^r P^r (1-P)^{n-r} \quad (7\text{-}3\text{-}3)$$

对于采用分散插入法的群同步系统，因为每次只插一个码元，只要这个码元出错，则系统就必然发生漏同步。所以，分散式插入群同步系统的漏同步概率就等于系统的误码率，即

$$P_1 = P \quad (7\text{-}3\text{-}4)$$

2．假同步概率 P_2

当信息码中含有和同步码相同的码元时，识别器会误认为接收到同步码，进而输出假同步信号，这时我们就说该群同步系统出现了假同步，记发生这种情况的概率为假同步概率 P_2，它等于信息码元中所有可能被错判为群同步码的组合数与全部可能的码组数之比。

对于连贯式插入的群同步系统，仍然令 n 为选定的同步码组长度，p 为系统误码率，m 是识别器允许的码组中最多错误码元个数，若信息码取值 0、1 是随机等概率的，则长度为 n 的所有可能码组数共有 2^n 个。其中，能被错判为同步码组的组合数显然与 m 有关。由于出现 1 位错码仍可被判为同步码的码组个数共为 $C_n^1 = n$，则此时系统的假同步概率为 $P_2 = \dfrac{n}{2^n}$。同理，由于出现 r 位错码后仍被判为同步码的码组组合数为 C_n^r，故采用连贯插入法的群同步系统的假同步概率为

$$P_2 = \sum_{r=0}^{m} C_n^r / 2^n \quad (7\text{-}3\text{-}5)$$

对于分散插入式系统而言，由于需要连续检测 M 帧都符合群同步规律，才可确认系统实现了群同步，故当信码 0、1 等概率（或近似等概率）地取值时，对于有 N 位码元的一帧来说，必有 N 种可能性，但其中只有一种才是真的群同步码，则系统的假同步概率 p 为

$$P_2 = N - 1 / N \cdot 2^N \quad (7\text{-}3\text{-}6)$$

比较式（7-3-3）、式（7-3-4）、式（7-3-5）和式（7-3-6），可以发现，降低判决门限电平即增大 m，将使 P_1 减小，P_2 增大，增加码组长度 n，则 P_2 减小而 P_1 增大。所以，这两个指标对判决门限电平 m 和同步码长度 n 的要求是相互矛盾的。因此在选择参数时，必须注意兼顾两者的要求。

3．平均同步建立时间 t_s

对于连贯式插入法，如果既无漏同步也无假同步，则实现群同步最多只需要一群的时间。设每群的码元数为 N 位（其中 n 位为群同步码），每个码元的持续时间为 T_B，则最长的群同步建立时间为一群的时间 NT_B。在建立同步过程中，如果出现一次假同步，则最长同步建立时间也将增加 NT_B。因此，考虑漏同步和假同步的话，群同步的建立时间就要在 NT_B 的基础上增加，按照统计平均的方法可知，系统群同步系统的最长平均建立时间 t_s 为

$$t_s = (1 + P_1 + P_2) NT_B \quad (7\text{-}3\text{-}7)$$

用于连贯插入法和分散插入法系统中进行分析，得出两种插入法对应的系统平均最长群同步建立时间分别为

连贯插入法

$$t_s=(1+P_1)N^2T_B \tag{7-3-8}$$

分散插入法

$$t_s=(2N^2-N-1)T_B \tag{7-3-9}$$

比较式（7-3-8）和式（7-3-9）可知，连贯式插入系统的群同步平均建立时间远小于分散插入系统，这也是连贯插入法虽然效率较低却仍然广为使用的主要原因。

7.3.4 群同步的保护

为了确保群同步系统稳定可靠，提高系统抗干扰的能力，预防假同步以及漏掉真同步，必须要对群同步系统采取保护措施，既减小漏同步概率 P_1 又降低假同步发生的可能。

前面已指出，漏同步概率 P_1 与假同步概率 P_2 对电路参数的要求往往是彼此矛盾的，即改变参数使得 P_2 降低的同时会导致 P_1 上升，反之亦然。因此，一般都将群同步的工作状态划分为捕捉态和同步态，针对同步保护对漏同步概率 P_1 和假同步概率 P_2 都要低的要求，在不同状态下根据电路的实际情况规定不同的识别器判决门限，解决两个概率 P_1、P_2 对识别器判决门限相互矛盾的要求，达到降低漏同步和假同步的目的。

捕捉态时，由于系统尚未建立起群同步，根本就谈不上漏同步的问题，故此时主要应防止出现假同步。所以，此时的同步保护措施是：提高判决门限，减小识别器允许的码组最大错误码元个数 m，使假同步概率 P_2 下降。

同步态时，群同步保护主要就是要防止因偶然的干扰使同步码出错，导致系统以为失步，进而错误地转为捕捉态或失步的情况。此时系统应以防止漏同步为主，尽量减小漏同步概率 P_1。所以此时的同步保护措施是：降低判决门限，增大识别器允许的码组最大错误码元个数 m，使 P_1 下降。

上述只是介绍了群同步保护的基本原则和总的解决思路，对于采用连贯插入或分散插入方式的群同步系统来说，其相应的具体保护措施及电路是不同的。有兴趣的可查阅相关资料，此处不再详述。

本 章 小 结

同步系统虽然不是信息传输的通路，但它却是通信系统必不可少的组成部分，是实现通信的必要前提，系统只有实现同步后才可能传输信息。一旦出现较大的同步误差或者失步，系统的通信质量就会急剧下降甚至于通信中断。因此说，同步信号的质量在一定程度上决定了整个系统的通信质量。实际系统中，对同步系统的同步可靠性和精确度要求往往超过信息传输系统。

（1）载波同步、位同步和群同步是通信系统中最基本的同步。本章主要讲述了这三种同步在通信系统中的地位和作用，以及它们各自实现的原理和方法，并详细地讨论了它们的性能指标。

（2）三种同步虽然功能作用各不相同，但却彼此关联和相似。载波同步与位同步从原理到实现方法都比较接近，它们都是为了获得某一个特定的频率信息，但前者要获取的是频率 f_c 的正弦载波信号，而后者则是要提取频率 f_B 的周期性定时脉冲序列。群同步的目的则是要获得关于一群或一帧的起、止时刻的有关信息。虽然位同步与群同步同样存在相位同步的问题，但它们实现同步的方式却完全不同。与此相应，三种同步的主要性能指标也不尽相同，其中，载波同步和位同步比较相近，都包含有同步可靠性和准确性两方面指标，而群同步则主要是同步可靠性方面的指标。目前，绝大多数实际系统中的同步电路都是通过软件及专用芯片来构成并实现的。

（3）本章所讲述的三种基本同步实现方法较多，且各有特点。为便于读者对整个同步系统及其各类实现方法形成一个清晰的概念，我们列出同步系统的分类和它们的实现方法如下，以供参考。

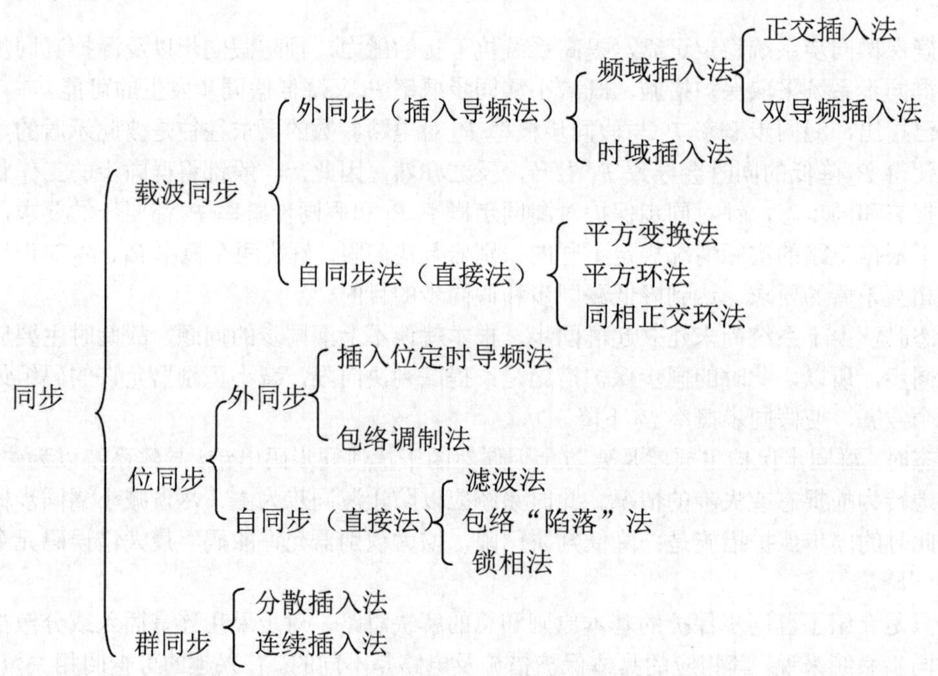

思考题与练习题

7-1　对抑制载波的双边带信号、残留边带信号和单边带信号用插入导频法实现载波同步时，所插入的导频信号形式有何异同点？

7-2　对抑制载波的双边带信号，试叙述用插入导频法和直接法实现载波同步各有什么优缺点。

7-3　一个采用非相干解调方式的数字通信系统是否必须有载波同步和位同步？其同步性能的好坏对通信系统的性能有何影响？

7-4　在采用数字锁相法提取位同步中，微分整流和同相正交积分型方法在抗干扰能力、同步时间和同步精度上有何异同？

7-5　思考图 7-20 插入位定时导频法系统框图中使用全波整流和半波整流的差异，说明此处选用半波整流的原因。

7-6　在下面的图 7-34 中，画出图 7-22 中各对应点 b、c、d、e 的波形图，其中 a 点表示输入基带信号波形，并说明图中移相电路的作用。

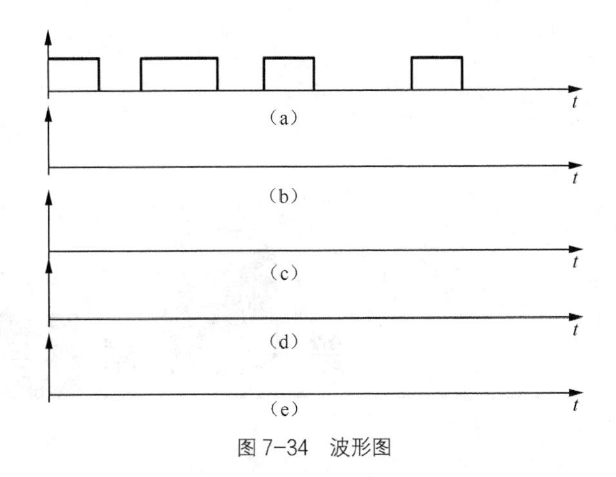

图 7-34 波形图

7-7 设 7 位巴克码识别器中各寄存器的初始状态全为 1，试分别画出识别器在 7 位巴克码前后的输入信码为全 0 或全 1 时的相加输出波形和判决输出波形。

7-8 试述载波提取的几种常用方法，并说明单边带信号不能采用平方变换法提取同步载波的原因。

7-9 载波同步提取中为什么会出现相位模糊现象？它对数字通信和模拟通信各有什么影响？

7-10 位同步提取的两个基本要求是什么？常用的位同步提取方法有哪些？相位误差对位同步系统性能指标的影响是什么？

7-11 漏同步和假同步是怎样发生的？如何减小漏同步概率和假同步概率？

第8章 差错控制编码

在实际信道上传输数字信号时，由于信道传输特性不理想及加性噪声的影响，所受到的数字信号不可避免地发生错误。为了在已知信噪比的情况下达到一定的误比特率指标，首先应合理设计基带信号，选择调制、解调方式，采用频域均衡和时域均衡，使误比特率尽可能降低。但若误码率仍不能满足要求，则必须采用信道编码，即差错控制编码，将误比特率进一步降低，以满足指标要求。随着差错控制编码理论的完善和数字电路技术的发展，信道编码已成功地应用于各种通信系统中，而且在计算机、磁盘记录与存储中也得到日益广泛的应用。

本章首先介绍差错控制的基本手段和差错编码的基本原理，然后通过学习线性分组码和卷积码的编码方法，帮助读者初步掌握信道编码技术。

8.1 差错控制编码基本概念

8.1.1 差错控制方式

常用的差错控制方式主要有三种：前向纠错（简称 FEC）、检错重发（简称 ARQ）和混合纠错（简称 HEC），它们的结构如图 8-1 所示。图中有斜线的方框图表示在该端进行错误的检测。

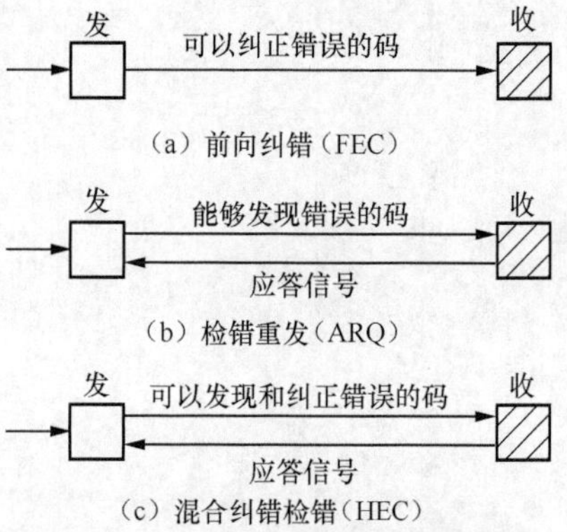

发　可以纠正错误的码　收

（a）前向纠错（FEC）

发　能够发现错误的码　应答信号　收

（b）检错重发（ARQ）

发　可以发现和纠正错误的码　应答信号　收

（c）混合纠错检错（HEC）

图 8-1　3 种差错控制方法的系统框图

1. 前向纠错方式

前向纠错（FEC）方式是前向纠错系统中，发送端经信道编码后可以发出具有纠错能力的码字；接收端译码后不仅可以发现错误码，而且可以判断错误码的位置并予以自动纠正。

该方式的优点是不需要反馈信道，能够进行一个用户对多个用户的广播式通信。此外，这种通信方式译码的实时性好，控制电路简单，特别适用于移动通信。缺点是编译码设备比较复杂，所选用的纠错码必须与信道干扰情况相匹配，因而对信道变化的实用性差。为了获得较低的误码率，必须以最坏的信道条件来设计纠错码。这种技术在单工信道中普遍采用，例如无线电寻呼系统中采用的 POGSAG 编码等。

2. 检错重发方式

检错重发（ARQ）方式中，发送端经信道编码后可以发出能够检测出错误能力的码字；接收端收到后经检测如果发现传输中有错误，则通过反馈信道把这一判断结果反馈给发送端。然后，发送端把前面发出的信息重新传送一次，直到接收端认为已经正确后为止。典型系统检错重发方式的原理方框图如图 8-2 所示。常用的检错重发系统有三种，停发等候重发、返回重发和选择重发。

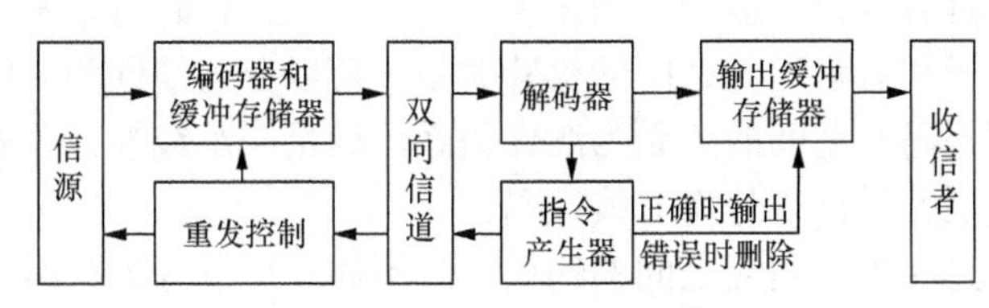

图 8-2　ARQ 系统组成方框图

停发等候重发系统的发送端在某一时刻向接收端发送一个码字，接收端收到后经检测若未发现传输错误，则发送一个认可信号（ACK）给发送端，发送端收到 ACK 信号后再发下一个码字。如果接收端检测出错误，则发送一个否认信号（NAK），发送端收到 NAK 信号后重发前一个码字，并再次等待 ACK 和 NAK 信号。这种方式效率不高，但工作方式简单，在计算机数据通信中仍在使用。

在返回重发系统中，发送端无停顿地送出一个又一个码字，不再等待 ACK 信号，一旦接收端发现错误并发回 NAK 信号，则发送端从下一个码字开始重发前一段 N 组信号，N 的大小取决于信号传递及处理所带来的延迟。这种系统比停发等候重发系统有很大的改进，在许多数据传输系统中得到应用。

在选择重发系统中，发送端也是连续不断地发送码字，接收端发现错误发回 NAK 信号。与返回重发系统不同的是，发送端不是重发前面的所有码字，而是只重发有错误的那一组。显然，这种选择重发系统传输效率最高，但控制最为复杂。此外，返回重发系统和选择重发系统都需要全双工的链路，而停发等候重发系统只需要半双工的链路。

该方式的优点是只需要少量的冗余码就能获得较低的误码率。由于检错码和纠错码的能力与信道干扰情况基本无关，因此整个差错控制系统的适应性较强，特别适合于短波、有线等干扰情况非常复杂而又要求误码率较低的场合。主要缺点是必须有反馈信道，不能进行同播。当信道干扰较大时，整个系统可能处于重发循环之中，因此信息传输的连贯性和实时性较差。

3. 混合差错控制

混合差错控制是前向纠错方式和检错重发方式的结合。在这种系统中发送端不但具有纠正错误的能力，而且对超出纠错能力的错误有检测能力。遇到后一种情况时，系统可以通过反馈信道要求发送端重发一遍。混和纠错方式在实时性和译码复杂性方面是前向纠错和检错重发方式的折中。

该方式不仅克服了前向纠错方式冗余度较大，需要复杂的译码电路的缺点，同时还增强了检错重发方式的连贯性，在卫星通信中得到了广泛的应用。

在实际应用中，上述几种差错控制方式应根据具体情况合理选用。

8.1.2 差错控制编码的分类

在差错控制系统中，差错控制编码存在着多种实现方式，同时差错控制编码也有多种分类方法。

（1）按照差错控制编码的功能，可以分为检错码和纠错码。

检错码仅能检测误码，例如，在计算机串口通信中常用到的奇偶校验码等。纠错码可以纠正误码，当然同时具有检错的能力，当发现不可纠正的错误时可以发出出错指示。

（2）按照信息码元和监督码元之间的检验关系，可以分为线性和非线性码。

若信息码元与监督码元之间的关系为线性关系，满足一组线性方程式，称为线性码；否则，若两者不存在线性关系，则称为非线性码。

（3）按照信息码元和监督码元之间的约束方式不同，可以分为分组码和卷积码。

分组码的监督码元仅与本组的信息码元有关；卷积码中的监督码元不仅与本组信息码元有关，还与前面若干组的信息码元有关，因此卷积码又称为连环码。线性分组码中，把具有循环移位特性的码称为循环码，不具备的称为非循环码。

（4）按照信息码元在编码后是否保持原来的形式，可以分为系统码和非系统码。

在系统码中，编码后的信息码元保持原样不变，而非系统码中的信息码元则发生了变化。除了个别情况，系统码的性能大体上与非系统码相同，但是非系统码的译码较为复杂，因此，系统码得到了广泛的应用。

（5）按照纠正错误的类型不同，可以分为纠正随机错误码和纠正突发错误码两种。

前者主要用于发生零星独立错误的信道，而后者用于应对以突发错误为主的信道。

以上是差错控制编码的基本分类，若从其他角度进行观察，也可得到其他不同的分类，如二进制码和多进制码，循环码和非循环码等。本章主要从分组码和卷积码两个方面进行差错控制编码的讲解，在分组码中重点讲解线性分组码。

8.1.3 检错与纠错的基本原理

差错编码的基本思想就是在被传送的信息中附加一些监督码元，在收和发之间建立某种校验关系，当这种校验关系因传输错误而受到破坏时，可以被发现甚至纠正错误，这种检错与纠错能力是用信息量的冗余度来换取的。

以二进制分组码的纠错过程为例，可以较为详细地说明纠错码检错和纠错的基本原理。

设发送端发送 A 和 B 两个消息，要表示 A、B 两个消息只需要一位码元来表示，即用“1”表示 A，“0”表示 B。这种编码无冗余度，效率高，但同时它也无抗干扰能力。如果这两个信息组在传输中产生了错误，即“1”错成“0”或“0”错成“1”，收端无法判断收到的码元是否发生错误，因而“1”和“0”都是发送端可能发送的码元，所以这种编码方法无纠错、检错能力。

若增加一位监督码元，增加的监督码元与信息码元相同，即用“11”表示信息 A，用“00”表示信息 B。如传输过程中发生 1 位错误，则“11”、“00”变成“10”或“01”。此时接收端能发现这种错误，因为发送端不可能发送“01”或“10”。但它不能纠错，因为“11”和“00”出现 1 位错误时都可变成“10”或“01”。所以，当接收端收到“10”或“01”时，它无法确定发送端发送的是“11”还是“00”。

若增加二位监督码元，监督码元仍和信息码元相同，即用“111”表示“A”，用“000”表示消息 B。若传输过程中出现 1 位错误，可以纠正。如发送端发送“111”，传输中出现 1 位错误，使得接收端收到“110”。此时显然能发现这个错误，因为发送端只可能发送“111”或“000”。再根据“110”与“111”及“000”的相似程度，将“110”翻译为“111”，这时“110”中的 1 位错误得到了纠正。如果“111”在传输过程中出现 2 位错误，接收端收到“100”、“010”或“001”。因为它们既不代表消息 A，也不代表消息 B，所以接收端能发现出了错误，但无法纠正这位错误。如果硬要纠错，会将“100”、“010”或“001”翻译成“000”，显然纠错没有成功。

当然，还可以选用码字更长的重复码进行信道编码，随着码字的增长，重复码的检错和纠错能力会变得更强。

从以上例子可以看出，增加冗余度能提高差错控制编码的纠、检错能力。

8.1.4 码长、码重、码距、编码效率

原始数字信息是分组传输的，以二进制编码为例，每 k 个二进制为一组，称为信息组，经信道编码后转换为每 n 个二进制位为一组的码字，码字中的二进制位称为码元。码字中监督码元数为 $n-k$。

1．码长

一个码字中码元的个数称为码字的长度，通常用 n 表示，如码字 11011，其码长 n=5。

2．码重

码字中非 0 数字的数目，通常用 W 表示。对于二进制码来讲，码重 W 就是码元中 1 的数目，例如码字 10100，码重 $W=2$。

3．码距

两个等长码字之间对应位不同的数目，有时也称作这两个码字的汉明距离，通常用 d 表示。如码字 10001 和 01101，有三个位置的码元不同，所以码距 d=3。

4．最小码距

在一个码组中各码字之间的距离不一定都相等。称码组中最小的码距为最小码距，用 d_0 表示。

对于二进制码字而言，两个码字之间的模 2 相加，其不同的对应位必为 1，相同的对应位必为 0。因此，两个码字之间模 2 相加得到的码重就是这两个码字之间的距离。

5．编码效率

信息码元数与码长之比定义为编码效率，通常用 η 表示，其表达式为

$$\eta=\frac{k}{n} \tag{8-1-1}$$

编码效率是衡量编码性能的又一个重要参数。编码效率越高，传输效率越高，但此时纠、检错能力要降低，当 η=1 时就没有纠、检错能力了。

8.1.5 最小码距 d_0 与码的纠、检错能力之间的关系

码字之间的最小距离是衡量该码字检错和纠错能力的重要依据，最小码距是信道编码的一个重要的参数。在一般情况下，分组码的最小汉明距离 d_0 与检错和纠错能力之间满足下列关系。

（1）当码字用于检测错误时，如果要检测 e 个错误，则

$$d_0 \geqslant e+1 \tag{8-1-2}$$

这个关系可以利用图 8-3（a）予以说明。在图中用 A 和 B 分别表示两个码距为 d_0 的码字，若 A 发生 e 个错误，则 A 就变成以 A 为球心，e 为半径的球面上的码字。为了能将这些码字分辨出来，它们必须距离其最近的码字 B 有一位的差别，即 A 和 B 之间最小距离为 $d_0 \geqslant e+1$。

（2）当码字用于纠正错误时，如果要纠正 t 个错误，则

$$d_0 \geqslant 2t+1 \tag{8-1-3}$$

这个关系可以利用图 8-3（b）予以说明。在图中用 A 和 B 分别表示两个码距为 d_0 的码字，若 A 发生 t 个错误，则 A 就变成以 A 为球心，t 为半径的球面上的码字，B 发生 t 个错误，则 B 就变成以 B 为球心，t 为半径的球面上的码字。为了在出现 t 个错误之后，仍能够分辨出 A 和 B 来，那么，A 和 B 之间距离应大于 $2t$，最小距离也应当使两球体表面相距为 1，即满足不等式（8-1-3）。

（3）若码字用于纠 t 个错误，同时检 e 个错误时（$e>t$），则

$$d_0 \geqslant t+e+1 \ (e>t) \tag{8-1-4}$$

这个关系可以利用图 8-3（c）予以说明。在图中用 A 和 B 分别表示两个码距为 d_0 的码字，当码字出现 t 个或小于 t 个错误时，系统按照纠错方式工作。当码字出现大于 t 个而小于 e 个错误时，系统按照检错方式工作。若 A 发生 t 个错误，B 发生 e 个错误时，既要纠 A 的错，又要检 B 的错，则 A 和 B 之间距离应大于 $t+e$，也就是满足式（8-1-4）。

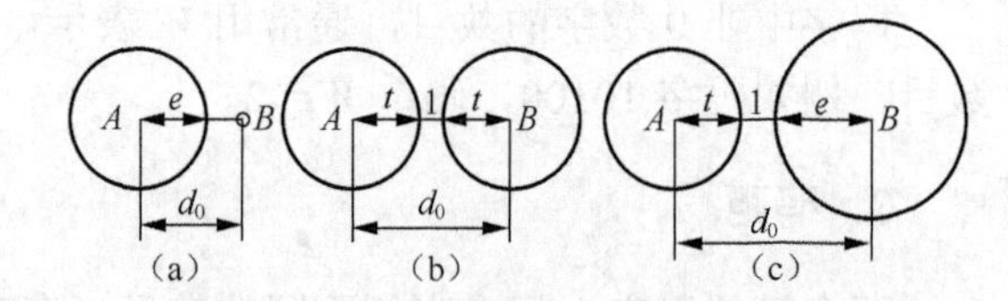

图 8-3 纠（检）错能力的几何解释

8.2 常用检错码

检错码是用于发现错误的码，在 ARQ 系统中使用。这里介绍几种常用的检错码，这些信道编码很简单，但有一定的检错能力，且易于实现，因此得到广泛应用。

8.2.1 奇偶校验码

奇偶校验码是一种最简单也是最基本的检错码。奇偶校验码分为奇数校验码和偶数校验码两种。奇偶校验码由 n 个信息位加上 1 个监督位构成，可以表示为 $a_n a_{n-1} a_{n-2} \cdots a_1 a_0$，其中 $a_n a_{n-1} a_{n-2} \cdots a_1$ 为信息位，a_0 为监督位。a_0 的加入若使码组 $a_n a_{n-1} a_{n-2} \cdots a_1 a_0$ 中“1”的个数保持为奇数，则称为奇校验码；若保持为偶数，则称为偶校验码。

根据以上定义，可得到奇偶校验码的监督关系式。对于奇数校验码，若接收端计算满足：

$$a_n \oplus a_{n-1} \oplus a_{n-2} \oplus \cdots \oplus a_1 \oplus a_0 = 1 \tag{8-2-1}$$

则认为无误码。若

$$a_n \oplus a_{n-1} \oplus a_{n-2} \oplus \cdots \oplus a_1 \oplus a_0 = 0 \tag{8-2-2}$$

则认为有误码。同理，对于偶校验码在接收端计算，若满足：

$$a_n \oplus a_{n-1} \oplus a_{n-2} \oplus \cdots \oplus a_1 \oplus a_0 = 0 \tag{8-2-3}$$

则认为无误码。若

$$a_n \oplus a_{n-1} \oplus a_{n-2} \oplus \cdots \oplus a_1 \oplus a_0 = 1 \tag{8-2-4}$$

则认为有误码。

奇偶校验码的监督式只能判断码元中存在的奇数个错误情况，对于偶数个错误不能识别，而且只能检错，不能纠错，因此，它的检错能力不高。但是由于该码的编、译码方法简单，而且在很多实际系统中，码字中发生单个错误的可能性比发生多个错误的可能性大得多，所以奇偶校验码得到广泛应用。

【例 8-1】 构造信息码元 00 的奇偶校验码，分析其检错能力。

解 根据定义得到信息码元 00 的奇校验码为 001，偶校验码为 000。当奇偶校验码中发生 1 位或 3 位错误时，在接收端可以检测出来。例如，001 错码为 101，或 000 错码为 111，根据式（8-2-2）和式（8-2-3）都可判断为有误码。但对于码元中发生 2 位错误时，在接收端就不能检测出来。例如，001 错码为 111，000 错码为 110，根据式（8-2-1）和（8-2-2）都判为无误码。同时，奇偶校验码只能检错，不能纠错。例如，偶校验码 000 中任何一位发生错误，都会导致式（8-2-4）成立，在接收端只能判断发生了误码，但不能确定是码元中哪一位或哪几位发生错误。

8.2.2 行列奇偶校验码

行列奇偶校验码又称二维奇偶校验码或矩阵码。它是对若干码元组成的方阵按行和列分别添加 1 位监督位，其组成如图 8-4 所示。在图 8-4 中，$a_n^1 a_{n-1}^1 \cdots a_1^1 a_0^1$ 为第一组奇偶校验码，其中 $a_n^1 a_{n-1}^1 \cdots a_1^1$ 为信息位，a_0^1 为监督位。同理，$a_n^m a_{n-1}^m \cdots a_1^m a_0^m$ 为第 m 组奇偶校验码，a_0^m 为监督位。c_n 是按列对码元 $a_n^1 a_n^2 \cdots a_n^m$ 添加的监督位，同理可得到 $c_{n-1} \cdots c_1 c_0$。

行列奇偶校验码不仅可以检测奇数个错误，还可以检测偶数个错误。当一组码元发生偶数个错误时，虽然行监督位不能检测出来，但列监督位可以检测出来。但要注意，行列奇偶校验码对方阵中同时构成矩形四角的错码无法检测。对于仅在一行中有奇数个错误的二维奇偶校验码，不仅可以检测，也可以纠错。

【例 8-2】 构造四组码元 00、01、10、11 的二维奇偶校验码，并分析其检错能力。

解 根据奇偶校验码的定义，得到四组码元 00、01、10、11 的二维奇校验码如图 8-5（a）所示，二维偶校验码如图 8-5（b）所示，其中第 3 列为行监督位，第 5 行为列监督位。

现在以二维奇偶校验码为例，分析其检错能力。在二维奇校验码中，行与列中“1”的个数均为奇数，若假设二维奇校验码中仅第 1 行码元有 2 个错误，错误方阵如图 8-5（c）所示。这时虽然第 1 行中“1”的个数仍为奇数，但第 1 列和第 2 列中“1”的个数为偶数，所以可以检测出发送 2 个错误。由此可见，二维奇校验码发生奇数个错误时，可由行监督位检测出来；发生偶数个错误时，可同时结合列监督位检测。但若二维奇校验码发生的错码构成矩形区域，则不能检测出来。例如，图 8-5（a）中第 1 行和第 2 行码元的第 1 位和第 2 位发生错误，但错误方阵如图 8-5（d）所示，此时与列中“1”的个数均为奇数，所以不能检测出误码。二维偶数校验码的检错能力与二维奇校验码相同，这里不再分析。

$$\begin{array}{ccccc} a_{n-1}^1 & a_{n-2}^1 & \cdots & a_1^1 & a_0^1 \\ a_{n-1}^2 & a_{n-2}^2 & \cdots & a_1^2 & a_0^2 \\ \cdots & \cdots & & \cdots & \\ a_{n-1}^m & a_{n-2}^m & \cdots & a_1^m & a_0^m \\ c_{n-1} & c_{n-2} & \cdots & c_1 & c_0 \end{array}$$

图 8-4　行列奇偶校验码

(a)	(b)	(c)	(d)
0 0 1	0 0 0	1 1 1	1 1 1
0 1 0	0 1 1	0 1 0	1 0 0
1 0 0	1 0 1	1 0 0	1 0 0
1 1 1	1 1 0	1 1 1	1 1 1
1 1 1	0 0 0	1 1 1	1 1 1

图 8-5　二维奇偶校验码示例

8.2.3　恒比码

恒比码又称为等重码或等比码。这种码的码字中 1 和 0 的位数保持恒定的比例。由于每个码字的长度是相同的，若 1 和 0 恒比，则码字必等重。这种码在收端进行检测时，只要检测码字中 1 的个数是否与规定的相同，就可判别有无错误。

目前我国电传通信中普遍采用 5 中取 3 恒比码，即每个码组长度为 5，“1”的个数为 3，“0”的个数为 2。该码组共有 $C_5^3=10$ 个许用码字，用来传送 10 个阿拉伯数字，如表 8-1 所示。这种码又称为 5 中取 3 数字保护码。因为每个汉字是以四位十进制数来代表的，所以提高十进制数字传输的可靠性，就等于提高汉字传输的可靠性。实践证明，采用这种码后，我国汉字电报的差错率大为降低。

表 8-1　　　　**恒比码示例**

数字	码字
0	0 1 1 0 1
1	0 1 0 1 1
2	1 1 0 0 1
3	1 0 1 1 0
4	1 1 0 1 0
5	0 0 1 1 1
6	1 0 1 0 1
7	1 1 1 0 0
8	0 1 1 1 0
9	1 0 0 1 1

目前国际上通用的 ARQ 电报通信系统中，采用 3：4 码，即 7 中取 3 恒比码，这种码共有 $C_7^3=35$ 个许用码字，93 个禁用码字。35 个许用码字用来代表不同的字母和符号。实践证明，应用这种码，使国际电报通信的误码率保持在以 10^{-6} 以下。

这种码除了不能检测“1”错成“0”和“0”错成“1”成对出现的差错外，能发现几乎任何形式的错误，因此，恒比码的检错能力较强。恒比码的主要优点是简单，它适于用来传输电传机或其他键盘设备产生的字母和符号。对于信源来的二进制随机数字序列，这种码就不适合使用了。

8.2.4　正反码

正反码中监督位数目与信息位目相同，当信息位中“1”的个数为奇数时，监督位与信息位一致，当信息位中“1”的个数为偶数时，监督位是信息位的反码。例如，若信息位为 10011，则正反码组为 1001110011；若信息位为 10001，则正反码组为 1000101110。正反码是一种简单的纠错码，长度为 10 的正反码，可以纠正 1 为错码。下面以长度为 10 的正反码为例，分析接收端如何进行纠错，具体步骤如下。

（1）将接收码重信息位和监督位按位模 2 相加，得到 5 位合成码。若接收码的信息位中“1”的个数为奇数，则合成码为校验码；若为偶数，则合成码的反码为校验码。

（2）若校验码全为“0”，表示无误码；若校验码中有 1 个“0”，则表示信息位中有 1 位错码，其位置对应校验码中“0”的位置；若校验码中只有 1 个“1”，则表示监督位中有 1 位错码，其位置对应校验码中“1”的位置；其他情况表示有多个错码。

例如，正反码 1001110011 的第 2 个信息位发生错误，在接收端变为 1101110011，则根据以上步骤将码中信息位和监督位按模 2 相加，得到合成码 01000。由于信息位中“1”的个数为偶数，则校验码为合成码的反码，即 10111。此时，校验码中只有 1 个“0”，则表示信息位中有 1 位错码，其位置对应校验码中“0”的位置，则收码纠错为 1001110011。

8.3　线性分组码

8.3.1　线性分组码基本原理

1．线性分组码编码原理

分组码是一组固定长度的码组，可表示为（n, k），通常它用于前向纠错。在分组码中，监督位被加到信息位之后，形成新的码。在编码时，k 个信息位被编为 n 位码组长度，而 $n-k$ 个监督位的作用就是实现检错与纠错。当分组码的信息码元与监督码元之间的关系为线性关系时，这种分组码就称为线性分组码。

线性分组码具有如下特性。

（1）任意两码元之和（对于二进制码这个和的含义是模 2 和）仍属于该码组，也就是说，线性分组码具有封闭性。

（2）线性分组码中各码元之间的最小距离等于该码组的最小码重。

在 8.2.1 节中介绍的奇偶监督码，就是一种最简单的线性分组码，由于只有一位监督位通常可以表示为（$n,n-1$），式（8-2-3）表示采用偶校验时的监督关系。在接收端解码时，实际上就是在计算。

$$S = a_{n-1} \oplus a_{n-2} \oplus \cdots a_1 \oplus a_0 \tag{8-3-1}$$

其中，$a_{n-1}+\ a_{n-2}+\cdots a_1$表示接收到的信息位，$a_0$表示接收到的监督位，若 S＝0，就认为无错，若 S=1就认为有错。式（8-3-1）被称为监督关系式，S 是校正子。由于校正子 S 的取值只有“0”和“1”两种状态，因此，它只能表示有错和无错这两种信息，而不能指出错码的位置。设想如果监督位增加一位，即变成两位，则能增加一个类似于式(8-3-1)

的监督关系式，计算出两个校正子 S_1和 S_2，S_1S_2而共有4种组合，00，01，10，11，可以表示4种不同的信息。除了用00表示无错以外，其余3种状态就可用于指示3种不同的误码图样。

同理，由 r 个监督方程式计算得到的校正子有 r 位，可以用来指示 2^r-1 种误码图样。对于一位误码来说，就可以指示 2^r-1 个误码位置。对于码组长度为 n、信息码元为 k 位、监督码元为 $r=n-k$ 位的分组码（常记作（n，k）码），如果希望用 r 个监督位构造出 r 个监督关系式来指示一位错码的 n 种可能，则要求：

$$2^r-1\geqslant n \text{ 或 } 2^r\geqslant k+r+1 \tag{8-3-2}$$

下面通过一个例子来说明线性分组码是如何构造的。设分组码（n，k）中 $k=4$，为了能够纠正一位错误，由式（8-3-2）可以看到，要求 $r\geqslant 3$，若取 $r=3$，则 $n=k+r=7$。因此，可以用 $a_6a_5a_4a_3a_2a_1a_0$ 表示这 7 个码元，用 S_3、S_2、S_1 表示利用 3 个监督方程，通过计算得到的校正子，并且假设 S_3、S_2、S_1 三位校正子码组与误码位置的关系如表 8-2 所示。

表 8-2　　校正子与误码位置

$S_1S_2S_3$	误码位置	$S_1S_2S_3$	误码位置
001	a_0	101	a_4
010	a_1	110	a_5
100	a_2	111	a_6
011	a_3	000	无错

由表中规定可以看到，仅当一错码位置在 a_2、a_4、a_5 或 a_6 时，校正子 S_1 为 1，否则 S_1 为 0。这就意味着 a_2、a_4、a_5 或 a_6 四个码元构成偶数监督关系。

$$S_1=a_6\oplus a_5\oplus a_4\oplus a_2 \tag{8-3-3}$$

同理，a_1、a_3、a_5和 a_6构成偶数监督关系。

$$S_2=a_6\oplus a_5\oplus a_3\oplus a_1 \tag{8-3-4}$$

以及 a_0、a_3、a_4和 a_6构成有数监督关系。

$$S_3=a_6\oplus a_4\oplus a_3\oplus a_0 \tag{8-3-5}$$

在发送端编码时，a_6、a_5、a_4 和 a_3 是信息码元，它们的值取决于输入信号，因此是随机的。a_2、a_1 和 a_0 是监督码元，它们的取值由监督关系来确定，即监督位应使式（8-3-3）、式（8-3-4）、（8-3-5）的三个表达式中的 S_3、S_2 和 S_1 的值为零（表示编成的码组中应无错码），这样式（8-3-3）、式（8-3-4）、式（8-3-5）的三个表达式可以表示成下面的方程组形式。

$$\begin{cases} a_6\oplus a_5\oplus a_4\oplus a_2=0 \\ a_6\oplus a_5\oplus a_3\oplus a_1=0 \\ a_6\oplus a_4\oplus a_3\oplus a_0=0 \end{cases} \tag{8-3-6}$$

由上式经移项运算，得出监督位。

$$\begin{cases} a_2\oplus a_6\oplus a_5\oplus a_4 \\ a_1\oplus a_6\oplus a_5\oplus a_3 \\ a_0\oplus a_6\oplus a_4\oplus a_3 \end{cases} \tag{8-3-7}$$

根据上面两个线性关系，可以得到16个码组，如表8-3所示。

表 8-3 分组码编码表

信息位	监督位	信息位	监督位	信息位	监督位	信息位	监督位
$a_6a_5a_4a_3$	$a_2a_1a_0$	$a_6a_5a_4a_3$	$a_2a_1a_0$	$a_6a_5a_4a_3$	$a_2a_1a_0$	$a_6a_5a_4a_3$	$a_2a_1a_0$
0000	000	0100	110	1000	111	1100	001
0001	011	0101	101	1001	100	1101	010
0010	101	0110	011	1010	010	1110	100
0011	110	0111	000	1011	001	1111	111

接收端收到每个码组后，计算出 S_3、S_2和 S_1，如不全为 0，则可按表 8-2 确定误码的位置，然后予以纠正。例如，接收码组为 0000011，可算出 $S_3S_2S_1$＝011，由表 8-2 可知在 a_5 位置上有一误码。

不难看出，上述（7，4）码的最小码距 d_0=3，因此，它能纠正一个误码或检测两个误码。如超出纠错能力，则反而会因“乱纠”而增加新的误码。

为了进一步讨论线性分组码的基本原理，将式（8-3-6）所述（7，4）码的三个监督方程式可以重新改写为如下形式。

$$\begin{cases}1\cdot a_6+1\cdot a_5+1\cdot a_4+0\cdot a_3+1\cdot a_2+0\cdot a_1+0\cdot a_0=0\\1\cdot a_6+1\cdot a_5+0\cdot a_4+1\cdot a_3+0\cdot a_2+1\cdot a_1+0\cdot a_0=0\\1\cdot a_6+0\cdot a_5+1\cdot a_4+1\cdot a_3+0\cdot a_2+0\cdot a_1+1\cdot a_0=0\end{cases} \tag{8-3-8}$$

对于式（8-3-8）可以用矩阵形式来表示：

$$\begin{bmatrix}1110100\\1101010\\1011001\end{bmatrix}\begin{bmatrix}a_6\\a_5\\a_4\\a_3\\a_2\\a_1\\a_0\end{bmatrix}=\begin{bmatrix}0\\0\\0\end{bmatrix}\quad（模2） \tag{8-3-9}$$

上式还可以简记为

$$H\cdot A^T=0^T \text{ 或 } A\cdot H^T=0 \tag{8-3-10}$$

其中，A^T是 $A=[a_6a_5a_4a_3a_2a_1a_0]$的转置，$0^T$、$A^T$分别是 0 和 H 的转置。

$$\boldsymbol{H}=\begin{bmatrix}1110100\\1101010\\1011001\end{bmatrix} \tag{8-3-11}$$

通常 H 称为监督矩阵，A 称为信道编码得到的码字。H 由 r 个线性独立方程组的系数组成，其每一行都代表了监督位和信息位间的互相监督关系。式（8-3-10）中的 H 矩阵分为两部分，即

$$\boldsymbol{H}=\begin{bmatrix}1110 & \vdots & 100\\1101 & \vdots & 010\\1011 & \vdots & 001\end{bmatrix}=[\boldsymbol{PI}_r] \tag{8-3-12}$$

式中，P 为 $r\times k$ 阶矩阵，I_r 为 $r\times r$ 阶单位方阵。我们将具有$[P\ I_r]$形式的 H 矩阵称为典型阵。由代数理论可知，$[I_r]$的各行是线性无关的，故 $H=[P\ I_r]$的各行也是线性无关的。因此可以得到 r 个线性无关的监督关系式，从而也得到 r 个独立的监督位。

同样，对于式（8-3-7）编码方程写成如下形式。

$$\begin{cases} a_2 = 1\cdot a_6 + 1\cdot a_5 + 1\cdot a_4 + 0\cdot a_3 \\ a_1 = 1\cdot a_6 + 1\cdot a_5 + 1\cdot a_4 + 0\cdot a_3 \\ a_0 = 1\cdot a_6 + 1\cdot a_5 + 1\cdot a_4 + 0\cdot a_3 \end{cases} \tag{8-3-13}$$

用矩阵表示为

$$\begin{bmatrix} a_2 \\ a_1 \\ a_0 \end{bmatrix} = \begin{bmatrix} 1110 \\ 1101 \\ 1011 \end{bmatrix} \begin{bmatrix} a_6 \\ a_5 \\ a_4 \\ a_3 \end{bmatrix} \tag{8-3-14}$$

经转置有

$$[a_2 a_1 a_0] = [a_6 a_5 a_4 a_3] \begin{bmatrix} 111 \\ 110 \\ 101 \\ 011 \end{bmatrix} = [a_6 a_5 a_4 a_3]Q \tag{8-3-15}$$

式中，Q 为一个 $k\times r$ 阶矩阵，它为 P 的转置，即

$$Q=P^T \tag{8-3-16}$$

式（8-3-15）表示，在信息位给定后，用信息位的行矩阵乘矩阵 Q 就产生出监督位。

我们将 Q 的左边加上 1 个 $k\times k$ 阶单位方阵 I_r，就构成 1 个矩阵 G。

$$\boldsymbol{G} = [I_k \boldsymbol{Q}] \begin{bmatrix} 1000 \vdots 111 \\ 0100 \vdots 110 \\ 0010 \vdots 101 \\ 0001 \vdots 011 \end{bmatrix} \tag{8-3-17}$$

G 称为生成矩阵，因为由它可以产生整个码组，即

$$[a_6 a_5 a_4 a_3 a_2 a_1 a_0] = [a_6 a_5 a_4 a_3]\cdot \boldsymbol{G} \tag{8-3-18}$$

或者

$$\boldsymbol{A} = [a_6 a_5 a_4 a_3]\cdot \boldsymbol{G} = \boldsymbol{M}\cdot \boldsymbol{G} \tag{8-3-19}$$

其中，M 为信息矩阵。因此，如果找到了码的生成矩阵 G，则编码的方法就完全确定了。具有$[I_k\ Q]$形式的生成矩阵称为典型生成矩阵。由典型生成矩阵所获得的线性分组码又称为系统码。系统码具有信息位的位置不变，监督位附加于其后的特性。例如，若信息码矩阵为 M=(0,0,1)，经过编码得到生成的线性分组码为

$$[a_6 a_5 a_4 a_3 a_2 a_1 a_0] = [0,0,1] \begin{bmatrix} 1000111 \\ 0101110 \\ 0011011 \end{bmatrix} = [0,0,1,1,0,1,1]$$

其中前 3 位与原信息码一致，后 4 位则由生成矩阵计算得到。

比较式（8-3-12）的典型监督矩阵和式（8-3-17）的典型生成矩阵，可以看到，典型监督矩阵和典型生成矩阵存在以下关系。

$$H=[P\cdot I_r]=[Q^T\cdot I_r] \tag{8-3-20}$$

$$G=[I_k\cdot Q]=[I_r\cdot P^T] \tag{8-3-21}$$

【例 8-3】 偶监督码是另一类简单的线性分组码，用$(n,n-1)$表示，长度为 n 的码字中信息码元为 $n-1$ 个，只有 1 位监督码元。求长度为 4 的偶数监督码的监督矩阵 H 和生成矩阵 G。

解 设长度为 4 的偶监督码的码字为 $A=[a_3a_2a_1a_0]$，其中前 3 位表示信息码元，最后 1 位表示监督码元。由于偶监督码元要求码字中“1”的码元数为偶数，即各码元模 2 加为 0，所以(4,3)偶监督码中监督码元与信息码元满足如下关系。

$$a_3\oplus a_2\oplus a_1\oplus a_0=0$$

此方程用矩阵表示为

$$[1111]\begin{bmatrix}a_3\\a_2\\a_1\\a_0\end{bmatrix}=[0]$$

所以监督矩阵为

$$H=[1111]=[PI_1]$$

其中

$$P=[111]$$

得典型生成矩阵为

$$G=[I_3P^T]=\begin{bmatrix}1&0&0&1\\0&1&0&1\\0&0&1&1\end{bmatrix}$$

根据式（8-3-19），当信息矩阵 M=[0　0　0]时，码字为

$$[0\ \ 0\ \ 0]=\begin{bmatrix}1&0&0&1\\0&1&0&1\\0&0&1&1\end{bmatrix}=[0\ \ 0\ \ 0\ \ 0]$$

当信息矩阵 M=[0　0　1]时，码字为

$$[0\ \ 0\ \ 1]=\begin{bmatrix}1&0&0&1\\0&1&0&1\\0&0&1&1\end{bmatrix}=[0\ \ 0\ \ 1\ \ 1]$$

按此方法求出全部 8 个码字，所求得码字如表 8-4 中所列。

表 8-4　　码长为 4 的偶监督码

序号	码长为 4 的偶监督码	
	信息码元 $a_3a_2a_1$	信息码元 a_0
0	000	0
1	001	1
2	010	1
3	011	0
4	100	1
5	101	0
6	110	0
7	111	1

2．线性分组码的译码

在发送端信息码元 M 利用式（8-3-19）实现信道编码，产生线性分组码 A。此码字在传输中可能由于干扰引入差错，故接收码字一般说来与 A 不一定相同。若设接收码字为行矩阵 $\boldsymbol{B}$，即

$$\boldsymbol{B}=[b_{n-1}b_{n-2}\cdots b_1b_0] \tag{8-3-22}$$

则发送码组和接收码组之差为

$$B-A=E\quad（模 2） \tag{8-3-23}$$

$\boldsymbol{E}$ 即为传输中产生的错码行矩阵

$$\boldsymbol{E}=[e_{n-1}e_{n-2}\cdots e_1e_0] \tag{8-3-24}$$

式中

$$e_i=\begin{cases}0, & 当 b_i=a_i\\ 1, & 当 b_i\neq a_i\end{cases}$$

因此，若 e_i=0，表示该接收码元无错；若 e_i=1，则表示该接收码元有错。所以，错码矩阵有时也称为错误图样。

接收端利用接收到的码组 B 计算校正子，即

$$S=B\cdot H^T \tag{8-3-25}$$

如果接收到的码字 B 与发送的码字 A 相同，由式（8-3-10）可知

$$S=B\cdot H^T=A\cdot H^T=0$$

否则

$$S=B\cdot H^T\neq 0$$

式（8-3-25）可以进一步写成

$$S=B\cdot H^T=(A+E)\cdot H^T=A\cdot H^T+E\cdot H^T=E\cdot H^T \tag{8-3-26}$$

上式表明，校正子 S 仅与信道的错误图样 E 有关，而与发送的码字 A 无关。仅当 E 不为 0 时，S 才不为 0，任何一个错误图样都有其相应的伴随式，而伴随式 S^T 与 H 矩阵中数值相同的一列正是错误图样 E 中“1”的位置。所以译码器可以用伴随矩阵 S 来检错和纠错。

下面以上一节中所列举的（7,4）线性分组码为例，具体说明线性分组码的译码过程。

（1）首先根据式（8-3-26）求出错误图样 E 与校正子 S 之间的关系，并把它保存在译码器中。

由线性分组码编码一节可知，此码最小码距 d_0=4，能纠正码字中任意一位错误，码长为 7 的码字中错 1 位的情况有 7 种，如码字第一位发生错误，错误图样为

$$E=[1\ \ 0\ \ 0\ \ 0\ \ 0\ \ 0\ \ 0]$$

由式（8-3-26）求得校正子为

$$S_6=E\cdot H^T=[1\ \ 0\ \ 0\ \ 0\ \ 0\ \ 0\ \ 0]\begin{bmatrix}1&1&1\\1&1&0\\1&0&1\\0&1&1\\1&0&0\\0&1&0\\0&0&1\end{bmatrix}=[1\ \ 1\ \ 1]$$

由上式可看出，校正子 S_6 等于 H^T 中的第一行。

如码字在传输过程中第二位发生错误，错误图样为

$$E=[0\ \ 1\ \ 0\ \ 0\ \ 0\ \ 0\ \ 0]$$

则相应的伴随式为

$$S_5=E\cdot H^T=[1\ \ 1\ \ 0]$$

即伴随式 S_5 等于 H^T 中的第二行。

由此可求出错 1 位的 7 种错误图样所对应的伴随式，它们刚好对应 H^T 中的 7 行。错误图样与伴随式之间的对应关系如表 8-5 所示。

表 8-5　　码校正子与错误图样的对应关系

序号	错误码位	E	S
		$e_6\ e_5\ e_4\ e_3\ e_2\ e_1\ e_0$	$S_3\ S_2\ S_1$
0	/	0 0 0 0 0 0 0	0 0 0
1	b_0	0 0 0 0 0 0 1	0 0 1
2	b_1	0 0 0 0 0 1 0	0 1 0
3	b_2	0 0 0 0 1 0 0	1 0 0
4	b_3	0 0 0 1 0 0 0	0 1 1
5	b_4	0 0 1 0 0 0 0	1 0 1
6	b_5	0 1 0 0 0 0 0	1 1 0
7	b_6	1 0 0 0 0 0 0	1 1 1

（2）当译码器工作时，首先计算接收码字 B 的校正子 S，然后查表 8-5 的错误图样 E。

如接收码字为 $B=[1\ \ 1\ \ 0\ \ 0\ \ 1\ \ 1\ \ 1]$，用式（8-3-26）求出其校正子为

$$S=B\cdot H^T=[1\ \ 1\ \ 0\ \ 0\ \ 1\ \ 1\ \ 1]\begin{bmatrix}1&1&1\\1&1&0\\1&0&1\\0&1&1\\1&0&0\\0&1&0\\0&0&1\end{bmatrix}=[1\ \ 1\ \ 0]$$

根据此校验子，查表 8-5 得错误图样 $E=[0\ \ 1\ \ 0\ \ 0\ \ 0\ \ 0\ \ 0]$，可知接收码字 B 中第二位有错误。

（3）最后用错误图样纠正接收码字中的错误。根据接收码字 B 及错误图样 E 即可得到发送码字 A，方法如下。

$$A=B+E=[1\ \ 1\ \ 0\ \ 0\ \ 1\ \ 1\ \ 1]+[0\ \ 1\ \ 0\ \ 0\ \ 0\ \ 0\ \ 0]=[1\ \ 0\ \ 0\ \ 0\ \ 1\ \ 1\ \ 1]$$

如果（7,4）线性分组码用于检错，码距 $d_0=3$ 的（7,4）线性分组码最多能检 4 位错误。检错译码的方法是：计算接收码字的校正子 S，如果 $S=0$，译码器认为接收码字中没有错误，如果 $S\neq 0$，则译码器认为接收码字中有错误，译码器会以某种方式将此信息反馈给发送端，发送端重发此码字。

8.3.2 汉明码

汉明码是一种能够纠正单个错误的线性分组码。它有以下特点。

（1）最小码距 $d_0=3$，可以纠正一位错误。

（2）码长 n 与监督元个数 r 之间满足关系式：$n=2^r-1$。

如果要产生一个系统汉明码，可以将矩阵 H 转换成典型形式的监督矩阵，进一步利用 $Q=P^T$ 的关系，得到相应的生成矩阵 G。通常二进制汉明码可以表示为

$$(n,k)=(2^r-1,2^r-1-r) \qquad (8\text{-}3\text{-}27)$$

根据上述汉明码定义可以看到，8.3.1 构造的（7，4）线性分组码实际上就是一个汉明码，它满足汉明码的两个特点。

8.4 循环码

循环码是线性分组码的一个重要子集，是目前研究得最成熟的一类码。它有许多特殊的代数性质，这些性质有助于按所要求的纠错能力系统地构造这类码，且易于实现；同时循环码的性能也较好，具有较强的检错和纠错能力。

8.4.1 循环码的特点

循环码最大的特点就是码组的循环特性，所谓循环特性是指：循环码中任一码组经过循环移位后，所得到的码组仍然在该码组集中。若 $(a_{n-1}\ a_{n-2}\cdots a_1\ a_0)$ 为一循环码组，则 $(a_{n-2}\ a_{n-3}\cdots a_0\ a_{n-1})$、$(a_{n-3}\ a_{n-4}\cdots a_0\ a_{n-1}\ a_{n-2})$……还是该码组集中的码组。也就是说，不论是左移还是右移，也不论移多少位，仍然是编码中的循环码组。表 8-6 给出了一种（7，3）循环码的全部码字。由此表可以直观地看出这种码的循环特性。例如，表中的第 2 码字向右移一位，即得到第 5 码字，第 6 码字组向右移一位，即得到第 3 码字。

表 8-6　一种（7, 3）循环码的全部码字

码组编号	信息位	监督位	码组编号	信息位	监督位
	$a_6a_5a_4$	$a_3a_2a_1a_0$		$a_6a_5a_4$	$a_3a_2a_1a_0$
1	000	0000	5	100	1011
2	001	0111	6	101	1100
3	010	1110	7	110	0101
4	011	1001	8	111	0010

8.4.2 码多项式及按模运算

在代数编码理论中，为了便于计算，把码组中各码元当作是一个多项式的系数，即把一个长度为 n 的码组表示为

$$T(x)=a_{n-1}x^{n-1}+a_{n-2}x^{n-2}+\cdots+a_1x+a_0 \tag{8-4-1}$$

对于二进制码组，多项式的每个系数不是 0 就是 1，x 仅是码元位置的标志。因此，这里并不关心 x 的取值。而表 8-6 中的任一码组可以表示为

$$T(x)=a_6x^6+a_5x^5+a_4x^4+a_3x^3+a_2x^2+a_1x+a_0 \tag{8-4-2}$$

其中第 7 个码组可以表示为

$$\begin{aligned}T(x)&=1\cdot x^6+1\cdot x^5+0\cdot x^4+0\cdot x^3+1\cdot x^2+0\cdot x+1\\&=x^6+x^5+x^2+1\end{aligned} \tag{8-4-3}$$

这种多项式有时称为码多项式。码多项式可以进行代数运算。为了分析方便，下面来介绍多项式按模运算的概念，然后再从多项式入手，找出循环码的规律。

在整数运算中，有模 n 运算。例如，在模 2 运算中，有 1+1＝2≡0（模 2），1+2＝3≡1（模 2），2×3＝6≡0（模 2）等。因此，若一个整数 m 可以表示为

$$\frac{m}{n}=Q+\frac{P}{n},\ p<n \tag{8-4-4}$$

式中，Q 为整数，则在模 n 运算下，有

$$m\equiv p\ (模\ n) \tag{8-4-5}$$

也就是说，在模 n 运算下，一整数 m 等于其被 n 除所得的余数。

在码多项式运算中也有类似的按模运算法则。若一任意多项式 $F(x)$ 被一个 n 次多项式 $N(x)$ 除，得到商式 $Q(x)$ 和一个次数小于 n 的余式 $R(x)$，即

$$F(x)=N(x)Q(x)+R(x) \tag{8-4-6}$$

则可以写为

$$F(x)\equiv R(x)\qquad (模 N(x)) \tag{8-4-7}$$

这时，码多项式系数仍按模 2 运算，即系数只取 0 和 1。同时按模运算的加法代替了减法。例如，$x^4+x^2+1\equiv x^2-x+1\qquad (模\,(x^3+1))$，因为

$$\begin{array}{r}x\\ x^3+1\overline{\big)\,x^4+x^2+1}\\ \underline{x^4+x}\\ x^2-x+1\end{array}$$

在循环码中，若 $T(x)$ 是一个长为 n 的许用码组，则 $x^i\cdot T(x)$ 在按模 x^n+1 运算下，亦是一个许用码组，即若

$$x^i\cdot T(x)\equiv T'(x)\qquad (模\,(x^n+1)) \tag{8-4-8}$$

可以证明 $T'(x)$ 也是该编码中的一个许用码组。并且，$T'(x)$ 正是 $T(x)$ 代表的码组向左循环移位 i 次的结果。

【例 8-4】 由式（8-4-3）表示的循环码，其码长 n＝7，现给定 i＝3，求码多项式

解
$$x^3 \cdot T(x) = x^3(x^6 + x^5 + x^2 + 1)$$
$$= x^9 + x^8 + x^5 + x^3$$
$$= x^5 + x^3 + x^2 + x \qquad (模（x^7+1）)$$

其对应的码组为0101110，它正是表8-6中第3码字。

通过上述分析和演算可以得到了一个重要的结论：一个长度为n的循环码，它必为按模(x^n+1)运算的一个余式。

8.4.3 循环码的生成多项式和生成矩阵

循环码完全由其码字长度n及生成多项式$g(x)$所决定。循环码中，除全“0”码字外，次数最低的码字多项式称为生成多项式。可以证明生成多项式$g(x)$具有以下特性。

（1）$g(x)$是一个常数项为1的$r=n-k$次多项式。

（2）$g(x)$是x^n+1的一个因式。

（3）该循环码中其他码多项式都是$g(x)$的倍式。

为了保证构成的生成矩阵G的各行线性不相关，通常用$g(x)$来构造生成矩阵，这时，生成矩阵$G(x)$可以表示为

$$\boldsymbol{G}(x) = \begin{bmatrix} x^{k-1}g(x) \\ x^{k-2}g(x) \\ \vdots \\ xg(x) \\ g(x) \end{bmatrix} \tag{8-4-9}$$

其中$g(x) = x^r + a_{r-1}x^{r-1} + \cdots + a_1x + 1$，因此，一旦生成多项式$g(x)$确定以后，该循环码的生成矩阵就可以确定，进而该循环码的所有码字就可以确定。

【例8-5】 在表8-6所给出的（7, 3）循环码中，$n=7$，$k=3$，$n-k=4$。由此表可见，唯一的一个$(n-k)=4$次码多项式代表的码组是第二码组0010111，求与它相对应的码多项式（即生成多项式）。

解
$$g(x) = x^4 + x^2 + x + 1 \tag{8-4-10}$$

将此$g(x)$代入式（8-4-9）可以得到

$$\boldsymbol{G}(x) = \begin{bmatrix} x^2g(x) \\ xg(x) \\ g(x) \end{bmatrix} = \begin{bmatrix} x^6 + x^4 + x^3 + x^2 \\ x^5 + x^3 + x^2 + x \\ x^4 + x^2 + x + 1 \end{bmatrix} \tag{8-4-11}$$

或写成

$$\boldsymbol{G}(x) = \begin{bmatrix} 1011100 \\ 0101110 \\ 0010111 \end{bmatrix} \tag{8-4-12}$$

由式（8-4-9）不符合$G=[I_kQ]$的形式，所以它不是典型阵。不过，将它作线性变换，不

难化成典型阵。我们知道，对 k 个码元进行编码，就是把它们与生成矩阵 G 相乘。由此可写出此循环码组，即

$$T(x)=[a_6a_5a_4]\boldsymbol{G}(x)=[a_6a_5a_4]\begin{bmatrix}x^2g(x)\\xg(x)\\g(x)\end{bmatrix}$$

$$=a_6x^2g(x)+a_5xg(x)+a_4g(x) \quad (8\text{-}4\text{-}13)$$

$$=(a_6x^2+a_5x+a_4)g(x)$$

上式表明，所有码多项式 $T(x)$都可被 $g(x)$整除，而且任意一个次数不大于$(k-1)$的多项式乘 $g(x)$都是码多项式。

由于循环码的全部码字由生成多项式 $g(x)$决定，因此如何寻找一个(n, k)循环码的生成多项式，就成了循环码的关键。由式（8-4-13）可知，任意一个循环码多项式 $T(x)$都是 $g(x)$的倍式，故可以写成

$$T(x)=h(x)\cdot g(x) \quad (8\text{-}4\text{-}14)$$

而生成多项式 $g(x)$本身也是一个码组，即有

$$T'(x)=g(x) \quad (8\text{-}4\text{-}15)$$

由于码组 $T'(x)$是一个$(n-k)$次多项式，故 $x^k\,T'(x)$是一个 n 次多项式。由式（8-4-8）可知，$x^k\,T'(x)$在模(x^n+1)运算下也是一个码组，故可以写成

$$\frac{x^kT'(x)}{x^n+1}=Q(x)+\frac{T(x)}{x^n+1} \quad (8\text{-}4\text{-}16)$$

式（8-4-16）左端分子和分母都是 n 次多项式，故商式 $Q(x)=1$。因此，上式可以化成

$$x^kT'(x)=(x^n+1)+T(x) \quad (8\text{-}4\text{-}17)$$

将 $T(x)$和 $T'(x)$表示式代入上式，经过化简后得到

$$x^n+1=g(x)[x^k+h(x)] \quad (8\text{-}4\text{-}18)$$

式（8-4-18）表明生成多项式 $g(x)$应该是(x^n+1)的一个因子。这一结论为我们寻找循环码的生成多项式指出了一条道路，即循环码的生成多项式应该是(x^n+1)的一个$(n-k)$次因式。例如，(x^7+1)可以分解为

$$x^7+1=(x+1)(x^3+x^2+1)(x^3+x+1) \quad (8\text{-}4\text{-}19)$$

为了求(7, 3)循环码的生成多项式 $g(x)$，需要从上式中找到一个$(n-k)=4$ 次的因子。不难看出，这样的因子有两个，即

$$(x+1)(x^3+x^2+1)=x^4+x^2+x+1 \quad (8\text{-}4\text{-}20)$$

$$(x+1)(x^3+x+1)=x^4+x^3+x^2+1 \quad (8\text{-}4\text{-}21)$$

以上两式都可作为生成多项式。不过，选用的生成多项式不同，产生出的循环码码组也不同。

8.4.4 循环码的编码

在编码时，首先需要根据给定循环码的参数确定生成多项式 $g(x)$，也就是从(x^n+1)的

因子中选一个（$n-k$）次多项式作为 $g(x)$。然后，利用循环码的编码特点，即所有循环码多项式 $T(x)$都可以被 $g(x)$整除，来定义生成多项式 $g(x)$。根据上述原理可以得到一个较简单的系统循环码编码方法：设要产生（n,k）循环码，$m(x)$表示信息多项式，则其次数必小于 k，而 $x^{n-k}\cdot m(x)$的次数必小于 n，用 $x^{n-k}\cdot m(x)$除以 $g(x)$，可得余数 $r(x)$，$r(x)$的次数必小于（$n-k$），将 $r(x)$加到信息位后作监督位，就得到了系统循环码。下面就将以上各步处理加以解释。

（1）用 x^{n-k} 乘 $m(x)$。这一运算实际上是把信息码后附加上（$n-k$）个“0”。例如，信息码为 101，它相当于 $m(x)=x^2+1$。当 $n-k=7-3=4$ 时，$x^{n-k}\cdot m(x)=x^6+x^4$，它相当于 1010000。而希望得到系统循环码多项式应当是 $A(x)=x^{n-k}\cdot m(x)+r(x)$。

（2）求 $r(x)$。由于循环码多项式 $T(x)$都可以被 $g(x)$整除，也就是

$$\frac{T(x)}{g(x)}=Q(x)=\frac{x^{n-k}\cdot m(x)+r(x)}{g(x)}=\frac{x^{n-k}\cdot m(x)}{g(x)}+\frac{r(x)}{g(x)} \tag{8-4-22}$$

因此，用 $x^{n-k}\cdot m(x)$除以 $g(x)$，就得到商 $Q(x)$和余式 $r(x)$，即

$$\frac{x^{n-k}\cdot m(x)}{g(x)}=Q(x)+\frac{r(x)}{g(x)} \tag{8-4-23}$$

这样就得到了 $r(x)$。

（3）编码输出系统循环码多项式 $T(x)$为

$$T(x)=x^{n-k}\cdot m(x)+r(x) \tag{8-4-24}$$

例如，对于（7，3）循环码，若选定 $g(x)=x^4+x^3+x^2+1$，则，信息码 101 时

$$\frac{x^{n-k}\cdot m(x)}{g(x)}=\frac{x^6+x^4}{x^4+x^3+x^2+1}=(x^2+x+1)+\frac{x+1}{x^4+x^3+x^2+1} \tag{8-4-25}$$

所以，$r(x)=x+1$，因而码多项式为

$$T(x)=m(x)x^{n-k}+r(x)=x^6+x^4+x+1$$

对应的码组为 1010011，为一个系统码。

上述三步编码过程，在硬件实现时，可以利用除法电路来实现，这里的除法电路采用一些移位寄存器和模 2 加法器来构成。下面将以（7, 3）循环码为例，来说明其具体实现过程。设该（7, 3）循环码的生成多项式为 $g(x)=x^4+x^3+x^2+1$，则构成的系统循环码编码器如图 8-6 所示，图中有 4 个移位寄存器，一个双刀双掷开关。当信息位输入时，开关位置接“2”，输入的信息码一方面送到除法器进行运算，一方面直接输出。当信息位全部输出后，开关位置接“1”，这时输出端接到移位寄存器的输出，这时除法的余项，也就是监督位依次输出。当信息码为 110 时，编码器的工作过程如表 8-7 所示。

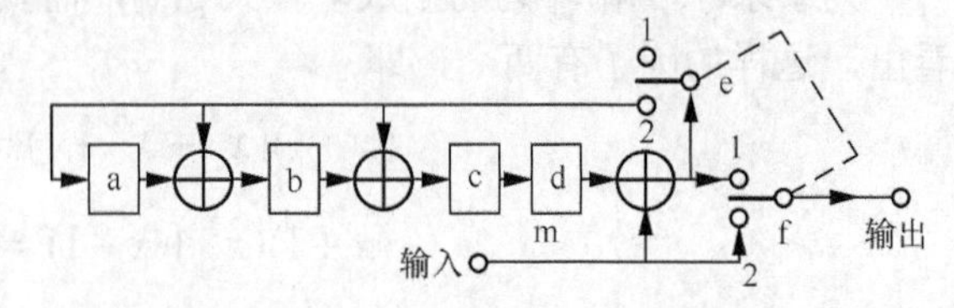

图 8-6 （7，3）循环码编码器

顺便指出，由于数字信号处理器（DSP）和大规模可编程逻辑器件（CPLD 和 FPGA）的广泛应用，目前已多采用这些先进器件和相应的软件来实现上述编码。

表 8-7　编码器工作过程

输入（m）	移位寄存器（$abcd$）	反馈（e）	输出（f）
0	0 0 0 0	0	0
1	1 1 1 0	1	1
1	1 0 0 1	1	1
0	1 0 1 0	1	0
0	0 1 0 1	0	0
0	0 0 1 0	1	1
0	0 0 0 1	0	0
0	0 0 0 0	1	1

8.4.5　循环码的解码

对于接收端译码的要求通常有两个：检错与纠错。达到检错目的的译码十分简单，可以由式（8-4-22）通过判断接收到的码组多项式 $B(x)$是否能被生成多项式 $g(x)$整除作为依据。当传输中未发生错误时，也就是接收的码组与发送的码组相同，即 $T(x)=B(x)$，则接收的码组 $B(x)$必能被 $g(x)$整除。若传输中发生了错误，则 $T(x)\neq B(x)$，$B(x)$不能被 $g(x)$整除。因此，可以根据余项是否为零来判断码组中有无错码。

需要指出的是，有错码的接收码组也有可能被 $g(x)$整除，这时的错码就不能检出了。这种错误被称为不可检错误，不可检错误中的错码数必将超过这种编码的检错能力。

在接收端为纠错而采用的译码方法自然比检错要复杂许多，因此，对纠错码的研究大都集中在译码算法上。我们知道，校正子与错误图样之间存在某种对应关系。如同其他线性分组码，循环码的译码可以分三步进行。

（1）由接收到的码多项式 $B(x)$计算校正子（伴随式）多项式 $S(x)$。

（2）由校正子 $S(x)$确定错误图样 $E(x)$。

（3）将错误图样 $E(x)$与 $B(x)$相加，纠正错误。

上述第（1）步运算和检错译码类似，也就是求解 $B(x)$整除 $g(x)$的余式，第（3）步也很简单。因此，纠错码译码器的复杂性主要取决于译码过程的第（2）步。

基于错误图样识别的译码器称为梅吉特译码器，它的原理图如图 8-7 所示。错误图样识别器是一个具有（$n-k$）个输入端的逻辑电路，原则上可以采用查表的方法，根据校正子找到错误图样，利用循环码的上述特性可以简化识别电路。梅吉特译码器特别适合于纠正 2 个以下的随机独立错误。

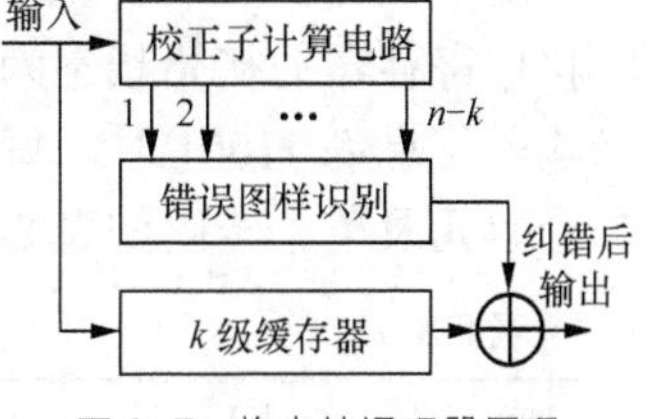

图 8-7　梅吉特译码器原理

图 8-7 中 k 级缓存器用于存储系统循环码的信息码元，模 2 加电路用于纠正错误。当校正子为 0 时，模 2 加来自错误图样识别电路的输入端为 0，输出缓存器的内容；当校正子不为 0 时，模 2 加来自错误图样识别电路的输入端在第 i 位输出为 1，它可以使缓存器输出取补，即纠正错误。

循环码的译码方法除了梅吉特译码以外，还有捕错译码、大数逻辑译码等方法。捕错译码是梅吉特译码的一种变形，也可以用较简单的组合逻辑电路实现。它特别适合于纠正突发错误、单个随机错误和两个错误的码字。大数逻辑译码也称为门限译码，这种译码方法也很简单，但它只能用于有一定结构的为数不多的大数逻辑可译码。虽然在一般情形下，大数逻辑可译码的纠错能力和编码效率比有相同参数的其他循环码（如 BCH 码）稍差，但它的译码算法和硬件比较简单，因此在实际中有较广泛的应用。

8.5 卷积码

8.5.1 卷积码的编码原理

卷积码与前面介绍的线性分组码不同。在（n, k）线性分组码中，每个码字的 n 个码元只与本码字中的 k 个信息码元有关，或者说，各码字中的监督码元只对本码字中的信息码元起监督作用。卷积码则不同，每个（n, k）码字（通常称其为子码，码字长度较短）内的 n 个码元不仅与该码字内的信息码元有关，而且还与前面 m 个码字内的信息码元有关。或者说，各子码内的监督码元不仅对本子码起监督作用，而且对前面 m 个子码内的信息码元也起监督作用。所以，卷积码常用（n,k,m）表示。通常称 m 为编码存储，它反映了输入信息码元在编码器中需要存储的时间长短；称 $N=m+1$ 为编码约束度，它是相互约束的码字个数；称 nN 为编码约束长度，它是相互约束的码元个数。卷积码也有系统码和非系统码之分，如果子码是系统码，则称此卷积码为系统卷积码，反之，则称为非系统卷积码。

下面通过一个例子来说明卷积码的编码原理和编码方法。图 8-8 所示为（2,1,2）卷积码编码器的原理框图。此电路由二级移位寄存器、两个模 2 加法器及开关电路组成。编码前，各寄存器清 0，信息码元按 m_1, m_2, $m_3,\cdots,m_{j-1},m_{j-2},m_{j-1},m_j,\cdots$的顺序输入编码器。每输入一个信息码元 m_i，开关 k 依次打到 C_{j1}、C_{j2} 端点各一次，输出一个子码 $C_{j1}C_{j2}$。子码中的两个码元与输入信息码元间的关系为

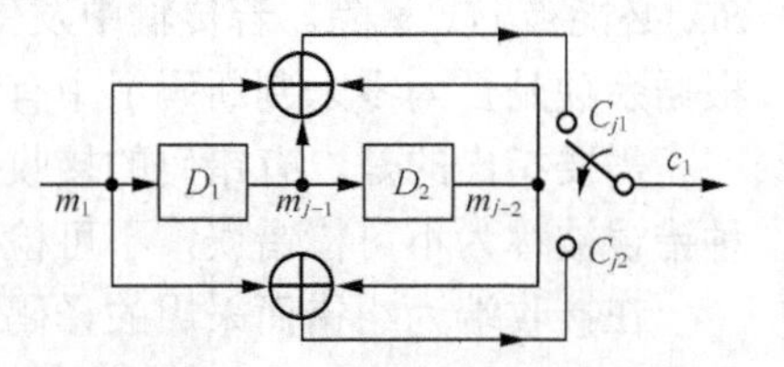

图 8-8 （2,1,2）卷积码编码电路

$$\begin{cases} C_{j1} = m_j + m_{j-1} + m_{j-2} \\ C_{j2} = m_j + m_{j-2} \end{cases} \tag{8-5-1}$$

由此可见，第 j 个子码中的两个码元不仅与本子码信息码元 C_j 有关，而且还与前面两个子码中的信息码元 C_{j-1}、C_{j-2} 有关，因此，该卷积码的编码存储 $m=2$，约束度 $N=m+1=3$，约束长度 $nN=6$。

【例 8-6】 在图 8-8 所示的（2,1,2）卷积码编码电路中，当输入信息为 11001 时，求输出码字序列。

解 在计算 j 个子码时的移位寄存器的内容 D_1D_2 称为现状态（简称为现态），编码工作时移位寄存器的初始状态为 00（清 0）。第 j 个子码的信息进入移位寄存器后的状态称为次态。当输入信息为 11001 时，每个时刻的信息码元、移位寄存器状态、子码中的第 1 个码元、第二个码元及整个子码如表 8-8 所示。

表 8-8 **例 8-3 编码过程**

时间 i	信息码 m_i	D_1D_2 状态	$C_{j1}=m_j+m_{j-1}+m_{j-2}$	$C_{j2}=m_j+m_{j-2}$	子码
−2	0				
−1	0				
0	1	0 0	1+0+0=1	1+0=1	1 1
1	1	1 0	1+1+0=0	1+0=1	0 1
2	0	1 1	0+1+1=0	0+1=1	0 1
3	0	0 1	0+0+1=1	0+1=1	1 1
4	1	0 0	1+0+0=1	1+0=1	1 1

8.5.2 卷积码的图形描述

卷积码编码过程常用三种等效的图形来描述，这三种图形分别是状态图、码树图和格状图。

1．状态图

编码器的输出子码是由当前输入比特和当前状态所决定的。每当编码器移入一个信息比特，编码器的状态就发生一次变化。用来表示输入信息比特所引起的编码器状态的转移和输出码字的图形就是编码器的状态图。图 8-8 所示的（2,1,2）卷积码编码器的状态图如图 8-9 所示。

图中用小圆内的数字表示编码器的状态，共有四个不同的状态：00、01、10、11。连接圆的连线箭头表示状态转移的方向，若输入信息比特为 1，连线为虚线；若为 0，则为实线。连线旁的两位数字表示相应的输出子码。箭头所指的状态即为该信息码元移入编码器后的状态。此状态图完全反映了图 8-8 所示编码器的工作原理。有了状态图，我们可以很方便地确定任何输入信息序列时所对应的输出码字序列。如输入信息序列为 10011，求输出码字的方法是：从初始状态 00 开始沿着图中的有向线走，输入为 1 时走虚线，输入为 0 时走实线，所经路径上的 11、10、11、11、01 序列即为输入 10011 时所对应的码字序列。

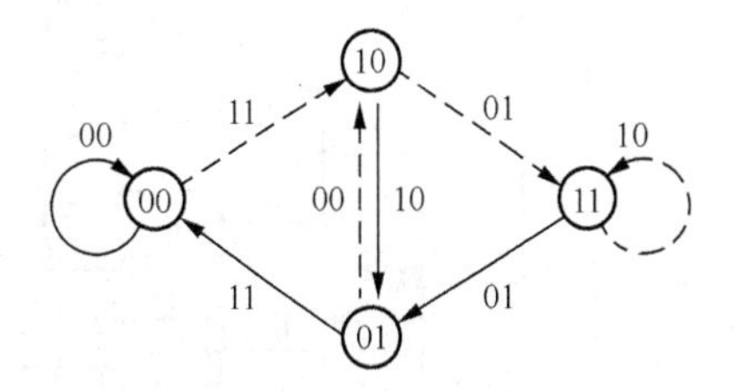

图 8-9　（2,1,2）卷积编码器的状态图

2．码树图

状态图虽然可以清晰描述移位寄存器的状态，但不能描述输入与输出的时序关系。码树图最大的特点是时序关系清晰，对于每一组输入序列，都有唯一的树枝结构与之对应。

（2,1,2）卷积码的码树图如图 8-10 所示，它描述了编码器在工作过程中可能产生的各种序列。

图中节点上标注的 a 表示状态 00，b 表示状态 10，c 表示状态 01，d 表示状态 11。最左边为起点，初始状态为 a。从每个状态出发有两条支路（因为每个码字中只有 1 位信息位），上支路表示输入为 0，下支路表示输入为 1，每个支路上的二位二进数是相应的输出码字。由图可知，当信息序列给定时，沿着码树图上的支路很容易确定相应的输出码序列。如输入信息为 10011 时，从码树图可得到输出码字序列为 11 10 11 11 01，与前面从状态图上得到的码字序列完全相同。

3．网格图

网格图是描述卷积码的状态随时间变化的情况，其纵坐标表示所有状态，横坐标表示时间变化，网格图在卷积码的译码，特别是在维特比译码中特别有用，这将在后面进行讲解。

（2,1,2）卷积码的网格图如图 8-11 所示。在码树图中，从第三级开始出现全部四个状态，第三级以后四个状态重复出现，使图形变得越来越大。而在格状态图中，把码树图中具有相同状态的节点合并在一起，使图形变得较为紧凑。码树中的上支路（即输入信息为 0）用实线表示，下支路（即输入信息为 1）用虚线表示。支路上标注的二进制数据为输出码字。自上而下的 4 行节点分别表示四种状态 a、b、c、d。从第三级节点开始，图形开始重复。当输入信息序列给定时，从 a 状态开始的路径随之确定，相应的输出码字序列也就确定了。如输入信息序列为 10011 时，对应格状图的路径为 $a\ b\ c\ a\ b\ d$，则相应的输出码字序列为 11、10、11、11、01，与前面从状态图、码树图上得到的码字序列完全相同。

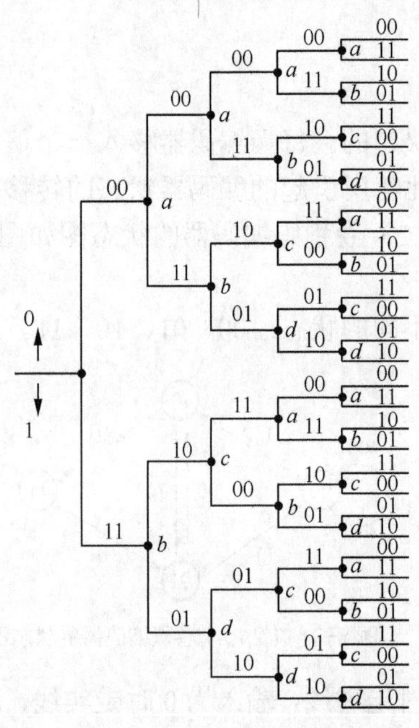

图 8-10　(2,1,2) 卷积码的码树图

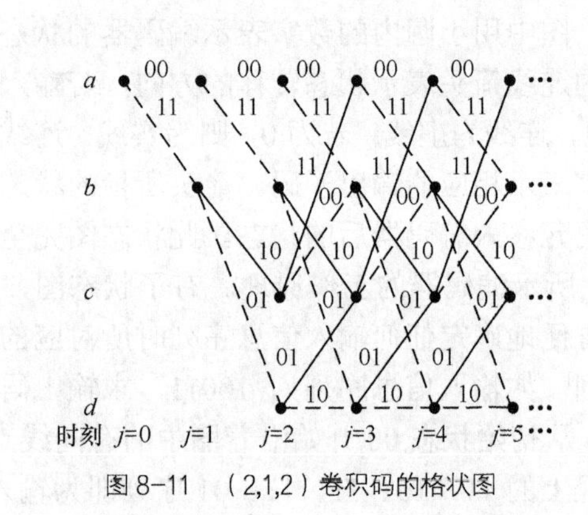

图 8-11　(2,1,2) 卷积码的格状图

8.5.3　卷积码的维特比译码

卷积码的译码分代数译码和概率译码两类。代数译码由于没有充分利用卷积码的特性，目前很少应用。维特比译码和序列译码都属于概率译码，维特比译码适用于约束长度不太大的卷积码的译码，当约束长度较大时，采用序列译码能大大降低运算量，但其性能要比维特比译码差些。维特比译码方法在通信领域有着广泛的应用，市场上已有实现维特比译码的超大规模集成电路。

维特比译码是一种最大似然译码。其基本思想是：将已经接收到的码字序列与所有可能的发送序列进行比较，选择其中码距最小的一个序列作为发送序列（即译码后的输出序列）。具体的译码方法如下。

（1）在格状图上，计算从起始状态（j=0 时刻）开始，到达 j=m 时刻的每个状态的所有可能路径上的码字序列与接收到的头 m 个码字之间的码距，保存这些路径及码距。

（2）从 j=m 到 j=m+1 共有 $2^k \cdot 2^m$ 条路径（状态数为 2^m 个，每个状态往下走各有 2^k 个分支），计算每个分支上的码字与相应时间段内接收码字间的码距，分别与前面保留路径的码距相加，得到 $2^k \cdot 2^m$ 个路径的累计码距，对到达 j=m+1 时刻各状态的路径进行比较，每个状态保留一条最小码距的路径及相应的码距值。

（3）按（2）的方法继续下去，直到比较完所有接收码字。

（4）全部接收码字比较完成后，剩下 2^m 个路径（每个状态剩下一条路径），选择最小码距的路径，此路径上的发送码字序列即是译码后的输出序列。

【例 8-7】　以上述（2,1,2）编码器为例，设发送码字序列为 0000000000，经信道传输后有错误，接收码字序列为 0100010000。显然，接收码字序列中有两个错误。现对此接收序列进行了维特比译码，求译码后的输出序列。

解　(1) 由于（2，1，2）编码器的编码存储 m=2，应用译码方法中的步骤（1），应（2，1，2）网状图的 $j=m=2$ 时刻开始。从图 8-11 可见有 4 个状态，从初始状态出发到达这 4 个状态的路径有 4 条：到达 a 状态路径码字序列为 00 00；到达 b 状态路径码字序列为 00 11；到达 c 状态路径码字序列为 11 10；到达 d 状态路径码字序列为 11 01。路径长度为 2，这段时间内接收码字有 2 个，分别为 01 00，将 4 条路径的码字序列分别与接收到的 2 个码字比较，得到码距分别为 1、3、2、2，保留这 4 条路径及相应码距，保留下来的路径称为幸存路径。如图 8-12（a）所示。

（2）从图 8-12 可知，从 j=2 时刻的 4 个状态到达 j=3 时刻的 4 个状态共有 8 条路径，从状态 a 出发的 2 条路径上的码字分别为 00 和 11，而这期间接收到的码字为 01，因此可知这两条路径上的码字与接收码字之间的码距都是 1，分别加到 a 状态前面这段路径的码距上，得到 2 条延长路径 00 00 00 和 00 00 11 的码距，它们都等于 2，其中一条到达 j=3 时刻的 a 状态，另一条到达 j=3 时刻的 b 状态。用相同的方法求得从 j=2 时刻的 b、c、d 出发到达 j=3 时刻各状态的 6 条路径的码距，并把这些码距分别加到前面保留路径的码距上，得到 6 条延长路径的码距。各有 2 条路径到达 j=3 时刻的每个状态，在到达每个状态的 2 条路径中选择码距小的路径保留下来，同样将相应的码距也保留下来。见图 8-12（b）。按上述方法继续计算到达 j=4、j=5 时刻各状态路径的码距，并选择相应的保留路径及码距，见图 8-12（c）、图 8-12（d）。

最后，在 j=5 时刻的 4 条保留路径中选择与接收码字码距最小的一条路径，由图 8-12（d）可见，码距最小的路径是 $a\ a\ a\ a\ a\ a$，所对应的发送码字序列为 00 00 00 00 00。

由此可见，通过上述维特比译码，接收序列中 01 00 01 00 00 中的两位错码得到了纠正。

8.6　Turbo 码

1993 年，法国的 Berrou 等人在 ICC 国际会议上提出了一种采用新型的纠错编码——Turbo 码。Turbo 码最大优点是它巧妙地将卷积码和随机交织器结合在一起，在实现随机编码思想的同时，通过交织器实现了用短码构造长码的方法，并采用软输出迭代译码来逼近最大似然译码。Turbo 充分体现了 Shannon 信道编码定理的基本条件。结果显示，如果采用 256×256 的随机交织器，迭代次数为 18，则在信噪比 $E_0 / N_0 \geqslant 0.7$dB 时，码率为 1/2 的 Turbo 码在高斯白噪声信道上的误码比特率低于 10^{-5} 时，接近了 Shannon 的极限的性能。

Turbo 码被看做是 1982 年 TCM 技术问世以来，信道编码理论与技术研究上所取得的最伟大的技术成就，具有里程碑式的意义。Turbo 码的优良性能，受到通信领域的广泛重视，它已经被第三代移动通信系统标准和空间数据系统协商委员会的深空通信信道编码标准采纳，同时与下一代移动电话结合，能够满足在手机或其他移动设备上实现图像信号等多媒体数据的综合通信需要。

Turbo 码编码器的原理框图如图 8-13 所示，其中有两个编码器，它们可以选择相同的码，也可以选择不同的码。编码器将输入数据的 n 比特分为一组，由编码器 1 进行编码，再经过交织器由交织器 2 进行列编码。将两路编码的校验位进行抽取，删除适当码元，以提高码率。对于卷积码，由于其码率较低，可进行抽取；对于分组码，由于其码率较高，可直接省略。最后进行复接，完成并/串变换，使 Turbo 码适合在信道中传输。

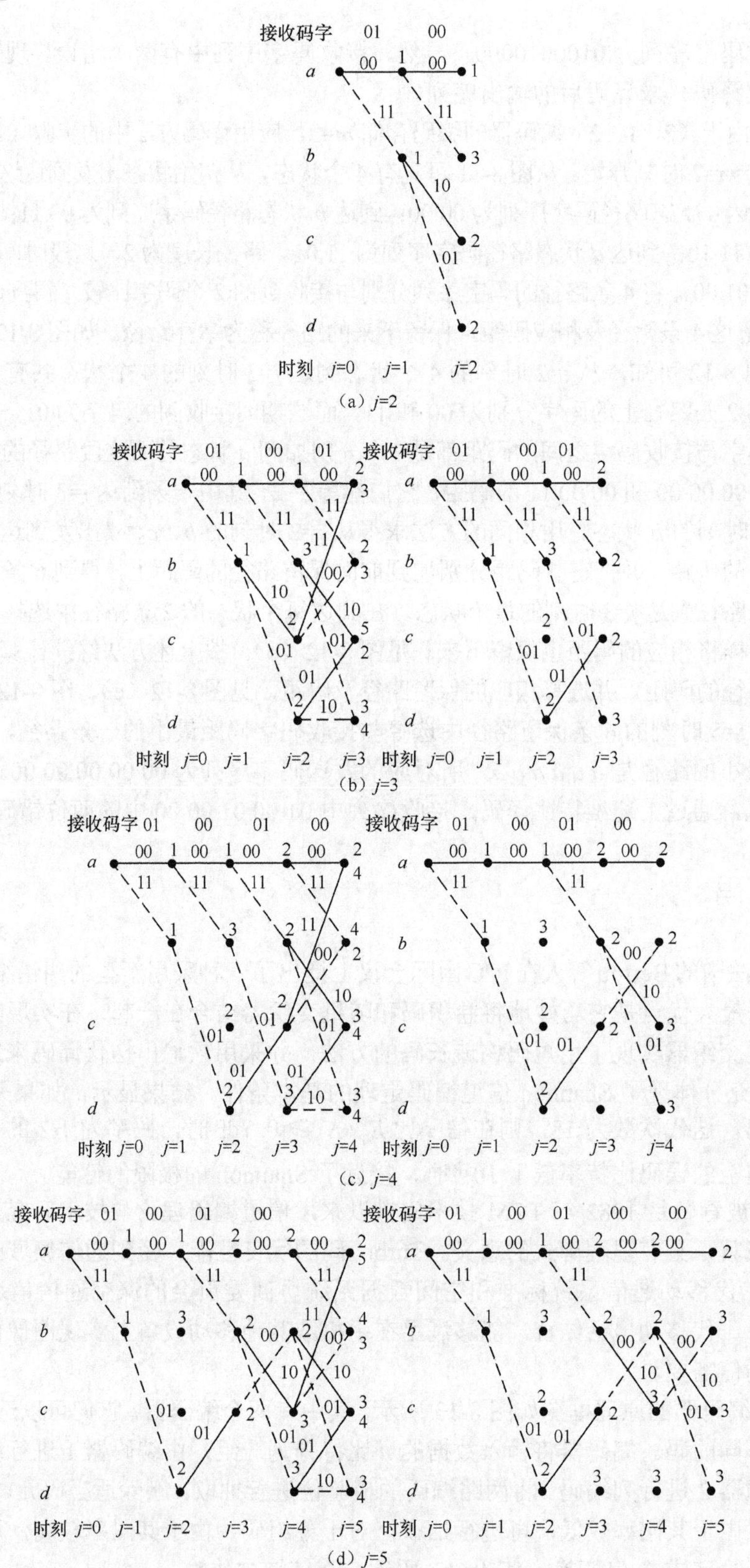

图 8-12 （2,1,2）卷积码维特比译码过程

交织器由一定数量的存储单元构成，$M\times N$个存储单元构成存储矩阵，其中M为存储矩阵的行数，N为存储矩阵的列数，各个存储单元可用它在矩阵中所处的行数和列数来表示。信息比特流顺序流入交织器，以某种方法乱序读出，或者以乱序的形式读入，再以顺序的形式读出，这种决定读出顺序的方法称为交织器的交织方法。交织器的引入可以说是 Turbo 码的一大特色，它可以将一些不可纠的错误转化为可纠的错误模式。从最小距离的角度可以看出，码的性能与码的最小距离有密切的关系。假如某一输入数据经过编码器 1 产生码重较小的输出，但它交织后经过编码器 2，可以产生码重较大的输出，从而使整个码字的重量增大，或者说使最小码距增大，从而提高了码的纠错能力。所以，交织器对码重起着整形的作用，它在 Turbo 码中起着至关重要的作用。

在 Turbo 码的编码过程中，信息序列 $u=\{u_1,u_2,\cdots,u_n\}$经过一个N位交织器，构成一个新序列$u'=\{u'_1,u'_2,\cdots,u'_n\}$。$u$和$u'$分别传送到两个分量编码器，形成校验序列$x^{p1}$和$x^{p2}$。$x^{p1}$和$x^{p2}$与未编码序列$x^N$经过复用之后，就生成了 Turbo 码序列$x$。

Turbo 码获得优异性能的根本原因之一是采用了迭代译码，通过软输入译码器之间软信息的交换来提高译码性能。从信息论角度来看，任何硬判决都会损失部分信息。因此，如果软输出译码器能够提供一个反映其输出可靠性的软输出，则可提高系统的可靠性。

编码器的输出序列经过信道后，在接收方形成译码器的输入序列$R=\{y^s,y^{p1},y^{p2}\}$。译码器的结构如图 8-14 所示。

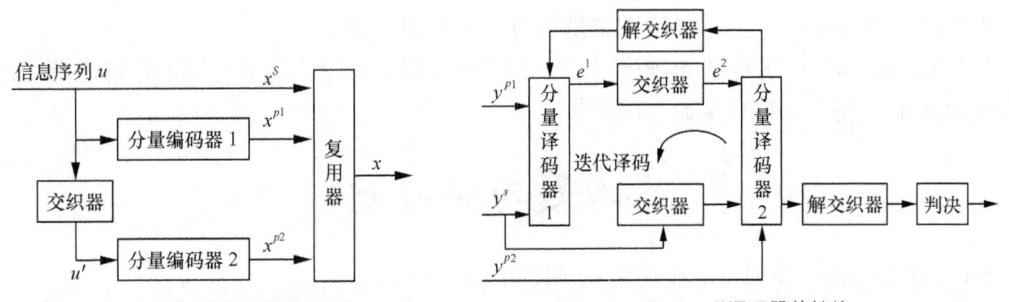

图 8-13 Turbo 码编码器原理框图

图 8-14 Turbo 码译码器的结构

译码器结构主要包括两个交织器、解交织器及分量译码器。译码过程是一个迭代循环过程。接收的信息序列经过解复用以后将其中的信息位y^s、校验位y^{p1}及先验信息（前一次迭代中分量译码器 2 给出的外信息的解交织形式）送入分译码器 1。经过分量译码器 1 后产生的外信息经过交织器后作为分量译码器 2 的先验信息送到分量译码器 2。同时，分量译码器 2 的输入还含有信息位y^s经过交织后的信息以及校验信息y^{p2}，分量译码器 2 产生的外信息又送入解码器以便循环再使用。

本 章 小 结

本章主要介绍了差错控制编码的基本概念、常用检错码、线性分组码、循环码及 Turbo 码。

（1）信道编码的目的是提高信号传输的可靠性。信道编码的基本原理是在信号码元序列中增加监督码元，并利用监督码元去发现或纠正传输中发生的错误。在信道编码只有发现错误码能力而无纠正错码能力时，必须结合其他措施来纠正错码，否则只能将发现为错码的码元删除。这些手段统称为差错编码。

（2）按照加性干扰造成的统计特性不同，可以将信道分为三类：随机信道、突发信道和混合信道。每种信道中的错码特性不同，所以需要采用不同的差错控制技术来减少或消除其中的错误。差错控制技术共有 3 种，即检错重发、前向纠错、混合差错控制，这 3 种都需要采用编码。

（3）码字之间的最小距离是衡量该码字检错和纠错能力的重要依据，常用的校验码有奇偶校验码、行列奇偶校验码、正反码、恒比码等。

（4）纠错码分为分组码和卷积码两大类。由代数关系式确定监督位的分组码称为代数码。在代数码中，若监督位和信息位的关系是由线性代数方程决定的，则称这种编码为线性分组码。奇偶校验码就是一种最常用的线性分组码。汉明码是一种能够纠正 1 位错码的效率较高的线性分组码。具有循环性的线性分组码称为循环码。

（5）在线性分组码中，发现错码和纠错码是利用监督关系式计算校正子来实现的。由监督关系式可以构成监督矩阵。右边形成一个单位矩阵的监督矩阵称为典型监督矩阵。由生成矩阵可以产生整个码组。左边形成单位矩阵的生成矩阵称为典型生成矩阵。由典型生成矩阵得出的码组称为系统码。在系统码中，监督位附加在信息位的后面。

（6）循环码的生成多项式 $g(x)$应该是(x^n+1)的一个$(n-k)$次因子。

（7）卷积码是一类非分组码。卷积码的监督码元不仅和当前的 k 比特信息段有关，而且还同前面 $m=(N-1)$个信息段有关。所以它监督着 N 个信息段。

卷积码有多种解码方法，以维比特解码算法应用最广泛。

（8）Turbo 码是一种特殊的链接码。由于其性能近于理论上能够达到的最好性能，所以它的发明在编码理论上带有革命性的进步。

思考题与练习题

8-1 常用的差错控制方法有哪些？试比较其优缺点。

8-2 什么是分组码？其构成有何特点？

8-3 试述码率、码重和码距的定义。

8-4 一种编码的最小码距与其检错和纠错能力有什么关系？

8-5 什么是线性码？它具有哪些重要性质？

8-6 什么是循环码？循环码的生成多项式如何确定？

8-7 什么是系统分组码？并举例说明之。

8-8 已知 8 个码组为（000000），（001110），（010101），（011011），（100011），（101101），（110110），（111000）。

（1）求以上码组的最小距离 d_0。

（2）若此 8 个码组用于检错，可检出几位错误?

（3）若用于纠错码，能纠正几位?

（4）若同时用于纠错和检错，纠错、检错性能如何?

8-9 一码长 n=15 的汉明码，监督位 r 最少应该为多少？此时的编码效率为多少？

8-10 已知某（7,4）线性分组码的监督方程为

$$H=\begin{bmatrix}1&1&1&0&1&0&0\\1&1&0&1&0&1&0\\1&0&1&1&0&0&1\end{bmatrix}$$

试求其生成矩阵，并写出所有许用码组。

8-11　已知（6,3）线性分组码的一致监督方程为

$$\begin{cases}a_4+a_3+a_2+a_0=0\\a_4+a_3+a_1=0\\a_5+a_3+a_0=0\end{cases}$$

其中 a_5、a_4、a_3 为信息码。

（1）试求其生成矩阵和监督矩阵。

（2）求其最小码距并分析其检错、纠错能力。

（3）判断下列接收码字是否正确。B_1=(011101)，B_2=(101011)，B_3=(101111)。若接收到的是非码字，如何纠错和检错？

8-12　已知（7, 4）循环码的生成多项式 x^3+x^2+1。

（1）求出该循环码典型生成矩阵和典型监督矩阵。

（2）若两个信息码为 11001011，求出编码后的系统码。

（3）求此循环码的全部码组。

（4）分析此循环码的纠错、检错能力。

（5）画出其编码器的原理框图。

8-13　已知（7, 3）循环码的生成多项式 $g(x)=x^4+x^3+x^2+1$，如接收到的码组为 $B(x)=x^6+x^3+x+1$，经过只有检错能力的译码器，接收端是否需要重发？

8-14　一个（15,5）循环码的生成多项式为 $x^{10}+x^8+x^5+x^4+x^2+x+1$。

（1）写出该循环码的生成矩阵。

（2）若信息多项式为 $m(x)=x^4+x+1$，试求其码多项式为 $T(x)$。

8-15　已知（2,1,2）卷积码编码器的输出与 m_1, m_2, m_3 的关系为

$$\begin{cases}c_1=m_1\oplus m_2\\c_2=m_2\oplus m_3\end{cases}$$

（1）画出其编码电路。

（2）画出卷积码的码数图、状态图及网格图。

主要参考文献

[1] 樊昌信，曹丽娜. 通信原理. 北京：国防工业出版社，2006.
[2] 樊昌信. 通信原理教程. 第 2 版. 北京：电子工业出版社，2009.
[3] 王琪. 通信原理. 北京：电子工业出版社，2011.
[4] 沈越泓，高媛媛. 通信原理. 北京：机械工业出版社，2005.
[5] 张甫翊，徐炳祥. 通信原理. 北京：清华大学出版社，2012.
[6] 苗长云，郭翠娟. 现代通信原理. 北京：人民邮电出版社，2012.
[7] 蒋青，于秀兰等. 通信原理教程. 北京：人民邮电出版社，2012.
[8] 蒋青，于秀兰等. 通信原理学习与试验指导. 北京：人民邮电出版社，2012.
[9] 黄葆华，杨晓静. 通信原理. 第 2 版. 西安：西安电子科技大学出版社，2012.
[10] 王秉均. 现代通信原理. 北京：人民邮电出版社，2006.
[11] John G proakis. Masoud Salehi. Digital Communications Fifth Edition. 北京：电子工业出版社，2009.
[12] John G proakis. Fundamentals of Communication Systems. 北京：电子工业出版社，2007.
[13] 曹志刚，钱亚生. 现代通信原理. 北京：清华大学出版社，2004.
[14] 冯玉珉，张树京. 通信系统原理. 北京：清华大学出版社，2003.
[15] 李白萍，吴东梅. 通信原理与技术. 北京：人民邮电出版社，2003.
[16] 曹雪虹，张棕橙. 信息论与编码. 北京：清华大学出版社，2004.
[17] 沈振元，聂志泉. 通信系统原理. 西安：西安电子科技大学出版社，1997.
[18] 王慕坤，刘文贵. 通信原理. 哈尔滨：哈尔滨：工业大学出版社，1995.
[19] 郭黎民，张晓林，周凯. 通信原理. 哈尔滨：工程大学出版社，2005.
[20] 邬正义. 通信原理简明教程. 北京：机械工业出版社，2012.